环境同位素水文地质学

HUANJING TONGWEISU SHUIWEN DIZHIXUE

毛绪美 主编

内容概要

本书阐述了同位素地球化学的基本知识，稳定同位素分馏的基本理论，放射性同位素衰变理论；依据环境同位素的示踪和定年两个主要功能，对全球水循环过程中环境同位素的组成、分馏机理及其时空演化规律进行讲解和论述；阐述环境同位素方法和人工同位素示踪方法的原理，讲解其在水文地质、环境地质、生态水文、工程地质等中的应用等。

本书可以作为高等院校相关专业的学生用书，也可以作为水文地质、地热地质、环境地质、水利工程、生态地质、气象水文等专业科研人员和技术人员的基础参考书。

图书在版编目(CIP)数据

环境同位素水文地质学 / 毛绪美主编. —武汉：中国地质大学出版社，2023.6
ISBN 978-7-5625-5596-4

Ⅰ. ①环… Ⅱ. ①毛… Ⅲ. ①环境地质学-同位素地质学-水文地质学-教材 Ⅳ. ①X141

中国国家版本馆 CIP 数据核字(2023)第 110906 号

环境同位素水文地质学 **毛绪美 主编**

责任编辑：王凤林 选题策划：王凤林 责任校对：张咏梅

出版发行：中国地质大学出版社(武汉市洪山区鲁磨路 388 号) 邮编：430074
电 话：(027)67883511 传 真：(027)67883580 E-mail：cbb@cug.edu.cn
经 销：全国新华书店 http://cugp.cug.edu.cn

开本：787 毫米×1092 毫米 1/16 字数：407 千字 印张：16
版次：2023 年 6 月第 1 版 印次：2023 年 6 月第 1 次印刷
印刷：湖北睿智印务有限公司

ISBN 978-7-5625-5596-4 定价：48.00 元

前　言

同位素在地质学中的主要作用是示踪和测年。示踪主要指的是利用同位素组成在不同地质体(或物相)中的不同,揭示地质体(或物相)的形成和变化过程。定年主要指的是利用放射性同位素的放射计数计时的基本原理,确定地质体的形成或者演化时间。将同位素技术应用于水文地质学中,是依托同位素的示踪和定年功能来解决水文地质及其相关的问题。

在确定书名为"环境同位素水文地质学"还是"同位素水文地质学"时,颇为纠结。严格地来说,所有元素的同位素都可以应用于水文地质学中,"同位素水文地质学"的覆盖面可以全面和广泛,涉及的同位素和水文地质知识体系更为庞大。然而,绝大多数的水文地质工作主要涉及浅地表深度的地下水和地表水,利用的主要是水环境当中天然存在的元素同位素,即主要是利用环境同位素来解决水文地质问题。同时,本书的定位是基础性和系统性,力图使用有限的篇幅介绍水环境中的元素同位素解决水文地质问题的基本原理、基本方法和主要示例。鉴于此,选择"环境同位素水文地质学"为书名。

编撰此书是多方面促成的结果。从大学本科学习《同位素水文地质学概论》的懵懂,到中国科学院地球化学研究所研究生阶段洪业汤、朱咏煊两位恩师手把手地教,再到中国地质大学(武汉)博士阶段恩师王焰新院士的悉心教导,对同位素应用于水文地质学的了解不断提升。编撰此书,得到了恩师们的鼓励。二十多年的工作当中,我自己在分析水文地质条件的基础上,力图使用水化学和环境同位素工具来解决水文地质、工程地质和环境地质问题,并取得一定的效果。例如:某国家重大水利工程坝体内化学溶蚀的成因,泾河东庄水库可行的决定性判据,广东、山东等地的水热系统成因,中国东北和俄罗斯远东富 CO_2 矿泉成因,湖北、湖南矿泉水资源等。在和诸多兄弟单位项目合作中,朋友们非常希望有一本基础性和系统性的同位素水文地质学参考书,贴近于实际的水文地质工作,浅显易懂。多年来受到朋友们的询问和鼓励,决定编撰此书,以示对自己工作经验的一次总结。

20 世纪以来,我国的地球化学家和水文地质学家开展了一系列的同位素地球化学和同位素水文学方面的工作,这些前辈们取得了系统和丰硕的成果,并在北京大学、中国科学院、中国科技大学、中国地质大学、中国地质科学院、成都理工大学、南京大学、河海大学、长安大学、吉林大学、三峡大学、长江大学等单位得到很好的延续和传承。这些前辈和同仁们优秀和丰富的成果,为本书的编撰提供了很好的素材,实难取舍。根据本书基础性和系统性的特点,主要参考了:《同位素水文地球化学》,尹观主编,成都科技大学出版社,1988;《同位素水文地质学概论》,王恒纯主编,地质出版社,1991;《稳定同位素地球化学》,郑永飞、陈江峰主编,科学出版社,2000;《同位素水文学理论与实践》,万军伟、刘存富等著,中国地质大学出版社,2003;

《同位素地球化学》，尹观、倪师军编著，卢武长主审，地质出版社，2009；《同位素水文学》，顾慰祖著，科学出版社，2011；等等。在此，向参考文献中所有作者们表达我的感激和尊敬之情。

全书包括四个部分。第一篇是同位素的基本概念及理论基础，介绍同位素的基本概念、同位素分馏的基本原理、放射性衰变基本原理；第二篇是环境同位素在水循环中的分布和示踪原理，主要介绍氢、氧、碳、硫、氮、锶稳定同位素；第三篇是环境同位素在水循环中的定年原理，主要介绍放射性^{14}C定年、^{3}H-^{3}He定年、^{4}He定年等；第四篇是环境同位素在水文地质学中的应用，主要介绍了分析方法和研究实例。

为编撰此书，我的学生在文字编辑和作图方面付出了辛勤的劳动，他们是：李翠明、查希茜、郑灏帆、刘佳敏、刘子龙、张小艳、赵桐、邵誉炜、董亚群、叶建桥，他们的细致和认真让我印象深刻。同时，要感谢中国地质大学出版社的领导和责任编辑严谨细致的工作。

由于本人能力和水平有限，书中难免有错误或不当之处，望读者们不吝指出。敬请联系：maoxumei@cug. edu. cn，以便帮助我修改和提高，谢谢！

毛绪美

2023 年 6 月 18 日于南苑书院

目　录

第三篇　环境同位素在水循环中的定年原理

第四篇　环境同位素在水文地质学中的应用

绪　论

一、环境同位素水文地质学的任务和内容

环境同位素水文地质学是应用同位素理论与方法研究地下水的学科。在理论方面，研究地下水及其中溶解化学组分的同位素组成（包括环境同位素和人工施放同位素）以及其在时间和空间上的演化规律；在生产实践方面，研究如何应用同位素方法（包括环境同位素方法和人工同位素示踪方法）解决水文地质问题。地下水在地质演化过程中，除了形成其一般的物理、化学踪迹外，还形成了大量微观的同位素踪迹，这些微观踪迹记录着地下水的起源及其演化的历史过程，应用现代测试技术和同位素水文地球化学理论去识别它，便可为研究地下水及其与环境介质之间的关系提供重要信息。

环境同位素水文地质学是现代核技术科学发展的产物，同位素方法是运用物质在更深结构层次上（原子核层次）活动的规律来研究和追踪物质世界运动的过程，从而把传统的物理和化学方法（分子和原子层次）延伸了一步。从这个意义上可以说，人工同位素方法是传统地下水示踪法和水文物探方法的延伸，环境同位素方法是传统水文地球化学方法的延伸。应用同位素理论与方法在解决某些水文地质问题方面具有其他方法无可比拟的优越性，因此近20年来发展十分迅速，目前它已发展成为具有独立学科体系和特定研究内容的新学科。

同位素方法获取水文地质信息的主要依据是稳定同位素和放射性同位素能对水起标记作用和计时作用。环境同位素水文地质学的基本任务可大致概括如下。

(1)研究地下水及其中溶解化学组分的同位素组成（包括环境同位素及人工同位素）及其在时间和空间上的演化规律。

(2)研究地下水与溶解化学组分间以及与环境介质间的同位素交换和再分配（同位素分馏）规律。

(3)研究地下水及其中溶解化学组分的放射性同位素及其子体的衰减与累积规律。

(4)研究如何应用人工同位素和环境同位素解决水文地质问题，建立同位素水文地质工作方法和解释方法。

目前在水文地质工作中使用的一些主要同位素如表0-1所示。以同位素做示踪剂研究地下水运动过程有很大优越性，因为大部分同位素的化学性质比较稳定，不易被含水层吸附，不易生成化合物沉淀；最重要的是其检测灵敏度非常高，仅用极小剂量就可获得满意的效果。尤其是氢（^{2}H、^{3}H）、氧（^{18}O）同位素，它们本身就是水分子的组成部分，是理想示踪剂，因此应用最为广泛也最为重要。

表 0-1 水文地质工作中使用的主要同位素

同位素分类	环境同位素	人工同位素
放射性同位素	$^{3}H(T)$，^{14}C，^{32}Si，^{36}Cl，^{85}Kr，^{222}Rn，$^{226/228}Ra$，$^{234/238}U$，^{232}Th	$^{3}H(T)$，^{32}P，^{35}S，^{51}Cr，$^{58/60}Co$，^{82}Br，^{131}I，γ 射线源，中子射线源
稳定同位素	D，^{13}C，^{15}N，^{18}O，^{34}S 稀有气体（He、Ar、Kr、Xe）同位素	较少应用

人工同位素方法是向地下水中投放人工放射性同位素，通过人工示踪试验来获取水文地质信息。如测定水文地质参数（流向、流速、渗透系数、导水系数、弥散系数等），查明含水层之间以及含水层与地表水体之间的水力联系、矿坑充水的来源及途径、岩溶通道分布及连通情况、水利工程渗漏问题，以及研究降水入渗和含水层的弥散机理等。此外，还可利用人工放射源和中子射线源测定土石的密度、含水量及孔隙度等。人工同位素方法的优点是能够根据研究对象有针对性地开展工作，成本较低，并可在较短时间内取得满意的结果。但使用放射性同位素受环境法规的限制，不能随意使用，仅限于在一定时间和小范围内应用。

相比之下，环境同位素方法不受任何限制，可用于各种水文地质工作，且在解决区域性水文地质问题方面具有更大的优越性。目前在水文地质中常用的环境同位素主要是氘（^{2}H 或 D）、氧（^{18}O）、氚（^{3}H 或 T）、碳（^{13}C、^{14}C）及硫（^{34}S）等。利用天然水中环境同位素的标记特性和计时特性可获得许多重要水文地质信息。如查明地下水起源，研究地下水系统的补给、径流及排泄条件，测定地下水系统的水文地质参数，估算地下水储存量，研究地下水化学组分的形成及演化过程，查明环境水文地质问题（如水质污染、海水入侵等），研究成岩和成矿中水的来源及形成条件，测定地下水年龄（或平均滞留时间）和深部地下水温度等。

目前应用较广、方法较成熟的 ^{14}C 法和 ^{3}H-^{3}He 法可用于测定地下水年龄。此外，还有一些宇宙射线成因的环境放射性同位素可用于测年（表 0-2），但这些环境同位素或由于在天然水中的含量极微，用现代测试手段尚不能精确测定，或由于其水文地球化学性质尚未研究清楚，目前还处在探索阶段。

地下水的研究离不开地下水形成、运动和赋存的环境。因此，研究与地下水密切联系的大气水、地表水、生物圈和岩石圈等的同位素组成及其分布规律，也是环境同位素水文地质学的重要内容。

表 0-2 大气中宇宙射线成因的环境放射性同位素

同位素		大气降水中浓度（dpm/L）	半衰期（a）	测定年龄域（a）
氪	^{85}Kr	10^{-8}～10^{-3}	10.7	10～50
氩	^{39}Ar	10^{-5}	270(269)	200～1500
硅	^{32}Si	10^{-3}	500(1054)	<3000
氯	^{36}Cl	10^{-5}～10^{-4}	308 000(3×10^{5})	5×10^{4}～3×10^{6}
铍	^{10}Be	—	2.5×10^{6}	2500～8×10^{6}

目前环境同位素方法主要是作为研究地下水的一种手段，因此环境同位素水文地质学要研究和总结应用同位素方法解决水文地质课题的经验，建立和完善同位素水文地质工作方法和同位素水文地质解释方法。但应指出，在地下水研究中，任何一种方法往往都有一定的局限性，在资料解释上存在着多解性，对同位素水文地质方法来说也是如此。实践证明，应用同位素方法解决水文地质课题时，只有与常规水文地质和水化学方法相配合，密切结合水文地质条件进行成果解释，才能获得最为可靠的成果。

二、环境同位素水文地质学发展概况

环境同位素水文地质学是在同位素地球化学和水文地球化学的基础上发展起来的一门新学科，它的形成和发展与同位素地球化学有着密切关系。

1895 年 Roentgen 发现 X 射线之后，1896 年 Becquerel 用铀的盐类做实验发现了辐射线。1898 年 Curie 根据镭的辐射现象创立了“放射性”一词。1899 年 Rutherford 报道了放射性物质发射的辐射线由 α、β、γ 射线组成。1902 年 Soddy 和 Rutherford 提出放射性元素的原子自发地衰变形成另一种元素的原子，其辐射强度与现存的放射性原子数目成正比，确立了放射性衰变定律。放射性和放射性衰变定律的发现，为研究地球物质的年龄开辟了新途径，也为同位素地质年代学的形成与发展奠定了理论基础。

Soddy(1913)指出一种特定的化学元素在周期表中所占的位置可以有一种以上的原子，并将其命名为“同位素”。1919 年 Aston 改进 Thomson 的“阳离子射线仪”研制成功质谱仪。此后，Dempster、Nier 等又研制出同位素比值质谱仪，使测量精度大大提高。由于有了高精度的质谱仪，同位素地质年代学有了迅速发展并促进了稳定同位素研究。

1931 年 Urey 根据理论预言，氢同位素的蒸气压应该有差异。后来通过蒸发实验证实了 ^{2}H 的存在，并命名为“氘”。Urey 首次指出，同一元素的同位素不仅物理性质不同，而且化学性质也有差异。1947 年他发表了有关同位素热力学性质方面的论文，确立了同位素分馏的理论，推动了稳定同位素地球化学的发展。20 世纪 50 年代后，随着测试技术的日益发展，新的测年法不断建立。在稳定同位素地球化学方面，不仅研究矿物，而且对岩石、矿床、地层、天然水、大气、陨石等的氢、氧、碳、硫、硅等同位素组成也进行了广泛研究。

在同位素地球化学的发展过程中，有关水圈的同位素组成的研究始终占有相当的比重。这不仅为研究地下水及其中溶解化学组分的同位素组成及分布积累了大量资料，同时在理论、应用和测试技术方面也为环境同位素水文地质学的建立创造了条件。

1936 年 Савченко 提出应用氦法测定深层地下水年龄。在天然水中发现 ^{14}C 和 ^{3}H 不久，Libby(1949，1953)就证明了利用 ^{14}C 测定年龄的可行性，并发表著名专著《放射性碳法测定年龄》，发表论文探讨了 ^{3}H 在地下水研究中的意义和良好前景。Münnich(1957)首次应用 ^{14}C 法测定地下水年龄。为了研究大气降水的同位素组成及其分布规律，联合国国际原子能机构(International Atomic Energy Agency，IAEA)自 1953 年起陆续在世界各地建立了降水同位素监测台站。1961 年 Craig 确定了氢氧同位素标准(SMOW)并发现了大气降水的 δD-$\delta^{18}O$ 线性关系，为研究大气水循环、天然水氢氧同位素组成及古气候演变等提供了条件。20 世纪 60 年代初，测定超微量同位素技术的出现，大大推动了天然水中超微量环境同位素的研究，环境同位素方法随之兴起并取得了引人瞩目的成就。为了组织和交流环境同位素水文地质研究工作和推广研究成果，IAEA 下属同位素水文学小组自 1961 年起召开多次国际性学术会议并出版有关论文集，对同位素水文地质学的发展起到了重要推动作用。20 世纪 70 年代后，电子计算机与质谱联用，超微量化学分析技术和中子活化测量技术等的发展，促使同位素水文地质学的研究内容和领域不断扩大，发展十分迅速。目前许多国家已将同位素水文地质方法作为研究地下水的一种常规方法列入工作规范。

我国同位素水文地质工作始于 20 世纪 50 年代，20 世纪 60 年代已将同位素方法应用于地下卤水、医疗矿水、找矿及地震等领域。20 世纪 70 年代国际上环境同位素水文地质方面取得的新成就大大推动了我国同位素水文地质工作的发展。目前一批装备精良专门从事天然水同位素测试的现代化实验室已经建立，一些大专院校的水文地质专业将同位素水文地质学列入教学计划，同位素水文地质方法已列入某些水文地质勘查规范，并在生产实践中得到广泛应用且取得良好成效。展望未来，环境同位素水文地质学在我国建设中必将得到更加广泛的应用和空前的发展。

环境同位素水文地质学是一门正在发展中的新学科，无论在基本理论方面，还是在实验技术和应用方面，都还有待于不断完善与提高。目前在水文地质研究中使用的环境同位素的种类还不够多，许多超微量的环境同位素有待开发。实践证明，以地质及水文地质工作为基础，综合应用几种同位素的标记特性和计时特性，并同一些常规水文地质方法密切配合，获得综合信息是提高同位素水文地质工作质量的有效途径。因此，从事同位素水文地质工作的人员，必须具备水文地质和同位素水文地质两门学科的知识，同时还应具有一定的同位素地球化学知识。可以预料，随着科学技术的发展，将有更多的同位素用于地下水研究，环境同位素水文地质学研究的内容和范围将不断扩大，在水文地质学中引入同位素方法必将促进水文地质学基本理论的发展，扩大水文地质学的研究领域。

三、环境同位素在全球水循环过程中的作用

对水循环过程中同位素的研究始于 20 世纪 50 年代初。大气降水是自然界水循环中的一个重要环节，对大气降水中环境同位素组成的研究，是研究全球及局地水循环必需的前提。因此，由国际原子能机构（IAEA）和世界气象组织（World Meteorological Organization, WMO）合作，于 1961 年开始大范围有组织地取样，在全球对降水中环境同位素以及相应的气象要素进行跟踪测试。其中一个目的是为验证大气环流类型以及全球、局地的水循环机制，另一个是为世界不同地区提供利用氚（T）解决水文问题时所必需的氚输入函数。

降水中稳定同位素的组成主要受雨滴凝结时的温度和降水的水汽来源控制，明显表现为降水同位素组成因地理和气候因素差别而异。Dansgaard（1964）根据北大西洋沿岸（温带和寒带）的资料指出，大气降水的平均同位素组成与温度存在着正相关关系，同样的关系也被姚檀栋在研究乌鲁木齐河流域中得到证实，这是由于温度直接影响降水过程中的同位素分馏系数。Ingraham（1991）与 Salai 等（1979）通过沿海地区降水的同位素分析得出，降水的同位素组成随着远离海岸线而逐步降低，具有大陆效应。这是因为在水汽向大陆的迁移过程中，重同位素在先前的降水中优先分离，剩余的水汽越来越贫化重同位素。大气降水的 δ 值随高度的增加而降低，具有高度效应，这是因为随着高度的不同，温度也将不同，导致同位素分馏系数的变化。该效应随气候和地形条件的不同，世界各地差异很大，正是这种高度效应使推测

地下水补给区的位置和高度成为可能。大气降水的同位素组成是湿度的函数，因此，雨滴在降落过程中的蒸发效应及与环境水蒸气的交换作用，导致呈现降雨量效应。热带海洋是全球水汽的重要来源，约65%的全球蒸发通量起源于30°S和30°N的海洋区，水汽极向运移与不断降水，引起大气中可降水量的减少，降水的重同位素随纬度的增加更加贫化，即所谓的纬度效应，这主要是温度和蒸气团运移过程同位素瑞利分馏的综合反映。地球上任何一个地区的大气降水同位素组成都存在季节效应，在内陆地区更加显著，这种季节效应的控制因素主要是气温的季节性变化，同时，降水气团的运移方向和混合程度在一些地区也有相当的影响，如滨海地区存在大陆气团和海洋气团的混合可以导致季节性变化的混乱。

世界各地降水中稳定同位素组成差异较大，不同地区稳定同位素组成所具有的效应类型及类型的多寡各不相同，如刘进达等(1997)对我国大气降水稳定同位素分布的研究。Metcalf(1995)通过对美国内华达州南部降水的稳定同位素的研究，发现在3km范围内，δD和$\delta^{18}O$变化幅度分别达到15‰和1.5‰，指出气团对流形成的对流降水中，同位素组成在地理上小区域范围内就具有非常大的差异，因此在研究类似的小区域的降水同位素组成时，必须在空间和地理位置邻近地取足够多的样品，以便获得合理的同位素平均值。Jeanton等(2004)对法国南部^{18}O分布的特征趋势进行研究，表明氧同位素分布主要是受冷锋面和对流降雨控制。另外，局部水体经过再次蒸发，受动力分馏作用影响形成的水汽降水，其同位素组成相对该地区降水贫^{18}O而富集D。

氚作为水分子的一部分直接参与水循环，尽管在水循环过程中，它和水的氢氧同位素具有相似的分馏效应，但却有不同的演化机制。因此，氚的分布特点部分与水的氢氧同位素相似，同时也有自己的独特之处。由于大气环流作用影响、海洋表面的交换和稀释效应及人工来源氚的加入，全球大气降水氚浓度与纬度成正比；海岸表面水的交换吸收和蒸气稀释作用可以造成同一纬度带上大气降水氚浓度随远离海岸线而逐步增高；大气休止层渗漏效应的季节性变化同时引起大气降水氚浓度的季节变化，使其最大浓度出现在6—7月，最小浓度出现在11—12月；Blavoux(1978)通过研究瑞士降雪中的氚发现其在高处的含量大于在低处的含量，即呈现高度效应；另外，同一纬度地区，氚在降水中的分布有与稳定同位素相似的降水量效应。刘进达(2001)根据7个代表性大气降水同位素观测站的资料，研究了我国大气降水氚同位素的时空分布和演化规律，为进一步示踪地下水的研究奠定了一定基础。

同位素方法为研究大气降水、地表水和地下水(简称"三水")之间相互转化关系及转化量提供了一种有效的手段，尤其是在转化关系复杂的干旱和半干旱地区。为实现水资源的可持续发展，合理开发利用水资源，必须对水资源进行科学的评价与管理，而这些前提是了解"三水"之间的相互转化关系及形成规律。为此，世界不同地区已经不同程度地开展了同位素方法在示踪"三水"之间相互转化方面的研究。

1. 利用环境同位素研究地表径流响应过程

降水径流问题是水文循环的关键组成部分，其研究的主要内容是径流数量及分配的降水径流关系和过程线。基础流量过程线的直接径流划分，一般采用传统概念的经验划分方法，但这些方法包含了一些假说，这些假说是否合理，仍有待进一步研究，环境同位素技术为这些研究提供了新的技术。19世纪50年代，学者们尝试通过研究降水过程中水中溶解的盐分，来阐明地表径流的形成机制。到 19 世纪 70 年代，利用降水过程中的水化学变化研究降水径流过程已趋于完善。伴随着水化学的应用，同位素技术也逐渐应用到降水径流过程中来，Dincer 等(1970)利用氚和^{18}O，Bottomley 等(1984)利用^{18}O和氘(D)作为示踪剂，研究了降水径流中降水和基流各自所占的比重，随后同位素技术的应用犹如雨后春笋般迅速发展起来。

顾慰祖(1970)等利用氚和^{18}O研究了实验集水区内降水和径流的响应关系，发现地表径流必源于本次降水的概念不明确，其中往往有非本次降水的水量，在部分年份非本次降水对径流的贡献值高达 500；非饱和带壤中流和饱和带地下径流中必有非本次降水的水量，与地表径流相似，在降水径流过程中时有变化；对于不同径流组成的流量过程，非本次降水所占的比重不同。这些研究结果表明了传统的降水径流相关关系中一一对应的假定不确切，从而对降水径流经验关系和单位线概念需要重新考虑。利用^{18}O和氚作为示踪剂对实验集水区降水和地面、地下径流的响应关系进行了研究，识别出属于地表和地下径流的 11 种产流方式，而这些产流方式只有少数遵循常用的 Darcy 定律，多数涉及水分通过水-气界面的特殊土壤水流问题，与 Darcy 定律不相符。

2. 利用环境同位素研究地下水运动

20 世纪 60 年代环境同位素方法的出现使水文学家耳目一新，这种方法是根据稳定同位素和放射性同位素在自然界中的变化来研究水循环。最常用的环境稳定同位素为氘(D)和^{18}O，它们是自然界水分子构成中的一部分并在自然界中具有化学稳定性，这些相对其他水化学示踪剂的优点使其成为更理想的示踪剂，最常用的环境放射性同位素为氚(T)和^{14}C。同位素示踪地下水运动是在传统的水化学方法上逐渐发展而来的，最初的水化学方法是利用水中溶解的盐类示踪地下水与河水之间的相互补给转化。

在干旱区地下水资源评估中，一个关键的问题就是降水是否入渗补给地下水以及如何补给地下水，因为在干旱区降水时空分布稀少，并且降水量很小。干旱区蒸发强烈导致水体的同位素分馏，但是新形成的地下水中的同位素含量仍旧可能接近于当地降水的平均值，Mathieu 和 Bariac(1996)对中非地下水和土壤水中同位素含量研究发现，土壤水同位素含量因蒸发强烈富集，地下水中则不存在这种富集，从而分析得出降水通过非饱和带中的大孔隙和快速渗流路径达到地下水位，极少与土壤富同位素水混合。依靠地下水中氚含量的存在可推断出地下水至少最近几十年得到过补给，Dincer 等(1974)研究得出沙特阿拉伯 Dahna 沙丘在 1963—1972 年间，平均每年得到 23mm 的降水补给，占年降水量的 35%。大气降水的氢氧同位素组成所具有的高度效应，为确定含水层补给区及补给高程提供了依据。若先前研究中已知地下水是由大气降水补给的，则根据式(0-1)可进一步确定补给带的位置和范围：

$$H=\frac{\delta_G-\delta_P}{K}+h \tag{0-1}$$

式中：H 为同位素入渗高度，单位为 m；h 为取样点(井、泉)高程，单位为 m；δ_P为取样点附近大气降水 $\delta^{18}O$(或 δD)值；δ_G为地下水(泉水)的 $\delta^{18}O$(或 δD)值；K 为大气降水 $\delta^{18}O$(或 δD)值的高度梯度，单位为$-\delta/100m$。

Fontes 等(1978)研究确定了法国埃维恩泉的补给区。在应用式(0-1)研究补给区时，在局部范围内“同位素梯度”可以通用，但是在较大范围内会引起误差，最好设置观测点求取。

在研究地表水与地下水相互作用中，以前根据地下水位分布及其与地表水的水力坡度，加上一些水文地质参数来估算地表水与地下水之间的转化量（达西定律），但是对于研究水中物质的运移及地表水在多大程度范围上补给地下水，尤其是牵涉到地表水受到污染如何影响威胁地下水的补给时，上述方法显得捉襟见肘，此时环境同位素示踪方法，尤其是氚和^{18}O示踪，成为便利和有效的工具。假如研究区域的地下水来自河水和降水的补给，河水来自海拔相对较高的地区或者在干旱半干旱区受到强烈蒸发引起同位素富集，河水与研究区降水同位素含量必定存在差异，利用这种差异性 McCarthy 等（1992）研究了俄勒冈州波特兰附近哥伦比亚河河水与地下水之间的水力补给关系。同样，如果地表水其他水体（湖水和水库）补给地下水时，与降水同位素含量存在差异，也可计算其对地下水的作用，这种差异在干旱半干旱区尤为明显。运用这种差异，Stichler 和 Moser（1979）研究了莱茵河流域内一人工湖对地下水的渗漏补给，Krabbenhoft 等（1990）根据同位素物质质量均衡方法，估算了湖水与地下水之间的相互交换量。另外，运用地下水中^{222}Rn同位素浓度远远高于地表水中浓度的特点，仵彦卿等（2004）运用^{222}Rn研究了西北干旱区黑河流域地下水对黑河河水的补给。

在具有多个地下水含水层或者构造断层存在的复杂区域，水文地质学家以往通过抽水试验和详尽的地下水水力梯度分布图来研究各个含水层之间的相互作用。通常情况下，尤其是在发展中国家，这些详尽的资料很难获得。一般情况下，复杂区域各含水层系统之间总有一些环境同位素含量存在差异，利用这些同位素的差异研究它们之间相互作用的同位素方法，有其他方法无法比拟的方便、快捷和经济等优点。Rightmire 等（1974）利用^{34}S研究了得克萨斯州石灰岩含水层的地下水来自潜水的补给；Yurtsever 和 Payne（1979）根据^{18}O和氚（T）同位素的数据，分析研究了卡塔尔西南部深部承压含水层中盐水对潜水含水层的越流补给，再通过分析^{18}O和水中Cl^-的关系，进一步得出潜水是来自深部承压水、海水和当地降水的三相混合补给。

地下水中的同位素含量时空分布通常存在巨大的差异，当利用同位素示踪研究地下水的运动时，对地下水分析同位素含量的采样不能过于单一或稀少，如果分析其来源，应同时对地表水与降水取样分析同位素含量，否则会得出错误的结论。

第一篇

同位素的基本概念及理论基础

第一章　同位素的基本概念

第一节　同位素

一、原子和原子结构

自然界的一切物质都由各种化学元素所组成，这些元素在物理上和化学上完全不同，原子则是元素保持其基本属性的最小单位。从卢瑟福（Ernest Rutherford）第一次提出并证明原子核的存在以后，对于原子和其内部结构已经有了很多深入的认识，然而就同位素水文学而言，对此只需要有一个简化的认识。

原子包括一个小而重的核心即原子核，以及包围着它的若干核外粒子。按不同测定方法测得的原子半径是不同的，但是有相同的数量级即 10^{-10}m，将这一原子尺度的长度单位记为“埃”或 Å，即 1Å＝0.1nm。原子的中心是原子核，带正电荷，其半径由实验测定在 10^{-15}～10^{-14}m 范围，体积仅是原子的 10^{-10}～10^{-8}，而质量却约占整个原子的 99.95％。各种原子核的密度是相同的，约为 10^{17}kg/m^3，是水密度（10^3kg/m^3）的 10^{14}倍。核外粒子因带负电荷称为电子，其质量为 9.10956×10^{-28} g，电子电荷在核物理中把它作为电荷的自然单位 e，其值为 1.6×10^{-19} C（库仑），相当于 1A（安培）电流通过时，每秒流过截面的电子约有 6×10^{18}个。对于中性原子，全部电子的负电荷等于原子核整体的正电荷。有趣的是，迄今所有的带电粒子，其电量都是 e 的整倍数，而理论上应带有 $\frac{2}{3}$e 和 $-\frac{1}{3}$e 的所谓夸克的亚原子粒子至今还没有被发现。重要的是，围绕原子核运动的电子，却决定着物质的主要物理性质和物质的化学反应。这样的一个所谓原子的核式结构模型（杨福家等，2002；陈宏芳，1997），在卢瑟福提出后经过许多实验，已被公认为它代表了原子的实际情况。然而，对原子结构中电子的具体排列和性状，却还没有能够作出精确的分析，只是基于实验的近似模拟。这大体上可归结为两个基本类型：一种是行星式模型或轨道模型，电子按一定轨道围绕处于中心的原子核运行；另一种则是量子力学的结果，探讨电子出现于给定空间的概率密度，而它的图像表示，即是所谓的电子云，当然这并不意味着把电子本身看作是一片弥散云。

二、原子核和原子核结构

原子核包含有多种基本粒子，主要组成成分是质子和中子，它们统称为核子（nucleon）。

质子（proton）是稳定粒子，带有单位正电荷，电荷大小与电子等同，而极性相反，因而对于中性原子，质子数等于其核外电子数。质子质量为1.672 61×10^{-24}g，是电子的1836倍。化学元素的原子序数即是其原子核中的质子数。质子还是初级宇宙射线的主要成分，也是某些人工核反应的产物，地球的高层大气中有一个区域称为质子层，以质子为主要成分，它是离子层的最外部分。

中子(neutron)不带电荷，可自由通过原子内部的电场，其质量比质子略大，为1.674 82×10^{-24}g。中子与质子按不同比例结合成为各种元素的原子核。束缚于原子核中的中子是稳定的，但是在核外的自由中子却是不稳定的。在人工核反应中也可获得自由中子，并按其能量进行分级，这在同位素水文测验中，以及研究水的元素组成方面都有重要应用。

原子核结构目前还只能使用各种模型进行探讨，核模型有两大类。独立核子模型，假定构成原子核的质子和中子之间，很少或没有相互作用，它们在各自的轨道上运动。例如，壳层模型，假定中子和质子分别有各自的壳层，并按能量顺序逐一填充各个壳层，中子或质子正好使某个壳层填满的称为满壳核或闭壳核，可用于解释核的稳定性。此外还有假定中子和质子相互耦合的另外一些模型。

需要说明的是，原子核由质子和中子组成只是一种近似(杨福家等，2002)。因为已经发现质子和中子并不是如20世纪初期的一些认识那样，是不可再分的基本粒子，它们还有其相应的内部结构。例如不带电的中子具有磁矩，而磁矩本来是对应于原子核的，因为原子核是带电系统，有自旋，才有磁矩。而中子有磁矩，表明它存在着内部结构。对于这种深层次的粒子物理，需要使用更高能量的设备，因而此类研究也称为高能物理。粒子物理体系中的“标准模型”认为，物质的基本组成单元是所谓的轻子与夸克，而它们也还有不同种类，但是至今一个自由夸克还没有找到。在相对于高能的低能核物理中，原子核是由质子和中子所组成的这种近似就已经足够了，而且它是一个很好的近似(杨福家等，2002)。

三、核素和同位素

原子是由原子核与其周围的电子组成的，通常用${}_{Z}^{A}X_{N}$来表示某一原子。这里，X为元素符号，Z为原子核中的质子数，N为原子核中的中子数，A为原子核的质量数，它等于原子核中的质子数与中子数之和，即

$$A=Z+N \tag{1-1}$$

这也可以认为是表示原子核组成的关系式。

由此导出以上符号用以标识某元素X的一个具有特定质子数Z和中子数N的原子即${}_{Z}^{A}X_{N}$。

这样的特定原子核的原子称为核素(nuclide)。核素一词是1947年由Kohman提出的，也可用于表示原子核。例如，核素${}_{6}^{14}C_{8}$，即具有6个质子、8个中子，核子总数即原子的质量数为14的碳原子，当原子是中性时，具有6个电子。实际上有了元素符号X后，其原子序数已经确定，不一定有必要再标出Z，因此通常为简便起见，也常用${}^{A}X$或${}_{Z}^{A}X$来表示。例如，${}_{6}^{14}C_{8}$一般标为${}^{14}C$，其中子数可据式(1-1)推定。它也可写作“碳-14”，carbon-14。旧文献中曾写作C^{14}、C-14。据理论推测化学元素至少有6000种核素，目前已发现300余种天然核素和1600余种人工核素，总数达1900余种。

原子核内质子数相同(Z值相同)而中子数不同(A值不同)的一类核素称为同位素

(isotope),即同一化学元素原子量不同的两种以上原子互为同位素。同位素一词由英国化学家 Soddy 于 1913 年根据希腊文命名,其含义是在元素周期表中占据相同位置。同位素是同一种化学元素的核素,它们具有相同的核外电子排布结构,因而总的化学性质相间,只是质量不同。例如$^{1}_{1}$H(氕)、$^{2}_{1}$H(D,氘)和$^{3}_{1}$H(T,氚)是氢元素的同位素;$^{16}_{8}$O、$^{17}_{8}$O 和$^{18}_{8}$O 是氧元素的同位素(表 1-1)。

表 1-1　氢和氧同位素的核结构特征

元素符号	H			O		
核素符号	$^{1}_{1}$H	$^{2}_{1}$H	$^{3}_{1}$H	$^{16}_{8}$O	$^{17}_{8}$O	$^{18}_{8}$O
原子序数 *P*	1	1	1	8	8	8
电子数 *R*	1	1	3	8	8	8
质子数 *Z*	1	1	1	8	8	8
中子数 *N*	0	1	2	8	9	10
质量数 *A*	1	2	3	16	17	18
原子量(Ma)	1.007 825	2.014 102	3.016 04	15.994 91	15.994 91	15.994 91

同位素在各行各业都有广泛应用,如利用^{60}Co 发出的射线对害虫的虫卵或成虫进行一定剂量的照射,破坏害虫的生殖机能,既可灭虫又不会产生公害,已被世界多国普遍采用。^{60}Co 还可对一次性医疗用品和卫生用品进行消毒灭菌,具有射线穿透力强、效率高、操作方便等优点,可达到彻底灭菌、无污染、无残留的效果。

放射性^{131}I 可在工业领域用于辐射检漏。地下输气、输油管道有时会因为腐蚀而穿孔,发生漏气、漏油事故,采用人工挖土来查找漏洞是很麻烦的事情,利用同位素就方便多了。把放射性^{131}I 通入待检查的封闭系统中,如果有油或者气漏出,^{131}I 会被漏点附近的土壤吸附,很容易就被仪器探测出来,从而快速找到漏洞位置。用这种方法,即使是非常微小的焊接砂眼所造成的泄漏也能被检查出来。

第二节　同位素分类

一、稳定同位素与放射性同位素

同位素可分为稳定同位素和放射性同位素两类,稳定同位素是指迄今为止尚未发现有放射性衰变(即自发地放出粒子或射线)的同位素;反之,则称为放射性同位素。

1. 稳定同位素

核素中不具有放射性的同位素,称为稳定同位素(stable isotope)。其实稳定是相对概念,实际上现有的稳定同位素只是迄今尚未发现其有自发衰变现象的同位素,或定义为无可测放射性的同位素(郑永飞和陈江峰,2000)。20 世纪 70 年代初稳定同位素被成功引入生物学的多个研究领域,如光合作用途径、光能利用率、植物水分利用率、物质代谢和生物量变化等的研究。最常见的对水文地质研究有重要意义的稳定同位素有^{12}C和^{13}C、^{32}S和^{34}S、^{28}Si和^{30}Si等。

稳定同位素为什么稳定？让我们从原子的结构来解释这个问题（图1-1）。从物理学角度看，元素的放射性取决于原子核的稳定性。原子核中存在两种力，即核力和电磁力。强相互作用的核力表现为核子与核子之间的吸引力，通常强相互作用的力量很大，但是范围很小。电磁力表现为质子与质子之间的库仑力，并且同性电荷总是相互排斥的，通常电磁力作用范围很大，但是相互作用力很小。当这两种作用力势均力敌的时候，原子核就能够稳定存在。

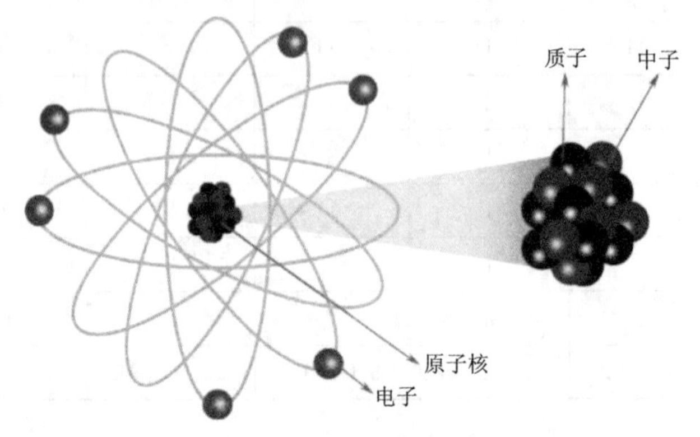

图1-1　原子结构示意图

稳定同位素的数量有300个之多，而至今发现的放射性同位素数量已超过了1200个。在原子序数从1(H)到83(Bi)的元素中，除原子序数为5和8的元素外，其他元素的稳定核素均已确定。结果是只有21个元素为纯元素(pure element)，也就是说它们只有一个稳定同位素。而其他所有元素则由2种或2种以上同位素组成。某一元素中，质量较小的核素相对于质量较大的核素而言，相对小的同位素也可能占较大的比例。例如在铜元素中$^{63}_{29}Cu$和$^{65}_{29}Cu$分别占了Cu原子总量的69%和31%。然而，在多数情况下，元素中往往以某一种同位素占主导地位，其他同位素所占比例极少。

稳定同位素和放射性同位素均可用来示踪，但在实际应用中，稳定同位素具有放射性同位素无法比拟的优越性。①安全、无辐射。稳定同位素对动植物不会造成伤害，使用、运输和储存比较方便。②半衰期长。放射性同位素因其半衰期太短而没有实用性，限制了其应用，而稳定同位素的半衰期均大于1×10^{15}a，因而不受研究时间的限制。③可同时测定。放射性同位素一次只能测定一种同位素，而稳定同位素允许对不同质量数进行同时测定，因此可以对同一元素的不同同位素或不同元素的同位素同时测定，从而提高实验效率。④物理性质稳定。稳定同位素的信号值不会随时间而衰减。

通常，核素的稳定性可通过几个重要法则来判断，这里仅对其中两条法则进行简单论述。第一条为对称法则。所谓对称法则是指原子序数小的稳定核素中质子数与中子数几乎相同，也就是说，中子数/质子数(N/Z)接近于1。当稳定原子核中质子数或中子数大于20时，其N/Z也往往大于1，其中最重的稳定原子核的N/Z最大，可达到1.5。随着质子数Z的增加，带正电的质子间的静电库仑斥力迅速增大，为了保持原子核的稳定，较质子数更多的不带电中子容易结合到原子核中（图1-2）。

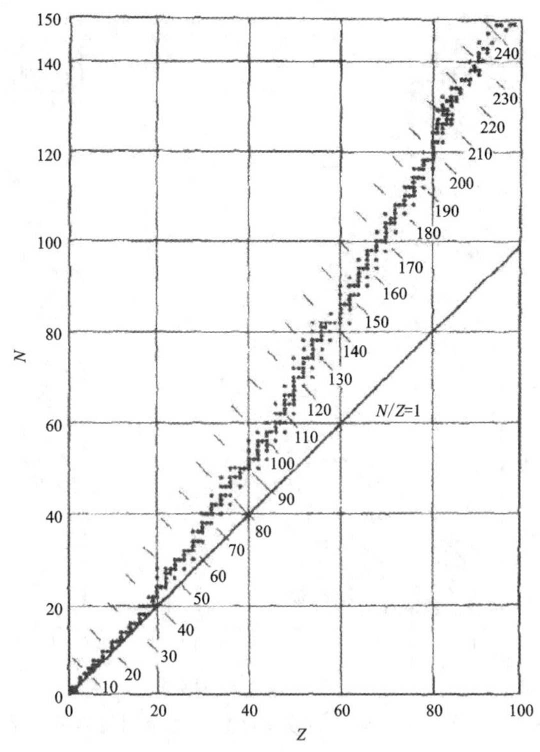

图 1-2　稳定核素和不稳定核素中的质子数和中子数投点图

第二个法则是奥多-哈金斯法则。该法则是指原子序数为偶数的核素的丰度高于原子序数为奇数的核素丰度。如表 1-2 所示，核素中有 4 种质子-中子组合形式，其中最常见的是偶-偶组合，最少见的是奇-奇组合。上述组合关系在图 1-3 中也可得到验证。

表 1-2　原子核中质子-中子组合类型和它们出现的数量

Z-N 组合	稳定原子核数	*Z-N* 组合	稳定原子核数
偶-偶	160	奇-偶	50
偶-奇	56	奇-奇	5

2. 放射性同位素

放射性同位素，即能够自发地放射出粒子、发生衰变而形成另一种同位素。常见的较有意义的放射性同位素有^{14}C、^{36}Cl、^{238}U、^{234}U、^{232}Th、^{236}Ra、^{131}I、^{51}Cr 和^{59}Fe 等。其中^{14}C 的应用最广泛，由于其半衰期较长，为 5730a，因此，可对年代较久远的地下水的年龄进行测定。

放射性核素衰变的最后归宿是形成稳定核素，即所谓的放射性成因稳定同位素。放射性核素的衰变过程各有不同，并经历不同的时间，把衰变掉原有核素的一半所需的时间称为半衰期。放射性同位素在放出 α、β、γ 等射线后，会转变成稳定的原子。根据放射性同位素衰变过程放出的射线（或称辐射）的不同，放射性衰变有 α、β、γ 衰变三大类，本篇第三章会详细讲解放射性同位素和放射性衰变。

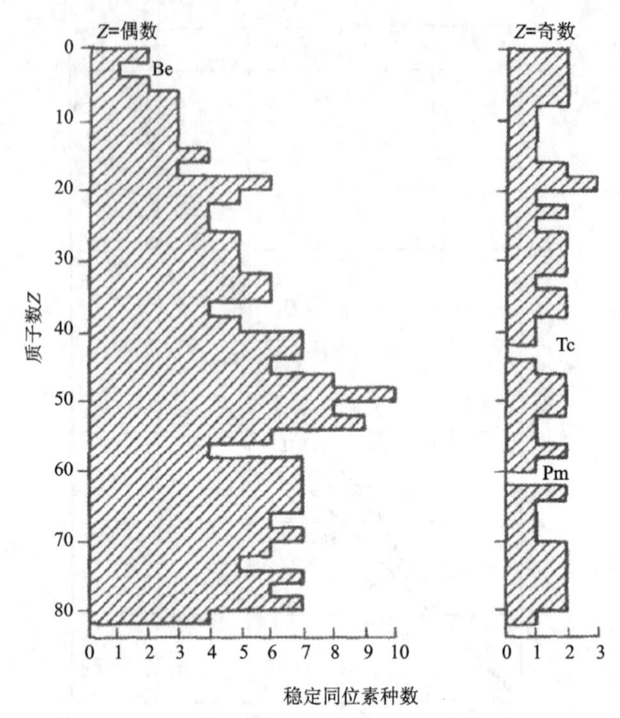

图 1-3　质子数分别为偶数和奇数的稳定同位素的种数

自然界中的放射性同位素有以下 4 类。

(1)原始天然放射性同位素。自地球形成之初,由于它的衰变速率极其缓慢,因而至今还没有完全衰变完,如$^{238}_{92}U$、$^{235}_{92}U$、$^{232}_{90}Th$、$^{40}_{19}K$ 等。

(2)长寿命天然放射性同位素衰变的产物,如$^{234}_{92}U$、$^{230}_{90}Th$、$^{226}_{88}Ra$ 等。

(3)自然界发生的核反应所产生的放射性同位素,主要是宇宙射线与上层大气所产生的放射性同位素,如$^{14}_{6}C$、$^{10}_{4}Be$、$^{32}_{14}Si$ 等。

(4)人为产生的放射性同位素。主要是热核爆炸或核工业等设施发生事故造成的,如$^{3}_{1}H$、$^{137}_{55}Cs$、$^{90}_{38}Sr$、$^{85}_{36}Kr$ 等。

放射性同位素技术已广泛应用于国民经济的许多领域,在工业、农业、医学、资源环境、军事科研等诸多领域的应用已获得了显著的经济效益、社会效益、环境效益,也是核能利用的重要方面之一。

(1)放射性同位素示踪技术的应用。利用微量半衰期较短的放射性同位素动态追踪、示踪物质的运动过程及规律,是常规化学分析方法无法比拟的,具有不可替代的优势。这一技术已广泛用于医药、农药、兽药、肥料的吸收、分布、分解、代谢、效果、残留及植物固氮等机理研究;人和家畜的疾病诊断;水库堤坝渗漏检查;某些新材料、新化学品反应合成过程的研究等。

(2)放射性同位素射线探测技术的应用。放射性同位素的探测灵敏度极高,利用所发出的射线制作的各种同位素监控仪表,如料位计、密度计、测厚仪、核子秤、水分计、γ 射线探伤机和离子感烟火灾报警器等,已广泛应用于安全监控、工业生产、科学研究等各领域。

(3)放射性同位素辐射加工技术的应用。辐射加工就是利用放射性同位素电离辐射能量，对某些物质和材料进行电离辐照处理的一门技术。目前放射性同位素已广泛应用于交联线缆、热缩材料、橡胶硫化、泡沫塑料、表面固化、中子嬗变掺杂单晶硅、医疗用品消毒、食品辐照保藏以及废水、废气处理等领域。

(4)放射性同位素电池。即利用放射性同位素核衰变时所释放的能量制造的特种电源。这种电池是目前人类进行深空探索唯一可用的能源。空间同位素电池(如钚-238电池)的特点是：不需对太阳定向，小巧紧凑，使用寿命长。

(5)放射性同位素辐射育种技术的应用。即利用放射性同位素所发出的 γ 等射线诱发农作物种子基因突变，获得有价值的新突变体，从而育成优良品种。我国辐射突变育种的成就突出，育成的新品种占世界总数的1/4，特别是粮、棉、油等作物新品种的推广应用，取得了显著的增产效果。

(6)放射性同位素辐射昆虫不育技术的应用。即利用放射性同位素所发出的 γ 等射线对有害昆虫进行适当放射剂量的照射，使其丧失生殖能力，是一种先进的生物防治方法，不仅达到防治甚至根除害虫的目的，还解决了因使用农药造成环境污染的问题。国外使用该技术在大面积根除地中海果蝇以及抑制非洲彩蝇方面取得了重大成效。我国用此法对玉米螟、小菜蛾、柑桔大实蝇等害虫进行辐射研究，也取得了较好的防治效果。

(7)放射性同位素在食品保鲜和消毒方面的应用。即利用放射性同位素所发出的 γ 射线对食品进行照射，抑制其发芽、杀虫灭菌，达到延长保存期的目的。此外，还可利用放射性同位素所发出的 γ 射线能杀灭微生物的作用而将其用于消毒，特别适用于某些不能用高温、高压消毒的物品。

(8)放射性同位素在临床诊疗方面的应用。核医学诊断是根据放射性示踪原理对患者进行疾病检查的一种诊断方式。在临床上可分为体内诊断和体外诊断。体内诊断是将放射性药物引入体内，用仪器进行脏器显像或功能测定。体外诊断是采用放射免疫分析方法，在体外对患者体液中的生物活性物质进行微量分析。我国每年有数千万人次进行这种核医学诊断。另外，电离辐射具有杀灭癌细胞的能力。目前，放射治疗是癌症治疗三大有效手段之一，70％以上的癌症患者都需要采用放射治疗。放射治疗可分为外部远距离照射、腔内后装近程照射、间质短程照射和内介入照射等。体内放射性药物治疗是近来颇受医学界关注的临床手段，单克隆抗体与放射性核素结合生成的导向药物(“生物导弹”)，可为恶性肿瘤的内介入照射治疗提供一种新的有效途径。

二、天然同位素与人工同位素

天然同位素是指自然界内天然存在的同位素。它包括地球形成时原始合成的稳定同位素、长寿命(半衰期大于 10^8 a)放射性同位素及其子体、天然核反应生成的同位素等。

天然存在的具有放射性的同位素又叫作天然放射性同位素。在地球上的土壤、岩石和大气中，铀、镭、氡、钍、镤、铯和钾等都有多种放射性同位素，有些是和宇宙共生的，与地球年龄相同或更长，有些是放射性同位素的子体。还有像由宇宙射线中的中子与大气中氮原子反应生成 ^{14}C 之类的自然过程生成的而非人工制造的放射性同位素。天然放射性同位素一般都有很长的半衰期。

人工同位素是指通过人工方法(如核爆炸、核反应堆和粒子加速器等)制造出来的同位素。目前由人工方法制造出的放射性同位素已达1600余种。

人工放射性同位素的制备大体有3种方法：利用核反应堆生产制备的丰中子同位素，称为堆照同位素；利用带电粒子加速器生产制备的贫中子同位素，简称加速器同位素；从核燃料后处理料液中分离提取的同位素，通常称为裂片同位素。

20世纪50年代出现了较廉价的人工同位素，从而引起了水文学界的注意和学科合作，主要是应用人工放射性同位素于水文要素的测验，用以改进常规水文测验方法。1922年Joly首先提出了利用放射性同位素测定河流流量的设想。1941年Pontecorvo为石油开采应用了中子测井，开始了不取样的实地土层测定。1952年Gardner等将1950年美国设计用于研究机场跑道土壤状况的中子法引入土壤水分测定后，引起了大量研究和广泛应用。1952年Foxs使用放射性同位素示踪地下水运动。1956年Ashton使用γ辐射测定土壤水分等。这一时期，还使用了多种人工放射性同位素测定各种地下水参数。

三、环境同位素与人工施放同位素

同位素水文学中的环境同位素，是指已存在于自然环境中的同位素。它们或是自然起源、或是人为产生，但现在它们在环境中的变化只受天然过程的制约，而再不受任何人为控制。它以全球尺度或区域存在着，也有稳定的和放射性的两类。例如氚，它既有上述宇宙射线成因的，也有因热核爆炸在1954—1963年间大量产生的。后者虽系人为造成，但它的变化已不再受任何人为制约，而只有自身的衰变才能产生影响。另外，用环境同位素技术研究地下水补给和可更新性、追踪地下水的污染也是当前国内外较为新颖的研究方法之一。

因此，除了人工制造的核素以外，几乎在自然环境中的所有现存核素，都可归属于环境同位素范畴。然而，从实际应用特别是在水圈中的应用而言，其中只有少数核素在同位素水文学中起着关键性的作用，有些发挥着重要作用。但是，随着同位素测验手段的不断更新和新方法的陆续涌现，有些同位素也随之显示其重要潜力。例如，随着加速质谱技术的发展，^{36}Cl在地下水研究中已经展现了它特有的功能。

人工施放同位素则是指人们为了某种目的而投放到某一局部范围内的人工同位素。例如做弥散试验向钻孔内投放^{3}H，又如医学上常用的^{32}P、^{35}S、^{131}I等。

第三节　同位素组成及表示方法

同位素组成是指物质中某一元素的各种同位素的含量，同位素组成的表示方法主要有同位素丰度、同位素比值R和千分偏差值δ。

一、同位素丰度

某元素的各种同位素在给定的范畴，如宇宙、大气圈、水圈、岩石圈、生物圈中的相对含量称为同位素丰度。例如：

氢同位素在自然界的平均丰度为：$^{1}H=99.984\,4\%$，$D=0.015\,6\%$；

海水的氧同位素丰度为：$^{16}O=99.763\%$，$^{17}O=0.037\,5\%$，$^{18}O=0.199\,5\%$。

各元素同位素的天然丰度分布是不相同的，一般在低原子序数($Z<28$)的元素中，只有一种同位素(多数为轻同位素)的丰度最大，其余同位素的丰度均较小。如^{14}N为99.64%，^{15}N为0.36%。而在高原子序数($Z>28$)元素中，各种同位素的丰度分布有逐渐变得相近的趋势。如锡的10种天然同位素中丰度最大的是^{120}Sn，为32.4%。另外，原子序数为偶数的元素中，往往是偶数中子数同位素的丰度大。如硫的天然同位素中，^{32}S的丰度为95.02%。

二、同位素比值 R

同位素比值R是指样品(物质)中某元素的两种同位素含量(或丰度)之比，称为同位素比值，其表示式为：

$$R=\frac{X^*}{X} \tag{1-2}$$

式中：X^*和X分别表示重同位素和常见轻同位素含量。例如，海水氢氧同位素的R值为：

$$R_D=\left(\frac{^2H}{H}\right)_{海水}=(158\pm2)\times10^{-6} \tag{1-3}$$

$$R_{^{18}O}=\left(\frac{^{18}O}{^{16}O}\right)_{海水}=(1993\pm2.5)\times10^{-6} \tag{1-4}$$

天然条件下，某些元素同位素的R值的变化范围如表1-3所示。同位素比值R和丰度一样，可反映出样品同位素的相对含量关系。但天然样品R值的变化一般都很小，不能一目了然地分辨出其变化的程度。为此，人们引入了同位素含量的另一种表示方法——千分偏差值δ。

表1-3　天然条件下某些元素同位素比值的变化范围

元素	同位素比值 R	变化范围	变化量(%)
H	D/H	0.000 079～0.000 019 5	147.0
Li	$^6Li/^7Li$	0.07～0.084	6.3
Be	$^{10}Be/^{11}Be$	0.226～0.234	3.5
C	$^{13}C/^{12}C$	0.010 7～0.011 5	7.5
O	$^{18}O/^{16}O$	0.001 887～0.002 083	10.4
Si	$^{30}Si/^{28}Si$	0.033 2～0.034 2	3.0
S	$^{34}S/^{32}S$	0.043 2～0.047 2	9.2

三、千分偏差值 δ

千分偏差值δ是指样品的同位素比值$R_{样}$相对于标准样品同位素比值$R_{标}$的千分偏差，即

$$\delta(‰)=\frac{R_{样}-R_{标}}{R_{标}}\times1000 \tag{1-5}$$

据式(1-5)，$R_{样}$可表示为：

$$R_{样}=\frac{R_{标}}{1000}(\delta+1000) \tag{1-6}$$

δ 值能直接反映出样品同位素组成相对于标准样品的变化方向和程度。若 $\delta>0$，表明样品较标准样品富含重同位素；若 $\delta<0$，表明样品较标准样品贫化重同位素；若 $\delta=0$，表明样品的重同位素含量与标准样品相同。

第四节　同位素国际标准

样品的 δ 值可通过质谱仪直接测得，因此在同位素地球化学文献中，通常都用 δ 值来表示同位素的组成。但样品的 δ 值与选用的标准样品有关，为此国际规定样品的 δ 值必须采用统一标准（国际标准）。

目前国际上通用的同位素标准由国际原子能机构和美国国家标准局（National Bureau of Standards，NBS）提供。除了国际标准和参考标准外，为了日常测试的需要，各国或实验室往往还备有自己的工作标准，但最终需把测定数据换算为相对于国际标准的 δ 值，其换算式为：

$$\delta_{样/标}=\delta_{样/工}+\delta_{工/标}+10^{-3}\delta_{样/工}\cdot\delta_{工/标} \tag{1-7}$$

式中：$\delta_{样/标}$ 为样品相对国际标准的 δ 值；$\delta_{样/工}$ 为样品相对于工作标准的测定值；$\delta_{工/标}$ 为工作标准相对于国际标准的测定值。

需要说明的是，H 和 ^{18}O 原来的标准是 SMOW，现正逐步被 V-SMOW（Vienna Standard Mean Ocean Water）所取代；同时，国际原子能机构也用 VPDB 取代了 PDB，目的是在皮迪组箭石被完全用完以前，通过与原有标准的校正建立起新的标准。

常用标准样品如下。

（1）SMOW（Standard Mean Ocean Water）：标准平均海洋水，H、O 同位素国际标准。$\delta D_{SMOW}=0‰$，$\delta D^{18}O_{SMOW}=0‰$；$D/H=(157.6\pm0.3)\times10^{-6}$，$^{18}O/^{16}O=(1\ 993.4\pm2.5)\times10^{-6}$。

（2）V-SMOW（Vienna SMOW）：经过蒸馏后的海水。$\delta D_{SMOW}\approx0‰$，$\delta^{18}O\approx0‰$；$D/H=(155.76\pm0.05)\times10^{-6}$，$^{18}O/^{16}O=(2005.2\pm0.45)\times10^{-6}$。

（3）SLAP（Standard Light Antarctic Precipitation）：南极原始的粒雪样品。$\delta D_{SMOW}=-55.50‰$，$\delta D^{18}O_{SMOW}=(-428.5\pm1)‰$；$D/H=(89.02\pm0.05)\times10^{-6}$，$^{18}O/^{16}O=1\ 882.766\times10^{-6}$。

（4）PDB（Pee Dee Belemnite）：美国卡罗来纳州白垩系皮迪组中箭石制成的 CO_2，作为碳氧同位素标准。PDB 的 $\delta^{13}C_{PDB}=0‰$，$\delta^{18}O_{PDB}=0‰$；$^{13}C/^{12}C=1\ 123.7\times10^{-6}$，$^{18}O/^{16}O=415.80\times10^{-5}$。

（5）CDT（Canyon Diablo Troilite）：美国 Diablo 峡谷中陨硫铁相的硫同位素组成，$^{34}S/^{32}S=4.500\ 5\times10^{-2}$，$\delta^{34}S_{CDT}=0‰$。

表 1-4 列出了地下水中常见同位素 δ 值测定的国际标准。

表 1-4　地下水中常见同位素 δ 值测定的国际标准(据 Kehew,2001)

同位素	比值	国际标准		
		标准代号	含义	同位素丰度
D	D/H	V-SMOW	维也纳标准平均海水	$(155.76\pm0.05)\times10^{-6}$
^{3}He	$^{3}He/^{4}He$	Atmospheric He	大气氦	1.3×10^{-4}
^{11}B	$^{11}B/^{10}B$	NBS 951	美国国家标准局 951 硼酸*	4.043 62
^{13}C	$^{13}C/^{12}C$	PDB	美国卡罗来纳州白垩系皮迪组箭石	$1\,123.7\times10^{-6}$
^{15}N	$^{15}N/^{14}N$	Atmospheric N_2	大气氮	3.677×10^{-3}
$^{18}O/^{16}O$	$^{18}O/^{16}O$	V-SMOW	维也纳标准平均海水	$(2\,005.2\pm0.45)\times10^{-6}$
^{34}S	$^{34}S/^{32}S$	CDT	美国 Diablo 峡谷中的陨硫铁(FeS)	$4.500\,5\times10^{-2}$

* 采用 SRM951 硼酸作为标准。

第五节　同位素效应

一、同位素分子

一种元素可有数种同位素,因此,同一种化合物可有许多由不同同位素组成的分子变种,这种同一化合物的不同分子变种称为同位素分子。例如,天然水由氢氧组成,氢有 H 和 D 两种同位素,氧有^{16}O、^{17}O、^{18}O 三种同位素(均未考虑痕量同位素),所以天然水可有 9 种同位素分子(表 1-5),它们的化学成分相同,但分子质量不同,最轻的水分子质量为 18,最重的为 22。

表 1-5　天然水的同位素分子

同位素	^{16}O	^{17}O	^{18}O
H_2	$H_2{}^{16}O$	$H_2{}^{17}O$	$H_2{}^{18}O$
HD	$HD^{16}O$	$HD^{17}O$	$HD^{18}O$
D_2	$D_2{}^{16}O$	$D_2{}^{17}O$	$D_2{}^{18}O$

二、同位素分子的物理、化学性质

当单质或化合物的某同位素被另一同位素替换时,它的物理、化学性质也随之发生微小变化。表 1-6 是不同同位素水分子的某些物理性质的差异。引起同位素分子间物理、化学性质发生变化的原因是同位素间质量的差异和原子或分子能态的不同。例如,由轻同位素构成的水分子(如 $H_2{}^{18}O$),质量较轻,比重同位素水分子(如 $D_2{}^{18}O$)具有较大的振动能,其所形成的氢键较弱,因而沸点低,蒸气压较大。当水体吸收热量时,它们之间的氢键比重同位素分子易破坏。所以在水蒸发和凝结过程中,蒸气中总是富轻同位素水分子,而水中则富重同位素水分子。

表 1-6 $H_2{}^{16}O$、$H_2{}^{18}O$、$D_2{}^{16}O$ 的部分物理、化学性质

物理、化学性质	$H_2{}^{16}O$	$H_2{}^{18}O$	$D_2{}^{16}O$
分子量	18.010 57	20.014 81	20.023 12
密度(20℃)(g/cm³)	0.997 9	1.110 6	1.105 1
最大密度时的温度(℃)	3.98	4.30	11.24
熔点(℃)	0.00	0.28	3.81
沸点(℃)	100.00	100.14	101.42
蒸汽压(100℃)(Pa)	101 325	100 831.7	96 250.4
黏度(20℃)(10^{-3}Pa·g)	1.002	1.056	1.247
介电常数(25℃)	78.25	111	78.54
偶极距(D,25℃)	1.86	111	1.87

由量子力学可知，分子能量由电子能量、平动能量、振动能量、转动能量与核自旋能量 5 部分组成。就同一种元素不同的同位素来讲，核外电子数与核外电子结构完全一致，因而电子能量相同，核自旋能量极小，一般忽略不计；而平动能量与转动能量虽存在差异，但对同位素交换反应的影响较小，因此对分子起离解作用能量的主要是振动能量 E_{vi}。

在简谐振动条件下，振动能量为：

$$E_{vi}=\left(n+\frac{1}{2}\right)h\upsilon \tag{1-8}$$

式中：h 为普朗克常数($h=6.624\times10^{-34}$ J·s)；υ 为分子中原子的振动频率；n 为振动量子数($n=0,1,2,\cdots$)。

根据玻尔兹曼能量分布定律，当温度 $T=0$K 时 $n=0$，所有分子都处于最低能位，分子振动能量最低，称为零级振动能，简称零点能 E_0。

$$E_0=\frac{1}{2}h\upsilon \tag{1-9}$$

零点能与振动频率成正比，而原子振动频率与分子中原子的折合质量平方根成反比，即

$$\upsilon=\frac{1}{2\pi}\sqrt{\frac{f}{\mu}} \tag{1-10}$$

式中：f 为分子中原子化学键的键力常数；μ 为折合质量。

令 M_1、M_2 代表两种原子的质量，则：

$$\mu=\frac{M_1\cdot M_2}{M_1+M_2} \tag{1-11}$$

当分子中某一原子被重的同位素替换后，相应的零点能和振动频率也随之发生改变：

$$E_0^*=\frac{1}{2}h\upsilon^* \tag{1-12}$$

$$\upsilon^*=\frac{1}{2\pi}\sqrt{\frac{f}{\mu^*}} \tag{1-13}$$

于是有：

$$\frac{E_0^*}{E_0}=\frac{\upsilon^*}{\upsilon}=\sqrt{\frac{\mu}{\mu^*}} \tag{1-14}$$

式(1-14)说明，重同位素分子因质量大，故振动频率小，即重同位素分子的零点能比轻同位素分子的小。如图1-4中势能曲线所示，由于组成同位素分子的化学键相同，所以它们的势能曲线相同，但零点能不同。当振动能量达到解离能量 D_0 时，分子便解离成原子。由于 $E_0>E_0^*$，故 $D_0<D^*$，即重同位素分子因振动能小而难以解离。因此，在物理、化学反应过程中，轻同位素分子通常总是较重同位素分子具有更大的活动性，易参与反应。

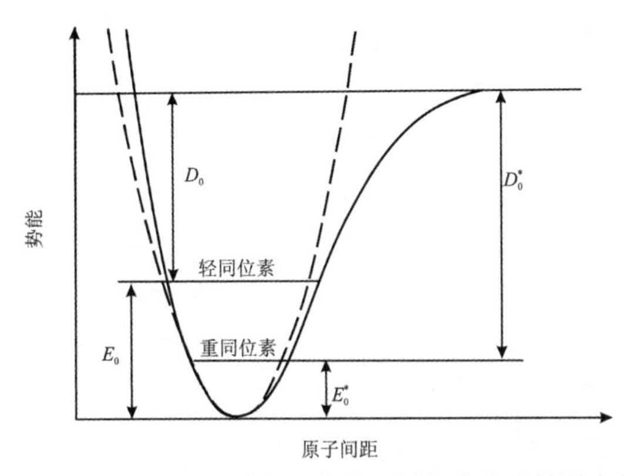

图1-4 双原子分子的能量曲线和同位素分子的零点能

三、同位素效应

由于某元素的一种同位素被另一种同位素替换而引起单质或化合物在物理、化学性质上的差异现象称为同位素效应。显然，同位素之间的相对质量差越大，所引起的物理、化学性质上的差异也就越大。研究同位素分子间各种行为的差异，即研究同位素效应是同位素化学的重要任务。而从地球化学角度，主要是利用同位素效应研究在物质转化系统中同位素丰度的变化情况。

同位素效应分为以下4种。

(1)热力学同位素效应，是指由于各种同位素原子和分子能态不同所引起的热力学性质上的差异。它是发生在热力学平衡系统中，与化学平衡和相平衡有关的同位素效应。

(2)动力学同位素效应，是指由于同位素原子或分子的质量和能态不同引起的反应速度(包括化学的、物理的和生物化学的)上的差异。它是发生于非平衡系统中，与不可逆过程有关的同位素效应。

(3)物理化学同位素效应，如蒸发和凝结、结晶和溶解、吸附和解吸等，是与同位素分子的密度、蒸气压、热学性质、电磁学性质等物理化学性质上的差异有关的同位素效应。它既可以发生在平衡系统中，也可以发生在非平衡系统中。

(4)生物化学同位素效应，是指有生物参与的各种同位素效应。多数生物化学同位素效应属于动力学同位素效应。

自然界各种物质同位素组成的变化主要由3种基本作用引起。

(1)放射性衰变。放射性核素经过衰变最终转变为稳定核素，其结果是母体元素同位素数量随时间而不断减少，稳定子体同位素的数量不断增加，从而改变着物质中母体和子体同位素组成。

(2)天然核反应。自然界中一定能量的粒子射入某种同位素原子核，使其发生变化形成新的核素，从而改变物质的同位素组成。自然界最重要的天然核反应是宇宙射线的粒子对地球大气圈、水圈及地表的作用，它可造成各种自由成因的同位素(如^{14}C、^{3}H、^{10}Be等)。

(3)同位素分馏。在各种物理化学过程中，由同位素效应所导致的各种物质同位素组成的改变。

第二章 同位素分馏的基本原理

第一节 同位素分馏的概念

自然界中元素的各同位素具有相同的电子壳层结构，因而它们在任何分子中形成的键性质相同。但由于核的质量数与键强度不同，因而一系列热力学性质，如熵、焓、热容量等都稍有差别。于是一系列的物理化学过程能引起物质同位素组成的改变，这种同位素以不同比例分配于不同物质之间的现象，称为同位素分馏。平衡态下矿物或分子之间的同位素分馏，可以用来指示物质形成温度和过程的一些信息，是地球化学最重要的基本研究工具之一。比如一棵植物（如棉花）在它的根、茎、叶上，其 O^{18} 和 D 同位素组成是不一样的，这就是同位素分馏的结果。又比如在开放体系的液相水蒸发时，轻水分子脱离水面的净速率（蒸发速率-凝结速率）比重水分子的大，因此，随蒸发的进行，剩余水体中重水分子占所有液相水分子的比例要大于逃逸到空中的气相水中的重水分子占所有气相水分子的比例。

物理化学过程和生物化学过程都能引起同位素分馏。按照分馏机制来分，同位素分馏可分为两种类型：质量相关分馏和质量不相关分馏（详见本章第五节）。其中，质量相关分馏又可进一步分为平衡分馏和非平衡分馏。平衡分馏等同于纯热力分馏，纯动力分馏可视作一种极端非平衡分馏，扩散分馏也是非平衡分馏的一种，详见图 2-1。

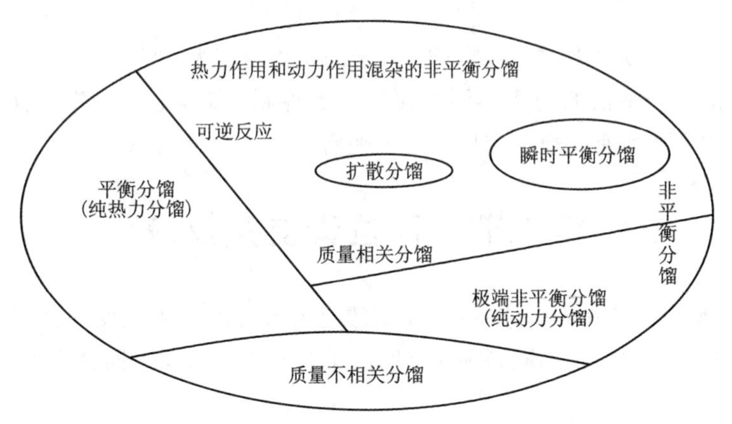

图 2-1 同位素分馏的分类及其相互关系

两种物质间同位素分馏程度通常以两种物质中同位素比值之商表示，称为同位素分馏系数 α。

$$\alpha_{A\text{-}B}=\frac{R_A}{R_B} \tag{2-1}$$

式中：$\alpha_{A\text{-}B}$为系统的同位素分离系数，或称该系统的同位素分馏系数；右下角的A、B分别表示两种物质；R为同位素比值。

从同位素化学观点来看，分馏系数α的含义是在一个体系中同位素分布情况偏离等概率分布的程度。

下面根据热力学量子理论，讨论α值的变化情况。

(1)一种元素的重同位素总是优先富集在化学键最强的分子中。两种参与交换的分子中，同位素原子化学键强度相差愈大，分馏系数α也愈大。

(2)分馏系数α与元素的原子质量数成反比。由于轻元素($A<40$)的同位素之间的相对质量差较大，所以引起的同位素分馏显著。而对于原子质量数大于40的元素，大多数显示出固定的同位素组成(变化一般小于$1/10^4$)，只有Ar、Sr和Pb等放射性成因的元素才显示出同位素组成的变化。这说明同位素的分馏程度随着元素原子质量数的增大而减弱，即同位素之间的相对质量差减小，甚至趋于消失。

(3)分馏系数α与分子能量有关。因为分子能量的振动能量与温度有关，因而分馏系数α随温度T变化。α与T成反比，温度愈高，交换反应引起的同位素分馏愈不明显。因此，在各种地质作用中，表生作用引起的同位素分馏程度最强；其次是较低温条件下发生的热液过程；而在700～1200℃高温下进行的岩浆作用中，同位素分馏很不明显，这一点已经从岩浆中硫、氧、碳等同位素成分的研究中得到证实。

(4)分馏系数α与同位素分子质量有关，表现为动力分馏效应。例如在气相中，气体不同同位素分子间由于质量不同，会有不同的运动速度，进而引起分馏。已知，气体分子的平均运动速度与分子质量的平方根成反比。

例如，对CO_2而言：

$$\frac{V_{C^{16}O_2}}{V_{C^{16}O^{18}O}}=\sqrt{\frac{46}{44}}=1.022 \tag{2-2}$$

即不含^{18}O的CO_2分子比含^{18}O的CO_2分子的平均速度大22‰。

(5)交换反应达到平衡的速率不同。在外界条件相同时，化学键差别愈大，交换速率愈小，因此自然界中并非所有交换反应均达到了平衡。

第二节　同位素交换反应

同位素交换反应是指在同一体系中，物质的化学成分不发生改变(化学反应处于平衡状态)，仅在不同的化合物之间、不同的物相之间或单个分子之间发生同位素置换或重新分配的现象。

同位素交换反应可以包括不同作用过程。但是，有一点是共同的，这种作用本身不发生通常的化学反应变化，而只是在不同化合物之间、不同相之间或单个分子之间发生同位素比值分配上的变化。事实证明，周期表中序数为20(或质量数为40)的Ca元素之前的元素均会发生交换反应，从而产生不同程度的分馏。

以碳同位素为例：将气态 $H^{12}CN$ 与含$^{13}CN^-$的溶液置于一处，让它们接触。经过一段时间后，测定两部分中的$^{13}C/^{12}C$比值，发现均与原来不同，反应式为：

$$\underset{（气）}{H^{12}CN}+\underset{（液）}{^{13}CN^-}\longleftrightarrow\underset{（气）}{H^{13}CN}+\underset{（液）}{^{12}CN^-} \tag{2-3}$$

反应结果可见^{12}C在溶液 CN^- 中相对富集，而^{13}C则在 HCN 中相对富集。同样，下述反应均为同位素交换反应：

$$Si^{18}O_2+H_2{}^{16}O\longleftrightarrow Si^{16}O_2+H_2{}^{18}O \tag{2-4}$$

$$H_2O+HD\longleftrightarrow HDO+H_2 \tag{2-5}$$

$$H_2+D_2\longleftrightarrow 2HD \tag{2-6}$$

可见，在同位素交换反应中，反应前后的分子数和化学组分都不发生变化，只是同位素含量在化学组分间进行了重新分配。同位素交换反应与普通的化学反应一样，也是可逆的。

一、同位素交换反应平衡常数 K 与分馏系数 α 的关系

在平衡条件下，系统中的同位素交换可以用平衡常数 K 来定量地描述反应进行的程度。例如对于下述交换反应：

$$AX+BX^*\longleftrightarrow AX^*+BX \tag{2-7}$$

其平衡常数 K 可表示为：

$$K=\frac{[AX^*][BX]}{[AX][BX^*]} \tag{2-8}$$

式中：AX、BX 为两种化合物分子；X 和 X^* 分别表示某一元素的轻同位素和重同位素。式(2-8)可改写为：

$$K=\frac{[AX^*]}{[AX]}\bigg/\frac{[BX^*]}{[BX]} \tag{2-9}$$

仍然以碳元素为例来具体分析：

$$\alpha=\frac{(^{13}C/^{12}C)_{HCN}}{(^{13}C/^{12}C)_{CN^-}} \tag{2-10}$$

$$K=\frac{[H^{13}CN][^{12}CN^-]}{[H^{12}CN][^{13}CN^-]}=\frac{[H^{13}CN]}{[H^{12}CN]}\bigg/\frac{[^{13}CN^-]}{[^{12}CN^-]}=\frac{(^{13}C/^{12}C)_{HCN}}{(^{13}C/^{12}C)_{CN^-}} \tag{2-11}$$

在上述的简单反应中，参与反应的分子只有一个可供交换的同位素原子，在这种特殊情况下，平衡常数 K 实际上等于分馏系数 α。即对于通式 $AX+BX^*\longleftrightarrow AX^*+BX$ 的交换反应，平衡常数与分馏系数一致。

$$\alpha=\left(\frac{X^*}{X}\right)_{AX}\bigg/\left(\frac{X^*}{X}\right)_{BX}=\frac{[AX^*]}{[AX]}\bigg/\frac{[BX^*]}{[BX]}=K \tag{2-12}$$

可见，对于只有一个同位素原子参加交换的简单交换反应来说，当同位素交换反应达到平衡状态时，平衡分馏系数 α 就等于反应的平衡常数 K；但对于有多个同位素原子参加的交换反应，上述关系则不再成立，即 $\alpha\neq K$。

例如，在 CO_2—H_2O 系统中：

$$C^{16}O_2+H_2{}^{18}O\longleftrightarrow C^{16}O^{18}O+H_2{}^{16}O \tag{2-13}$$

反应的平衡常数为：

$$K=\frac{[C^{16}O^{18}O][H_2{}^{16}O]}{[C^{16}O_2][H_2{}^{18}O]} \tag{2-14}$$

分馏系数为：

$$\alpha=\left(\frac{^{18}O}{^{16}O}\right)_{CO_2}\Big/\left(\frac{^{18}O}{^{16}O}\right)_{H_2O} \tag{2-15}$$

一个水分子具有一个氧原子：

$$(^{18}O/^{16}O)_{H_2O}=[H_2{}^{18}O]/[H_2{}^{16}O] \tag{2-16}$$

对于 CO_2 而言，应考虑 $C^{16}O_2$ 具有 2 个氧-16，另外，^{16}O 还存在于 $C^{16}O^{18}O$ 分子中，则，

$$\left(\frac{^{18}O}{^{16}O}\right)_{CO_2}=\frac{[C^{16}O^{18}O]}{[C^{16}O^{18}O]+2[C^{16}O_2]} \tag{2-17}$$

将式(2-16)和式(2-17)代入式(2-15)，并将分子、分母乘以 $C^{16}O_2$，得：

$$\alpha=\frac{[C^{16}O^{18}O][H_2{}^{16}O]}{[C^{16}O_2][H_2{}^{18}O]}\cdot\frac{[C^{16}O_2]}{[C^{16}O^{18}O]+2[C^{16}O]} \tag{2-18}$$

或

$$K=\alpha\frac{[C^{16}O^{18}O]+2[C^{16}O_2]}{[C^{16}O_2]} \tag{2-19}$$

通过 R_2 表示出现平衡后，在 CO_2 气体中的 ^{18}O 原子数有：

$$2[C^{16}O_2]=1-2R_2 \tag{2-20}$$

$$[C^{16}O^{18}O]+2[C^{16}O_2]=1-R_2 \tag{2-21}$$

将式(2-20)、式(2-21)代入式(2-19)，最终得到 K 与 α：

$$K=2\alpha(1-R_2)/(1-2R_2) \tag{2-22}$$

$$\alpha=K(1-2R_2)/2(1-R_2) \tag{2-23}$$

若 $R\ll1$（这种情况多见于 ^{18}O 的天然浓度），则 $K\approx2\alpha$ 或 $\alpha\approx K/2$。

实践中常见的一些同位素交换反应的平衡常数列于表 2-1 中。从表 2-1 中可以看到，除氢元素外，同位素交换反应的平衡常数都很接近 1，其原因是同位素反应的热效应很小。

表 2-1　某些同位素交换反应的平衡常数

交换反应式	温度(K)	平衡常数 K	交换的同位素
$H_2+D_2=2HD$	298	3.26	H/D
$H_2O+D_2O=2HDO$	298	3.96	H/D
	293	3.20	H/D
H_2O(气)$+HD=HDO$(气)$+H_2$	800	1.28	H/D
$NH_3+HD=NH_2O+H_2$	570	2.40	H/D
$H_2S+HDO=HDS+H_2O$	288	0.45	H/D
$1/2C^{16}O_2+H_2{}^{18}O=1/2C^{18}O_2+H_2{}^{16}O$	273	1.046	$^{18}O/^{16}O$
$^{12}CO_2$(气)$+^{13}CO_2$(液)$=^{13}CO_2$(气)$+^{12}CO_2$(液)	273	1.001 17	$^{13}C/^{12}C$
$^{13}CO_2$(气)$+H^{12}CO_3^-$(液)$=^{12}CO_2$(气)$+H^{13}CO_3^-$(液)	298	1.008 0	$^{13}C/^{12}C$
$^{13}CO_2$(气)$+H^{12}CO_3^-$(液)$=^{12}CO_2$(气)$+H^{13}CO_3^-$(液)	298	1.009 3	$^{13}C/^{12}C$

续表 2-1

交换反应式	温度(K)	平衡常数 K	交换的同位素
$C^{16}O_2$(液)+$C^{18}O_2$(气)=$C^{18}O_2$(液)+$C^{16}O_2$(气)	298	1.000 9	$^{18}O/^{16}O$
$^{15}NH_4$(气)+$^{14}NH_3$(液)=$^{14}NH_4$(气)+$^{15}NH_3$(液)	298	1.041	$^{15}N/^{14}N$
$^{14}NH_3$(气)+$^{15}NH_4$(液)=$^{15}NH_3$(气)+$^{14}NH_4$(液)	298	1.031	$^{15}N/^{14}N$

二、分馏系数(α)与δ值及ε值的关系

1. 分馏系数(α)与δ值的关系

根据δ值定义式(1-5),可以得到:

$$\delta_A=\frac{R_A-R_{标}}{R_{标}}\times 1000 \tag{2-24}$$

$$\delta_B=\frac{R_B-R_{标}}{R_{标}}\times 1000 \tag{2-25}$$

故有:

$$R_A=\left(\frac{\delta_A}{1000}+1\right)\times R_{标}$$

$$R_B=\left(\frac{\delta_B}{1000}+1\right)\times R_{标}$$

代入式(2-1)可得:

$$\alpha_{A\text{-}B}=\frac{(\delta_A/1000)+1}{(\delta_B/1000)+1}=\frac{\delta_A+1000}{\delta_B+1000} \tag{2-26}$$

这样,只要测得了一个体系内两种物质的δ值,使用式(2-26)便可求得它们之间的同位素分馏系数。

2. 分馏系数(α)与ε值的关系

由于$\delta/10^3\ll 1$,将式(2-26)取对数形式可简化成如下近似关系式:

$$10^3\ln\alpha_{A\text{-}B}\approx\delta_A-\delta_B \tag{2-27}$$

式(2-27)表明,$10^3\ln\alpha_{A\text{-}B}$数值能近似地用两种物质同位素组成的差值来表示。因此,只要测定出样品的δ值,就可直接计算出$10^3\ln\alpha_{A\text{-}B}$值。$10^3\ln\alpha_{A\text{-}B}$值表示了同位素分馏程度,具有和$\alpha$值相似的作用,称为简化分馏系数。

ε 表示两种物质同位素比值的千分偏差,叫作同位素分馏。ε 值的定义为:

$$\varepsilon_{A\text{-}B}(‰)=\left(\frac{R_A}{R_B}-1\right)\times 1000 \tag{2-28}$$

$$=(\alpha_{A\text{-}B}-1)\times 1000$$

将式(2-28)简化为近似关系式:

$$10^3\ln\alpha_{A\text{-}B}\approx\varepsilon_{A\text{-}B} \tag{2-29}$$

于是有:

$$10^3\ln\alpha_{A\text{-}B}\approx\varepsilon_{A\text{-}B}\approx\delta_A-\delta_B \tag{2-30}$$

表 2-2 表明了上式几个数值间的近似程度。由表 2-2 可看出，当样品的同位素比值无法用实验方法测得时，尤其是当 δ 值之差小于 10 时，这种近似关系更为明显。

表 2-2　δ、α 和 $10^3\ln\alpha_{A\text{-}B}$ 的比较

δ_A	δ_B	$\varepsilon_{A\text{-}B}$	$\alpha_{A\text{-}B}$	$10^3\ln\alpha_{A\text{-}B}$
1.00	0	1	1.001	0.999 5
10.00	0	10	1.01	9.95
20.00	0	20	1.02	19.80
10.00	5.00	4.98	1.004 98	4.96
20.00	15.00	4.93	1.004 93	4.91
30.00	20.00	9.80	1.009 80	9.76
30.00	10.00	19.80	1.019 80	19.61

同样，由式(2-30)可知，$10^3\ln\alpha_{A\text{-}B}$ 和 $\varepsilon_{A\text{-}B}$ 都是表示两种物质同位素分馏程度的参数。在同位素地球化学中利用 $10^3\ln\alpha_{A\text{-}B}$ 和 $\varepsilon_{A\text{-}B}$ 数值讨论同位素分馏问题，可以简化同位素数据的处理。例如，同位素平衡体系中 $10^3\ln\alpha_{A\text{-}B}$ 与 T^2 往往成反比关系，作成 $10^3\ln\alpha_{A\text{-}B}\text{-}T^{-2}$ 图可得一条直线，拟合同位素分馏方程式和计算同位素平衡温度。但是上述近似式的应用是有条件的，对于氧、碳、硫等同位素，当 $\alpha_{A\text{-}B}\leqslant1.01$ 时，所产生的误差低于 δ 值的测定精度，可以适用；而对氢同位素来说，多数情况下要应用精确式(2-26)进行计算。

三、分馏系数 α 与温度 T 的关系

理论和实践表明，分馏系数 α 和绝对温度 T 之间存在以下关系：

$$\ln\alpha=\frac{A}{T^2}+\frac{B}{T}+C \tag{2-31}$$

式中：A、B、C 对某个系统来说是特定常数。多数情况下，A 是正数，B 是负数，这样高温时 α 将趋近于 1。

在低温时，一般 A/T^2 项可以忽略不计，式(2-31)可以简化为：

$$\ln\alpha=\frac{B}{T}+C \tag{2-32}$$

或改写为：

$$1000\ln\alpha=B(1000T^{-1})+1000C \tag{2-33}$$

在以 $1000\ln\alpha$ 与 $1000T^{-1}$ 为坐标单位的坐标系里，式(2-33)为一直线(图 2-2)。在高温条件下，式(2-31)中的 B/T 可以忽略不计，相应地有：

$$1000\ln\alpha=A(10^3/T^2)+1000C \tag{2-34}$$

这时采用 $1000\ln\alpha$ 和 10^3T^{-2} 为坐标单位，如图 2-3 所示。

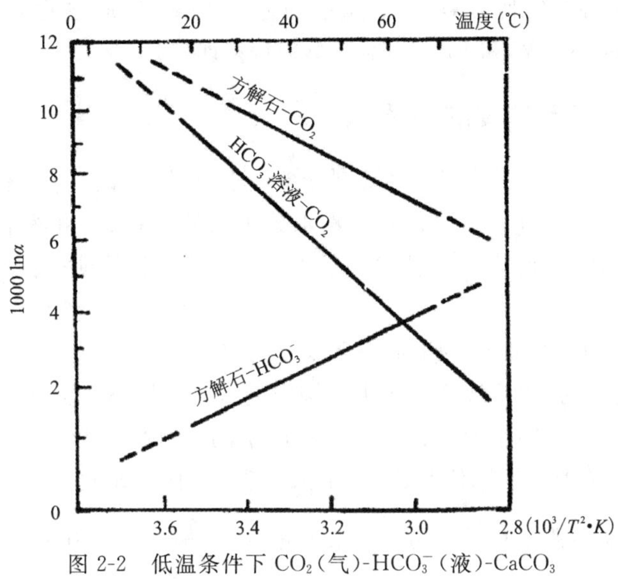

图 2-2 低温条件下 CO_2(气)-HCO_3^-(液)-$CaCO_3$(固)体系中,碳同位素分馏系数随温度的变化

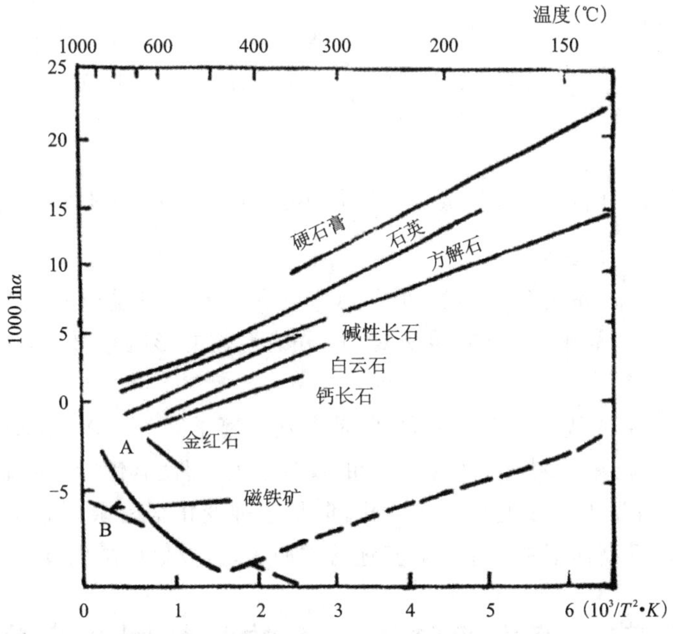

图 2-3 高温条件下各矿物与水之间氧同位素分馏系数随温度的变化

爱泼斯坦等(1953)从实验测得了与水平衡的方解石的 $\delta^{18}O$ 值与温度的关系,后经克雷格(1965)修改为:

$$T(℃)=16.9-4.2(\delta_C-\delta_W)+0.13(\delta_C-\delta_W)^2 \quad (2\text{-}35)$$

式中:δ_C为碳酸盐壳层与 100%磷酸在 25℃反应生成的 CO_2 的 $\delta^{18}O$ 值;δ_W为 25℃时与海水平衡的 CO_2 的 $\delta^{18}O$ 值。

根据式(2-35)可测定任何方解石-水体系的平衡温度，但应注意式中所采用的标准是PDB，而不是SMOW(SMOW和PDB标准见第一章第四节)。

四、分馏系数α与含盐度的关系

在淡水中，各种同位素水分子的活度系数$r\approx1$，也就是说每种同位素水分子的活度差不多等于它的浓度(或丰度)。因此，两种同位素水分子的活度系数(溶液中某组分的活度与其浓度的比称为活度系数)的比值$\Gamma=r_1{}^{18}O/r_2{}^{18}O\approx1$。$r$可以由下列关系式求出：

$$r=\alpha/c \tag{2-36}$$

式中：α为溶液中某成分的活度；c为溶液中某成分的浓度。

当水中有很多盐分时，水溶液中离子水合层中的水合作用不仅会降低盐溶液的总的蒸汽压，还会改变水汽平衡中的同位素分馏系数。在离子的水合作用影响下，盐溶液中的重同位素水分子的活度系数与相应的轻同位素水分子的活度系数的比不等于1，往往会轻微地偏高于1。

通常，盐分对分馏系数α的影响用r值来校正，$\Gamma=\frac{r_1}{r_2}$，是咸水中稀有水分子和常见水分子的活度系数比。索芬(Sofer)和盖特(1972，1975)讨论了25℃时在KCl、NaCl、$MgCl_2$混合溶液中的盐分效应，并提出如下计算Γ值的公式：

对于$^{18}O(H_2{}^{18}O)$：

$$\left(\frac{1}{\Gamma}-1\right)10^3=1.11\,M_{CaCl_2}+0.47\,M_{MgCl_2}+0.16\,M_{KCl} \tag{2-37}$$

对于$D(HD^{18}O)$：

$$\left(\frac{1}{\Gamma}-1\right)10^3=6.1\,M_{CaCl_2}+5.7\,M_{MgCl_2}+2.4\,M_{KCl}+2.4\,M_{NaCl} \tag{2-38}$$

式中：M是溶液的克分子浓度。

从公式中可以看出，碱土金属(Mg和Ca)对^{18}O和D产生的盐分效应有着方向上的差别(公式中正负号表示)。海水和NaCl溶液对^{18}O分馏系数的影响很微小，实际工作中可以忽略不计。

阴离子对^{18}O产生的盐分效应也不大，但是个别阴离子除外。例如，KI所产生的盐效应比KCl大45%，KBr居中。阴离子对D产生的效应很大，即使其钠盐也明显受影响。

盐分效应还随着温度的改变而发生变化，但是这种变化很复杂。对于$MgCl_2$和LiCl来说，盐分效应随温度升高而不断减小。对其他盐类而言，盐分效应随温度的变化不是单向的。

第三节　蒸发凝结过程中的氢氧同位素分馏

氢元素有两种稳定同位素：^1H和$^2H(D)$，它们的天然平均丰度分别为99.984 4%和0.015 6%。彼此间相对质量相差最大(达100%)，因而同位素分馏特别明显。地球物质的氢同位素分馏范围达700‰，这一特点对于更深入地了解和认识氢同位素的地球化学行为甚为有利。

氧元素有3种稳定同位素：^{16}O、^{17}O、^{18}O，它们的平均丰度分别为99.762%、0.038%、0.200%(Holden，1980)。^{16}O和^{18}O的丰度较高，彼此间的质量差也较大，所以在地学研究中大多使用$^{18}O/^{16}O$比值。^{17}O的丰度低，只有在特殊的研究中才应用。氧同位素在自然界的分

馏效应较明显，分馏范围达 100‰，分馏机理也较单一。氧的化合物分布很广，并具有较高的热稳定性。它还可以分别与氢、碳、硫等形成氧化物，这就有利于把氧同位素和其他与之结合的元素的同位素综合起来使用。

水的蒸发、凝结是自然界氢、氧同位素分馏的一种主要方式，是造成地球表面各种水体的同位素组成有明显差异并有一定分布规律性的重要原因。水在蒸发、凝结中，同时出现了物相的转变。

在液-气系统的同位素分馏过程中，设液体中两种同位素组分的含量分别为 N 与 $1-N$，纯溶剂的气压分别为 p_1^0 与 p_2^0。根据拉乌尔定律，每一种组分的分压力可以表示为：

$$p_1 = N p_1^0 ; p_2 = (1-N) p_2^0 \tag{2-39}$$

则：

$$p_1 / p_2 = (p_1^0 / p_2^0)[N/(1-N)] \tag{2-40}$$

液体分子各种同位素组成的分气压在气相中与克分子量 n 与 $1-n$ 成正比。因而式(2-40)可改写为：

$$n/(1-n) = [N/(1-N)](p_1^0 / p_2^0) \text{ 或 } \alpha = p_1^0 / p_2^0 \tag{2-41}$$

此种情况下，若下标号 2 为轻(易挥发的)同位素组分，则 $\alpha > 1$。蒸汽压力为温度的函数，可写成：

$$\partial P / \partial T = \Delta H / T \Delta V \tag{2-42}$$

式中：T 与 P 为相变过程中的温度与压力；ΔV 为相变过程中克分子容积的变化；ΔH 为相变过程中克分子热容量的变化。

若凝聚相体积可忽略不计并认为是饱和气体，对于 1g 分子体积的门捷列夫-克拉波里公式，$pV = RT$ 应写为：

$$\mathrm{d}p / \mathrm{d}T = -\Delta H p / RT^2 \text{ 或 } \mathrm{d}(\ln p) / \mathrm{d}T = -\Delta H / RT^2 \tag{2-43}$$

若 ΔH 处于狭小的温度范围，则积分方程式(2-43)可写为：

$$\mathrm{d}p / \mathrm{d}T = -\Delta H / 4.576T + \mathrm{const} \tag{2-44}$$

即，气压对数值和温度的负比关系是直线关系，表示式为：

$$\ln p = \mathrm{A} - \mathrm{B} / T \tag{2-45}$$

对于同一化合物的两种同位素分子(例如，H_2O 与 HDO)较易和较难挥发蒸汽压力比值的对数可写成类似于式(2-45)的形式：

$$\ln(p_2 / p_1) = \mathrm{A}' - \mathrm{B}' / T = \ln \alpha \tag{2-46}$$

式中：p_2 为 H_2O 饱和蒸汽压力；p_1 为 HDO 饱和蒸汽压力；A′、B′为常数。

液-气系统和水的各种同位素分子组合($H_2{}^{16}O$，$H_2{}^{18}O$)，在温度为 3～260℃ 范围内的 $\ln\alpha = f(T)$ 函数式为：

$$10^3 \ln\alpha = -3.494 + 1.205(10^3 / T) + 0.7614(10^6 / T^2) \tag{2-47}$$

由各种同位素水分子构成的二元液-气系统的分馏系数 α 值列于表 2-4 中。

利用包亭格-克雷格(Botting-Craig)方程式(2-47)可发现在 100～300℃ 温度域内 α_D 与 $\alpha_{^{18}O}$ 值与表 2-5 引用值的偏差。表 2-5 中列出的数据是不同研究者在研究水热系统中氢、氧同位素分馏条件下或是在基础同位素温度计算中获得的。试比较表 2-4 与表 2-5 中引用的 α_D 与 $\alpha_{^{18}O}$ 值可见，实验测定误差大约为：$\alpha_D = 0.005$；$\alpha_{^{18}O} = 0.0005$。

表 2-4　各种同位素水分子在液-气系统中的分馏系数(α)值

温度 T(℃)	$\alpha_{D_2O}=\frac{p_{H_2{}^{16}O}}{p_{D_2O}}$	$\alpha_{HDO}=\frac{p_{H_2{}^{16}O}}{p_{HDO}}$	$\alpha_{H_2{}^{18}O}=\frac{p_{H_2{}^{16}O}}{p_{H_2{}^{18}O}}$	$\alpha_{T_2O}=\frac{p_{H_2{}^{16}O}}{p_{T_2O}}$	$\alpha_{HTO}=\frac{p_{H_2{}^{16}O}}{p_{HTO}}$
1.0	—	1.104	—	—	—
3.815	1.215	1.000	—	—	—
10	1.190	1.091	—	1.265	1.125
20	1.162	1.080	1.009 2	1.230	1.110
80	1.139	1.070	1.0084	1.198	1.096
40	1.116	1.060	1.007 1	1.182	1.076
50	1.100	1.051	1.006 8	1.145	1.065
60	1.090	1.046	1.006 1	1.105	1.058
70	1.079	—	1.005 4	1.098	1.049
80	1.066	1.032	1.005 0	1.083	1.041
100	1.050	1.027	1.004 0	1.059	1.030
140	1.029	1.012	1.002 1	—	—
180	1.012	1.006	1.000 0	—	—
220	1.000	1.000	—	—	—
240	0.997	0.998	—	—	—
260	0.994	0.996	—	—	—

表 2-5　分馏系数α_D与$\alpha_{^{18}O}$

温度 T(℃)	$\alpha_D=\frac{p_{H_2{}^{16}O}}{p_{HDO}}$	$\alpha^{18}{}_O=\frac{p_{H_2{}^{16}O}}{p_{H_2{}^{18}O}}$	温度 T(℃)	$\alpha_D=\frac{p_{H_2{}^{16}O}}{p_{HDO}}$	$\alpha^{18}{}_O=\frac{p_{H_2{}^{16}O}}{p_{H_2{}^{18}O}}$
(Amason,1977)			(Dincer,1968)		
100	1.025 6	1.005 3	−20	1.146 9	1.013 50
120	1.021 2	1.004 5	−10	1.123 9	1.012 30
140	1.016 6	1.003 9	0	1.106 0	1.011 19
160	1.011 8	1.003 4	20	1.079 1	1.009 15
180	1.007 4	1.003 0	40	1.060	1.007 46
200	1.003 5	1.002 5	60	1.046	1.005 87
220	1.000 4	1.002 2	80	1.037	1.004 52
240	0.998 1	1.001 8	100	1.029	1.003 30
260	0.996 6	1.001 5			
280	0.995 8	1.001 2			
300	0.995 7	1.000 9			

一、封闭系统的平衡蒸发过程

封闭系统中，若蒸发进行缓慢、在液相和气相界面上很容易达到平衡，而且在整个蒸发过程中保持水-气之间的相平衡。液相和气相的同位素组成分别为：

$$R_W = \frac{N_i}{N} \tag{2-48}$$

$$R_V = \frac{p' N_i}{pN} \tag{2-49}$$

式中：R_W、R_V分别为水和水汽的同位素比值；N、N_i分别为常见同位素（H 或^{16}O等）和稀有同位素（D 或^{18}O等）的水中丰度；p、p'分别为常见同位素水分子（$H_2{}^{16}O$）和稀有同位素水分子（$H_2{}^{18}O$ 或 $HD^{16}O$）的蒸汽压。

根据定义：

$$\alpha_{W\text{-}V} = \frac{R_W}{R_V} = \frac{N_i}{N} \cdot \frac{pN}{p' N_i} = \frac{p}{p'} \tag{2-50}$$

$$R_V = \frac{R_W}{\alpha_{W\text{-}V}} \tag{2-51}$$

式中：$\alpha_{W\text{-}V}$为水-气蒸发的分馏系数。用$\varepsilon_{W\text{-}V}$值表示蒸汽与水的同位素组成关系，则：

$$\varepsilon_{W\text{-}V} = \left(\frac{R_V - R_W}{R_W}\right)10^3 = \left(\frac{1}{\alpha} - 1\right)10^3 \tag{2-52}$$

对于液-气系统，为了计算方便使 α 值大于 1，一般规定 $\alpha = \frac{R_W}{R_V}$，这是因为稀有同位素总是在液相中富集。式(2-50)还表明，分馏系数 α 在数值上还等于常见组分的蒸汽压 p 与稀有组分的蒸汽压 p'之比。

例如，在 20℃时，α_D为 1.079 1，$\alpha_{^{18}O}$为 1.009 15。这意味着蒸汽比与之平衡的水含 D 少 79.1%，含^{18}O少 9.15%。

在一个有限容量的蒸发系统中，随着液相转为气相，剩余液相的体积不断减小。而蒸发中分离出去的水蒸气具有比水低的 δ 值。因此，在剩余水中不断富集重同位素。在蒸汽中，虽然重同位素贫化，但随着蒸发进行，重同位素贫化程度逐渐减小。当全部水转化成水汽时，水汽的同位素组成和原始的相等，即没有任何净分馏。理论计算表明，当用 δ 值表示同位素组成时，剩余水和水汽的同位素组成与蒸发液的蒸发度呈直线函数关系（图 2-4 中 D、E 线）。

下面列举一个计算封闭系统中平衡状态下水汽的同位素组成的例子，以便读者熟悉同位素组成的各种表示方法。

例：已知从－20℃到 30℃水汽饱和空气的水分承载能力随温度呈指数增加，函数关系如下（温度 T 的单位为℃，水汽的单位为 g/m^3）（克拉克和弗里茨，2006）：

$$\rho = 0.000\,2 \cdot T^3 + 0.011\,1 \cdot T^2 + 0.321 \cdot T + 4.8 \tag{2-53}$$

D 和^{18}O的水汽平衡分馏系数与温度的关系如式(2-54)和式(2-55)所示：

$$10^3 \ln {}^{18}\alpha_{W\text{-}V} = 1.137 \cdot (10^6 \cdot T^{-2}) - 0.415\,6 \cdot (10^3 \cdot T^{-1}) - 2.066\,7 \tag{2-54}$$

$$10^3 \ln {}^2\alpha_{W\text{-}V} = 24.844 \cdot (10^6 \cdot T^{-2}) - 76.248 \cdot (10^3 \cdot T^{-1}) - 52.612 \tag{2-55}$$

现在把体积为 $0.1m^3$、$\delta D = 0$ 并且 $\delta^{18}O = 0$ 的纯净水倒入温度为 25℃、体积为 $1m^3$、容器

内的空气保持干燥(相对湿度 $h=0\%$)的恒温箱内,经过一段时间后,水箱内的湿度计显示该箱内气相中水汽相对湿度已达到 100%,假定这时液气两相的同位素也达到了平衡状态,请问这时液气两相的氢氧稳定同位素组成(δ 值)各是多少?

解:设液气相达到平衡时,液相的体积为 $x\mathrm{m}^3$,则气相体积为 $(1-x)\mathrm{m}^3$,当气相的湿度达到 100%时,该气相中空气所含水汽的份额达到了(或者说等于)水汽饱和空气的承载能力,从而该气相所含水分换算为液态下的体积为:

$$\frac{(1-x)\cdot\rho(25℃)}{10^6} \tag{2-56}$$

对刚放入容器中的水和一段时间后的液气两相平衡中的水建立质量守恒方程:

$$\frac{(1-x)\cdot\rho(25℃)}{10^6}+x=0.1(\mathrm{m}^3) \tag{2-57}$$

由式(2-53)得:

$$\rho(25℃)=22.887\ 5(\mathrm{g/m}^3) \tag{2-58}$$

所以式(2-57)可化为:

$$\frac{(1-x)\cdot 22.887\ 5}{10^6}+x=0.1(\mathrm{m}^3) \tag{2-59}$$

解得,液气两相平衡时,液相水的体积为:

$$x=0.099\ 979\ 4(\mathrm{m}^3) \tag{2-60}$$

从而液气两相平衡时,气相水(换算为液相水)的体积为

$$0.1-x=0.000\ 020\ 6(\mathrm{m}^3) \tag{2-61}$$

把 25℃换算为开尔文温度为:

$$T=25+273=298(\mathrm{K}) \tag{2-62}$$

根据式(2-54)和式(2-55),得:

$$10^3\ln{}^{18}\alpha_{\mathrm{W\text{-}V}}(298\mathrm{K})=9.342\ 146 \tag{2-63}$$

$$10^3\ln{}^{2}\alpha_{\mathrm{W\text{-}V}}(298\mathrm{K})=70.508\ 401 \tag{2-64}$$

从而有:

$${}^{18}\alpha_{\mathrm{W\text{-}V}}(298\mathrm{K})=1.009\ 386 \tag{2-65}$$

$${}^{2}\alpha_{\mathrm{W\text{-}V}}(298\mathrm{K})=1.079\ 511 \tag{2-66}$$

对刚放入容器内时液气两相平衡的水中稀有同位素 D 和 ^{18}O 建立质量守恒方程:

$$N_0{}^{18}R_0=N_{\mathrm{W}}{}^{18}R_{\mathrm{W}}+N_{\mathrm{V}}{}^{18}R_{\mathrm{V}} \tag{2-67}$$

$$N_0{}^{2}R_0=N_{\mathrm{W}}{}^{2}R_{\mathrm{W}}+N_{\mathrm{V}}{}^{2}R_{\mathrm{V}} \tag{2-68}$$

式(2-67)与式(2-68)中下标 0 指初始水体,W 指液气两相平衡时的液相,V 指的是液气两相平衡时的气相。N 指水的体积(此处亦可看作摩尔数),R 指同位素的比率。

由 R 和 δ 的换算关系知:

$$\begin{aligned}{}^{18}R_0&=(1+{}^{18}\delta_0)\,{}^{18}R_r\\ {}^{18}R_{\mathrm{W}}&=(1+{}^{18}\delta_{\mathrm{W}})\,{}^{18}R_r\\ {}^{18}R_{\mathrm{V}}&=(1+{}^{18}\delta_{\mathrm{V}})\,{}^{18}R_r\end{aligned} \tag{2-69}$$

$$^{2}R_{0}=(1+{}^{2}\delta_{0})^{2}R_{r}$$
$$^{2}R_{W}=(1+{}^{2}\delta_{W})^{2}R_{r} \quad (2\text{-}70)$$
$$^{2}R_{V}=(1+{}^{2}\delta_{V})^{2}R_{r}$$

把上述各式代入式(2-67)和式(2-68),约去$^{18}R_r$和$^{2}R_r$得：

$$N_0(1+{}^{18}\delta_0)=N_W(1+{}^{18}\delta_W)+N_V(1+{}^{18}\delta_V) \quad (2\text{-}71)$$

$$N_0(1+{}^{2}\delta_0)=N_W(1+{}^{2}\delta_W)+N_V(1+{}^{2}\delta_V) \quad (2\text{-}72)$$

由 α 和 R 的换算关系可得：

$$^{18}\alpha_{W\text{-}V}=\frac{^{18}R_W}{^{18}R_V}=\frac{(1+{}^{18}\delta_W)^{18}R_r}{(1+{}^{18}\delta_V)^{18}R_r}=\frac{(1+{}^{18}\delta_W)}{(1+{}^{18}\delta_V)} \quad (2\text{-}73)$$

$$^{2}\alpha_{W\text{-}V}=\frac{^{2}R_W}{^{2}R_V}=\frac{(1+{}^{2}\delta_W)^{2}R_r}{(1+{}^{2}\delta_V)^{2}R_r}=\frac{(1+{}^{2}\delta_W)}{(1+{}^{2}\delta_V)} \quad (2\text{-}74)$$

把 $N_0=0.1\text{m}^3$,$N_W=0.099\ 979\ 4\text{m}^3$,$N_V=0.000\ 206\text{m}^3$,$^{18}\delta_0=0$,$^{2}\delta_0=0$,$^{18}\alpha_{W\text{-}V}(298\text{K})=1.009\ 386$,$^{2}\alpha_{W\text{-}V}(298\text{K})=1.079\ 511$ 分别代入式(2-71)～式(2-72),可得：

$$0.1\cdot(1+0)=0.099\ 979\ 4\cdot(1+{}^{18}\delta_W)+0.000\ 020\ 6\cdot(1+{}^{18}\delta_V) \quad (2\text{-}75)$$

$$0.1\cdot(1+0)=0.099\ 979\ 4\cdot(1+{}^{2}\delta_W)+0.000\ 020\ 6\cdot(1+{}^{2}\delta_V) \quad (2\text{-}76)$$

$$\frac{1+{}^{18}\delta_W}{1+{}^{18}\delta_V}=1.009\ 386 \quad (2\text{-}77)$$

$$\frac{1+{}^{2}\delta_W}{1+{}^{2}\delta_V}=1.079\ 511 \quad (2\text{-}78)$$

解由式(2-75)～式(2-78)组成的方程组,得：

$$^{18}\delta_V=-0.009\ 293=-9.293‰$$
$$^{18}\delta_W=0.000\ 006=0.006‰$$
$$^{2}\delta_V=-0.073\ 637=-73.637‰ \quad (2\text{-}79)$$
$$^{2}\delta_W=0.000\ 019=0.019‰$$

有了上述数据,还可以计算一下它们的衍生量：

$$^{18}\Delta_{W\text{-}V}={}^{18}\delta_W-{}^{18}\delta_V=0.000\ 006-(-0.009\ 293)=0.009\ 299=9.299‰$$
$$^{2}\Delta_{W\text{-}V}={}^{2}\delta_W-{}^{2}\delta_V=0.000\ 015-(-0.073\ 637)=0.073\ 652=73.652‰$$
$$^{18}\varepsilon_{W\text{-}V}={}^{18}\alpha_{W\text{-}V}-1=1.009\ 386-1=0.009\ 386=9.386‰$$
$$^{2}\varepsilon_{W\text{-}V}={}^{2}\alpha_{W\text{-}V}-1=1.079\ 511-1=0.079\ 511=79.511‰$$

二、瑞利条件下的平衡蒸发

瑞利蒸发模型是英国科学家瑞利(Rayleigh)讨论两种液体混合物的蒸馏过程时提出来的一种模型,它的假定条件是蒸汽从液相中蒸发出来后,立即从系统中分离出去,并进而讨论残留溶液中两种液体比值的演化过程。我们可以将两种不同的同位素水分子看成两种不同的液体,这样便可以应用瑞利模型研究水蒸发和凝结过程中同位素分馏的情况。

瑞利同位素分馏是一种平衡分馏,但它与同位素交换平衡又有所不同,后者一旦达到平衡状态,物质的同位素组成将保持不变;但在瑞利同位素分馏过程中,由于有一部分产物在不断地离开体系，物质的同位素组成将随时间不断地发生变化。因此，瑞利同位素分馏不仅取决于平衡分馏系数，而且与过程的完成程度有关。

设有一定数量的水，由两种不同的同位素水分子混合而成，所含的分子数目分别为 N 和 N_i 个，其中 N_i 为稀有成分，则水的同位素比值 $R_W = N_i/N$。定义 α^* 为恒温蒸发过程中的同位素分馏系数，则当水蒸发时，同位素分馏系数（α^*）应为：

$$\alpha^* = \frac{dN_i/dN}{N_i/N} \tag{2-80}$$

式中：dN 和 dN_i 为任一时刻蒸发的分子数。注意在水蒸发过程中，$\alpha^* = R_V/R_W = 1/\alpha$。

这时剩余水的同位素比值 R 应不断发生变化，其瞬时变化为：

$$dR = R - R' = \frac{N_i}{N} - \frac{N_i - dN_i}{N - dN} \tag{2-81}$$

式中：R、R' 分别为水发生瞬时蒸发前、后的同位素比值。以 $N - dN$ 为分母进行同分得：

$$dR = \frac{dN_i - \frac{N_i}{N}dN}{N - dN} \tag{2-82}$$

$$\frac{dR}{dN} = \frac{1}{N}\left(\frac{dN_i}{dN} - \frac{N_i}{N}\right) = \frac{R}{N}(\alpha^* - 1) \tag{2-83}$$

或

$$\frac{d\ln R}{d\ln N} = \alpha^* - 1 \tag{2-84}$$

如果在蒸发过程中，分馏系数 α^* 为常数，将式(2-84)积分，得：

$$R = R_0\left(\frac{N}{N_0}\right)^{\alpha^* - 1} \tag{2-85}$$

水中的稀有同位素分子一般丰度很小，即 $N \gg N_i$，所以，可把 N 看成是液相中水分子的总数。$f = N/N_0$ 是任一时刻的剩余水的份额，N_0 是原始水分子总数，则式(2-85)可写为：

$$R = R_0 f^{\alpha^* - 1} \tag{2-86}$$

式(2-86)即瑞利条件下平衡蒸发公式，也可用 δ 值表示。

$$\frac{R^{18}O}{(R^{18}O)_0} = \frac{\delta^{18}O + 1000}{\delta^{18}O_0 + 1000} = f^{\alpha^*_{^{18}O} - 1} \tag{2-87}$$

$$\frac{R_D}{(R_D)_0} = \frac{\delta D + 1000}{(\delta D)_0 + 1000} = f^{\alpha^*_D - 1} \tag{2-88}$$

瑞利平衡蒸发发生在相平衡条件下，每一瞬时蒸发的水汽立即从系统中分离出去。对于平衡系统，分馏系数 $\alpha = p/p'$，p 与 p' 为蒸汽压，剩余水的同位素组成服从瑞利公式。图 2-4 中 A 线表示剩余水的 $\delta^{18}O$ 变化情况；B 线是任一时刻分离出来的蒸汽的 $\delta^{18}O$ 变化情况；C 线是已分离出的蒸汽总量的 $\delta^{18}O$ 变化曲线；D 表示剩下水的同位素组成变化；E 表示水蒸气的同位素组成变化。

三、瑞利条件下的凝结过程

凝结过程中同位素组成的变化与蒸发过程中大同小异，服从瑞利公式。下面以雨水同位素组成过程为例，讨论瑞利凝结过程的一些特点。

蒸汽和液态水的同位素比值分别为 R_V 和 R_W，则两相间的同位素分馏系数为：

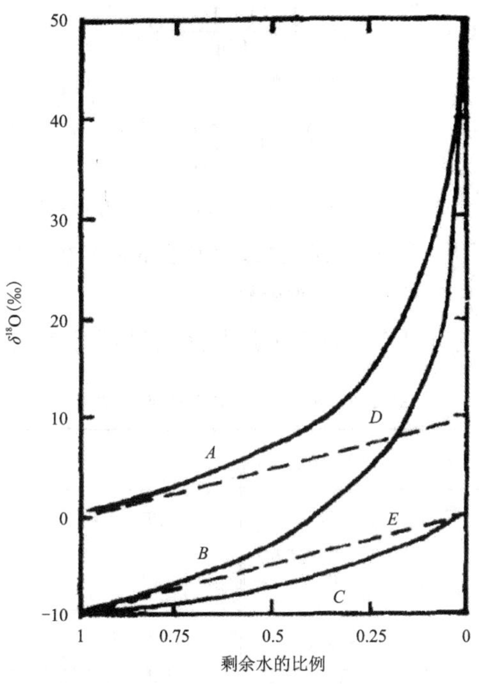

图 2-4　瑞利平衡蒸发过程中氧同位素的分馏

$$\alpha=\frac{R_W}{R_V} \tag{2-89}$$

对于质量为 M 的一团水蒸气，其中的重同位素总量为 MR_V，质量为 dM 的少量水蒸气的凝结会从蒸汽中移出 $R_W dM=\alpha d(MR_V)$ 的重同位素，与此同时蒸汽团中重同位素的变化量为 $d(MR_V)$，据此可得重同位素的质量守恒方程为：

$$d(MR_V)=MdR_V+R_V dM=R_W dM=\alpha d(MR_V) \tag{2-90}$$

整理上式可得：

$$\frac{dR_V}{R_V}=(\alpha-1)\frac{dM}{M} \tag{2-91}$$

设云团的初始质量为 M_0，同位素比值为 R_V^0，经过凝结成雨后其质量和同位素比值分别变为 M 和 R_V，则对式(2-91)积分可得：

$$\int_{R_V^0}^{R_V}\frac{dR_V}{R_V}=\int_{M_0}^{M}(\alpha-1)\frac{dM}{M} \tag{2-92}$$

恒温条件下 α 可视为常数，故有：

$$\frac{R_V}{R_V^0}=\left(\frac{M}{M_0}\right)^{\alpha-1} \tag{2-93}$$

令 $f=\frac{M}{M_0}$，显然，f 表示的是水蒸气凝结过程中任一瞬时剩余蒸汽的份额，则由式(2-93)得：

$$R_V=R_V^0 f^{\alpha-1} \tag{2-94}$$

这便是水蒸气恒温冷凝过程中的瑞利同位素分馏基本方程。

对于 ^{18}O 来说，因为：

$$R=\frac{\delta^{18}O+1000}{1000}R_{标} \tag{2-95}$$

代入式(2-93)便可得到：

$$\frac{(\delta^{18}O)_V+1000}{(\delta^{18}O)_V^0+1000}=f^{\alpha_O-1} \tag{2-96}$$

即

$$(\delta^{18}O)_V=f^{\alpha_O-1}[(\delta^{18}O)_V^0+1000]-1000 \tag{2-97}$$

式中：α_O 为水蒸气冷凝过程中^{18}O 的分馏系数，为温度的函数（表 2-6）；$(\delta^{18}O)_V$ 为残留蒸汽的 $\delta^{18}O$ 值；$(\delta^{18}O)_0$ 为初始状态下水蒸气的 $\delta^{18}O$ 值。

式(2-97)反映了水蒸气恒温冷凝过程中残留蒸汽的 $\delta^{18}O$ 值随 f 的变化关系。

表 2-6　α_O、α_H 随温度的变化关系

t(℃)	$10^3\ln\alpha_O$	$10^3\ln\alpha_H$	T/℃	$10^3\ln\alpha_O$	$10^3\ln\alpha_H$
−10	12.8	122	25	9.3	76
0	11.6	106	30	8.9	71
5	11.1	100	40	8.2	62
10	10.6	93	50	7.5	55
15	10.2	87	75	61	39
20	9.7	82	100	5.0	27

根据式(2-89)，由于：

$$\alpha_O=\frac{R_W}{R_V}=\frac{(\delta^{18}O)_W+1000}{(\delta^{18}O)_V+1000} \tag{2-98}$$

故有：

$$(\delta^{18}O)_W=\alpha_O[(\delta^{18}O)_V+1000]-1000 \tag{2-99}$$

因此，根据残留蒸汽的 $\delta^{18}O$ 值随 f 的变化关系式(2-97)，由式(2-99)便可对冷凝水的 $\delta^{18}O$ 值随 f 的变化进行计算。

同理，对于^2H，可得到水蒸气恒温冷凝过程中残留蒸汽及冷凝水的 δ^2H 值随 f 的变化关系分别如下：

$$(\delta^2H)_V=f^{\alpha_H-1}[(\delta^2H)_V^0+1000]-1000 \tag{2-100}$$

$$(\delta^2H)_W=\alpha_H[(\delta^2H)_V+1000]-1000 \tag{2-101}$$

式中：α_H 为恒温蒸发过程中^2H 的分馏系数；$(\delta^2H)_V$ 为残留蒸汽的 δ^2H 值；$(\delta^2H)_V^0$ 为初始状态下水蒸气的 δ^2H 值。

已知 25℃时 $\alpha_O=1.0092$、$\alpha_H=1.074$，若令初始状态下水蒸气的 $(\delta^{18}O)_0=-9.12‰$、$(\delta^2H)_0=-68.90‰$，则可由式(2-97)～式(2-101)得到水蒸气冷凝过程中残留蒸汽与冷凝水的 $\delta^{18}O$ 及 δ^2H 值随 f 的变化关系，如图 2-5 所示。

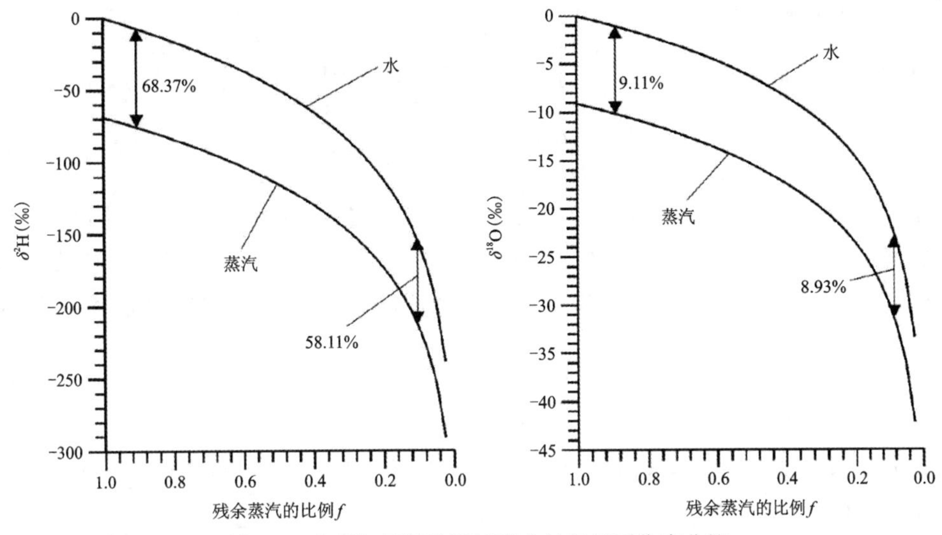

图 2-5　水蒸气恒温冷凝过程中的氢氧同位素分馏

由图 2-5 可见，随着冷凝过程的进行，残留水蒸气和冷凝水中的 ^{18}O 和 ^{2}H 含量不断减少，当水蒸气的 $\delta^{18}O=-9.12‰$、$\delta^{2}H=-68.90‰$ 时，对应的冷凝水的 $\delta^{18}O=\delta^{2}H=0‰$。与此同时，随着 f 的减小，冷凝水与残余水蒸气之间的同位素差值 $\Delta_{水\text{-}蒸汽}$ 逐渐减小。例如，当 $f=0.9$ 时，对于 ^{18}O，$\Delta_{水\text{-}蒸汽}$ 为 9.11‰；对于 ^{2}H，$\Delta_{水\text{-}蒸汽}$ 为 68.37‰。当 $f=0.1$ 时，对于 ^{18}O，$\Delta_{水\text{-}蒸汽}$ 为 8.93‰；对于 ^{2}H，差值为 58.11‰。

四、不平衡开启蒸发

（一）不平衡开启蒸发的概念

当蒸发进行很快时，蒸发速度大于凝结速度，水与蒸汽之间处于不平衡状态。整个蒸发过程可以分解为一个单纯的动力蒸发过程和一个同位素交换过程。动力蒸发过程受水蒸气分子扩散速度所支配，一般动力分馏比热力分馏大得多（但氢同位素水分子除外）。

水蒸气分子在真空中的运动速度与其质量的平方根成反比。

$$\alpha'_{D}=\sqrt{\frac{19}{18}}=1.027 \tag{2-102}$$

$$\alpha'_{^{18}O}=\sqrt{\frac{20}{18}}=1.054 \tag{2-103}$$

α' 是由水分子运动速度差引起的同位素动力分馏。

但是水分子在空气中扩散时要克服阻力，运动性质与真空中有区别，据 Menvat(1978)测量，水分子在空气中扩散系数比为：

$$\frac{D_{HDO}}{D_{H_2O}}=0.975\,5\pm0.000\,9 \tag{2-104}$$

$$\frac{D_{H_2{}^{18}O}}{D_{H_2O}}=0.972\,3\pm0.000\,7 \tag{2-105}$$

因此，实际动力分馏系数应为：

$$\alpha'_{D}=\frac{D_{H_2O}}{D_{HDO}}=1.025\pm0.001 \tag{2-106}$$

$$\alpha'_{^{18}O}=\frac{D_{H_2O}}{D_{H_2{}^{18}O}}=1.0285\pm0.0008 \tag{2-107}$$

一般用 dε 表示实际分馏系数 α' 与热力分馏系数 α 之差，即 $d\varepsilon=\alpha'-\alpha$。所以，对于 20℃ 时水-气分馏来说，$d\varepsilon_D=-0.057$；$d\varepsilon_{^{18}O}=+0.0191$。由于动力效应的干扰，往往使雨水与蒸汽、大洋水与蒸汽之间的分馏偏离热力分馏值，从而缩小 D 和 ^{18}O 分馏之间的差别，造成水面蒸发线斜率 $s<8$。

(二)开启水面蒸发

开启水面蒸发系指开启系统中，从水面进行的蒸发是不平衡蒸发。Craig 和 Gordon(1965)提出了一个开启水面蒸发的模型(图 2-6)。模型中将水-气界面分为 4 层，每层都有自己的分馏机制。

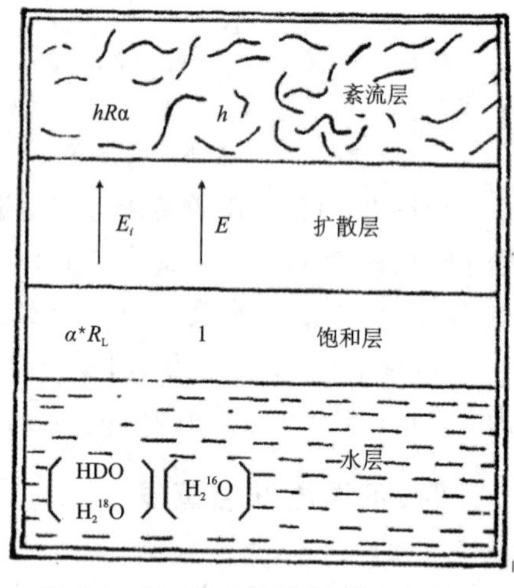

图 2-6　开启水面蒸发模型示意图

1. 水层

假设水层完全混合，无分馏作用。当 H_2O 水分子的数目为 1 个时，稀有分子(HDO 或 $H_2{}^{18}O$)的数目为 R_1 个(下角标 1 代表液相)。

2. 饱和层

水蒸气达到饱和状态，与水层发生热力学分馏。H_2O 分子数目仍为 1，稀有分子数目则为 $\alpha^* R_L$。

3. 扩散层

以水分子扩散作用为主。扩散分子流的通量 E 与浓度梯度成正比，与空气阻力 p 成反比。在这一模型中阻力 p 是一假定量。实验表明，p 值与扩散系数 D 大致成如下关系：

$$\left(\frac{p_i}{p}-1\right)=\lambda\left(\sqrt{D/D_i}-1\right) \tag{2-108}$$

式中：λ 为比例常数；i 代表稀有同位素分子。

4. 紊流层

水分子完全混合，不发生分馏作用。空气的相对湿度为 h，并假设在蒸发过程中保持不变。

由于饱和厚度很小，在水分子均衡中可忽略不计，所以水层同位素组成的变化主要与扩散分子流的通量 E 有关。常见水分子和稀有分子的通量由下式决定：

$$E=\frac{-dN}{dt}=\frac{1-h}{p} \tag{2-109}$$

$$E_i=\frac{-\mathrm{d}N_i}{\mathrm{d}t}=\frac{\alpha^* R_L-hR_a}{p_i} \tag{2-110}$$

式中：L 代表液相水；a 代表空气水分。

由于蒸发过程符合瑞利条件，根据瑞利式(2-84)得：

$$\frac{\mathrm{d}\ \ln R_L}{\mathrm{d}\ \ln N}=\frac{E_i/E}{R_L}-1 \tag{2-111}$$

式中：$E_i/E=R_V$，设 $R_V/R_L=\alpha^*$，将式(2-109)和式(2-110)代入式(2-111)得：

$$\frac{\mathrm{d}\ \ln R_L}{\mathrm{d}\ \ln N}=\frac{1}{R_L}\left[\frac{\alpha^* R_L-hR_a}{(1-h)p_i/p}\right]-1 \tag{2-112}$$

为整理式(2-112)引入一个 $\Delta\varepsilon$ 量：

$$\Delta\varepsilon=(1-h)(p_i/p-1) \tag{2-113}$$

同时，根据定义，同位素分馏：

$$\varepsilon^*=1-\alpha^* \text{ 或 } \alpha^*=1-\varepsilon^*$$

转换式(2-113)的项，得：

$$(1-h)R_i/p=\Delta\varepsilon+(1-h) \tag{2-114}$$

将 $\alpha^*=1-\varepsilon^*$ 代入下列项，得：

$$\begin{aligned}\alpha^* R_L=hR_a&=(1-\varepsilon^*)R_L-hR_a=R_L-\varepsilon^* R_L-hR_a\\&=R_L-\varepsilon^* R_L-hR_a+hR_L-hR_L\\&=R_L(1-h)-\varepsilon^* R_L+h(R_L-R_a)\\&=R_L\left[\frac{h(R_L-R_a)}{R_L}-\varepsilon^*+(1-h)\right]\end{aligned} \tag{2-115}$$

将式(2-113)和式(2-114)代入式(2-112)得：

$$\frac{\mathrm{d}\ \ln R_L}{\mathrm{d}\ \ln N}=\frac{h\left(\frac{R_L-R_a}{R_L}\right)\varepsilon^*-\Delta\varepsilon}{\Delta\varepsilon+(1-h)} \tag{2-116}$$

式(2-116)中，$\Delta\varepsilon$ 的物理含义是开启水面蒸发的同位素分馏 ε 与热力平衡水面蒸发 ε^* 之差：

$$\Delta\varepsilon=\varepsilon-\varepsilon^* \tag{2-117}$$

实测结果表明，开启水面蒸发的同位素分馏值确实比根据热力平衡分馏公式计算值大些。$\Delta\varepsilon$ 则代表分馏值多余的部分。开启水面蒸发过程中 δD 与 δ^{18}O 随蒸发而变化(图 2-7)。

根据式(2-117)，我们可以确定开启水面蒸发过程中 δD、δ^{18}O 减小的比例关系，或者说可测定“开启水面蒸发线”的斜率 s 的值。

图 2-7 中所用原始数据为蒸发水体的同位素组成：δD=－38‰，δ^{18}O=－6‰；空气中水分的同位素组成：δD=－86‰，δ^{18}O=－12‰。

可据式(2-117)求出 s 的近似值：

$$s\approx\frac{h\left(\frac{R_a}{R_L}-1\right)_D-\varepsilon_D^*+\Delta\varepsilon_D}{L\left(\frac{R_a}{R_L}-1\right)_{^{18}O}-\varepsilon_{^{18}O}+\Delta\varepsilon_{^{18}O}} \tag{2-118}$$

从式(2-118)中，可见影响斜率 s 值的因素有热力平衡同位素分馏值 ε^*、多余分馏额 $\Delta\varepsilon$、

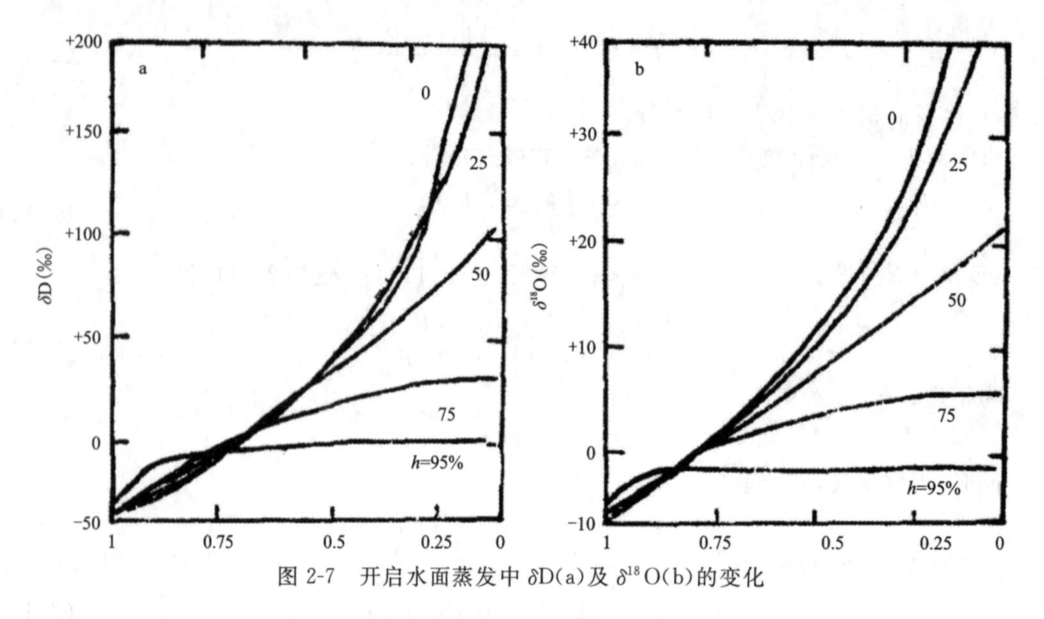

图 2-7 开启水面蒸发中 δD(a)及 $\delta^{18}O$(b)的变化

空气平衡相对湿度 h、空气水分和水体的同位素组成。

在天然条件下，$\varepsilon_D^*/\varepsilon_{^{18}O}^*$和$(R_a/R_L)_D/(R_b/R_L)_{^{18}O}$两个比值多接近 8；只有 $\Delta\varepsilon_D/\Delta\varepsilon_{^{18}O}$值小于 8。从式(2-113)可知，$s$ 取决于空气相对湿度 h 和水分子运动速度。实验测定的结果，s 值变化范围一般在 3.5～6 之间。

（三）咸水开启水面蒸发

咸水中水分子的活度 $r<1$，所以式(2-109)和式(2-110)可写成：

$$E=\frac{(r-h)}{p}=\frac{r(1-h')}{p} \tag{2-119}$$

$$E_i=\frac{(r\alpha_b^* R_L-hR_a)}{p_i}=\frac{r(\alpha_b^* R_L-h'R_a)}{p_i} \tag{2-120}$$

$$\alpha_b^*=\Gamma\alpha^* \tag{2-121}$$

式中：下角标 b 代表咸水；其他符号含义同前；Γ 为活度系数比；$h'=h/r$。对比式(2-109)、式(2-110)和式(2-119)、式(2-120)，考虑 r 在 E_i/E 值中消去，则水中含有盐分的实际效果和空气相对湿度增加相同。考虑到 $h'=h/r$，表明盐分的效果相当于湿度增加$1/r$倍。

在咸水蒸发过程中，水的含盐度不断增加，其影响表现为蒸发曲线产生向下的弯曲(与淡水体相比)(图 2-8)。咸水蒸发将因 h'趋近 h 而停止(图 2-8 中 B 点)。蒸发过程中最终盐分达到饱和(图 2-8 中 A 点)，此后曲线平直前进。

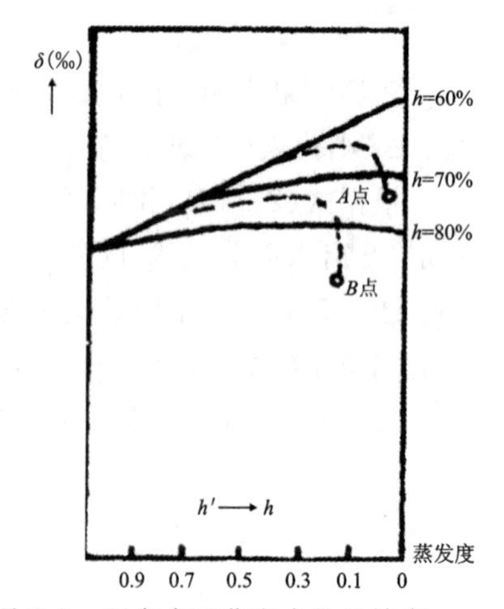

图 2-8 开启水面蒸发中的盐效应

(实线为淡水体蒸发曲线；虚线为咸水体蒸发曲线)

第四节　同位素动力分馏

动力分馏指偏离同位素平衡过程而与时间有关的分馏，即同位素在物相之间的分配随时间和反应进程而不断变化，它来自单向的（不可逆的）物理和化学过程。

只要原子交换反应系统没有达到100％的平衡状态，那么这其中总会掺杂一部分非平衡分馏的成分在里面。根据化学平衡（及相平衡）和同位素平衡的关系可知，如果化学反应和（或）物相反应进行得不彻底，即尚未达到化学/相平衡状态，那么该系统的原子交换反应不可能达到平衡状态，此时会有动力分馏的成分包含在该原子交换反应系统中。

在各种物理、化学和生物等的反应中，同位素分子运动速度和反应速度的不同都可引起同位素动力分馏。同位素动力分馏可发生在许多不同的物理过程中，如分子扩散、吸附解吸、溶解与沉淀、蒸发与凝结等。气体分子运动中，由于扩散速度不同引起的同位素分馏为动力分馏的典型实例。

根据气体分子运动理论，一切理想气体分子在一定温度下具有相同的动能，由此可得出，气体分子的平均运动速度与分子质量的平方根成反比：

$$\frac{V_1}{V_2}=\sqrt{\frac{m_2}{m_1}} \tag{2-122}$$

式中：V_1、V_2 分别为不同同位素气体分子的运动速度；m_1、m_2 分别为不同同位素气体分子质量。

例如，$C^{16}O_2$-$^{16}O^{18}O$ 体系中二氧化碳气体在扩散过程中同位素动力分馏为：

$$\frac{V_{C^{16}O_2}}{V_{C^{16}O^{18}O}}=\sqrt{\frac{46}{44}}=1.022 \tag{2-123}$$

式(2-123)说明，不含^{18}O 的 CO_2 分子比含一个^{18}O 的 CO_2 分子的平均运动速度大 22‰，故在分子扩散作用中产生同位素动力分馏。分子扩散同位素分馏系数可直接用两种气体分子质量平方根之比表示：

$$\alpha'=\sqrt{\frac{m'}{m}} \tag{2-124}$$

式中：α' 为动力分馏系数；m'、m 分别代表重、轻同位素分子质量。

例如，在质谱仪进样管道中就可能产生动力分馏。当气体通过固体（如多孔岩石）或液体通过固体扩散时也会产生可察觉的同位素动力分馏。

在单向反应（化学的、生物化学的）中，由于同位素分子反应速度不同，会引起反应物和产物之间同位素组成的改变，设有轻同位素分子 A 和重同位素分子 A^0 与物质 B 和 C 进行化学反应，它们生成的产物分别为 P 和 P^0，同位素动力分馏作用可表示如下：

$$A+B+C\xrightarrow{K}P \tag{2-125}$$

$$A^0+B+C\xrightarrow{K^0}P^0 \tag{2-126}$$

式中：K 和 K^0 分别表示轻同位素分子和重同位素分子的反应速度常数，$K\neq K^0$。对于这样一个反应过程，同位素动力分馏系数α'为：

$$\alpha'=\frac{K}{K^0} \tag{2-127}$$

α'亦称瞬时分馏系数，它表示单向反应过程某一瞬间形成的产物与剩余反应物之间的分馏系数，故亦可写成：

$$\alpha'=\frac{R_A}{R_P} \tag{2-128}$$

式中：R_A、R_P分别代表反应物和生成物的同位素比值，对于不可逆反应，同位素分子数目随时间的变化可表示为：

$$-\frac{dA}{dt}=K[A]\cdots\cdots \tag{2-129}$$

$$-\frac{dA^0}{dt}=K^0[A^0]\cdots\cdots \tag{2-130}$$

两式相除，可得：

$$\frac{dA^0}{A^0}=\frac{1}{\alpha'}\cdot\frac{dA}{A} \tag{2-131}$$

积分后整理得：

$$\frac{R_A}{R_{0A}}=f^{(1-\alpha')/\alpha'} \tag{2-132}$$

式中：R_A、R_{0A}分别代表任一瞬时剩余反应物和初始反应物的同位素比值；f代表反应物的剩余份额，将$\alpha'=\frac{R_A}{R_P}$代入式(2-131)，消去R_A得：

$$\frac{R_P}{R_{0A}}=\frac{1}{\alpha'}\cdot f^{(1-\alpha')/\alpha'} \tag{2-133}$$

式(2-132)和式(2-133)是描述单向反应同位素动力分馏过程中反应物和生成物的同位素组成变化的基本方程式。方程式(2-132)与描述蒸发过程中同位素分馏情况的瑞利分馏方程相似。

动力分馏效应一般比热力学效应大很多。对于氢同位素，这个差别则更大，动力分馏效应可以比热力学效应大近十倍，用电解水的方法制取重水即基于这一原理。

在不可逆化学反应过程中，同位素动力分馏总是表现为轻同位素优先富集在产物之中。这是因为破坏重同位素活化分子需要较多的能量。自然界许多生物化学作用属于这一类。如光合作用中，大气二氧化碳进入植物机体的过程通常可用如下反应式表示：

$$6\,CO_2+6H_2O\rightarrow C_6H_{12}O_6+6O_2$$

由于轻同位素分子的化学键较重同位素分子的化学键易于破坏，因而光合作用结果使有机体相对富集轻同位素(^{12}C、^{16}O、H)，而残留二氧化碳和水中相对富集重同位素(^{13}C、^{18}O、D)。有机质被细菌氧化形成CO_2和H_2O时，轻同位素(^{16}O)相对富集在产物中；硫酸盐被细菌还原时，残余硫酸盐不但富含^{34}S，也同时富含^{18}O，但是产物(H_2S)中则富集^{32}S；氢由水中转到植物有机质中时，氘含量降低等。产生以上分馏的原因是同位素具有不同的分子能量。

动力系统分封闭式和开放式两种，同位素动力分馏中的开放系统和封闭系统，也严重地影响到反应物和产物的同位素组成（图 2-9）。

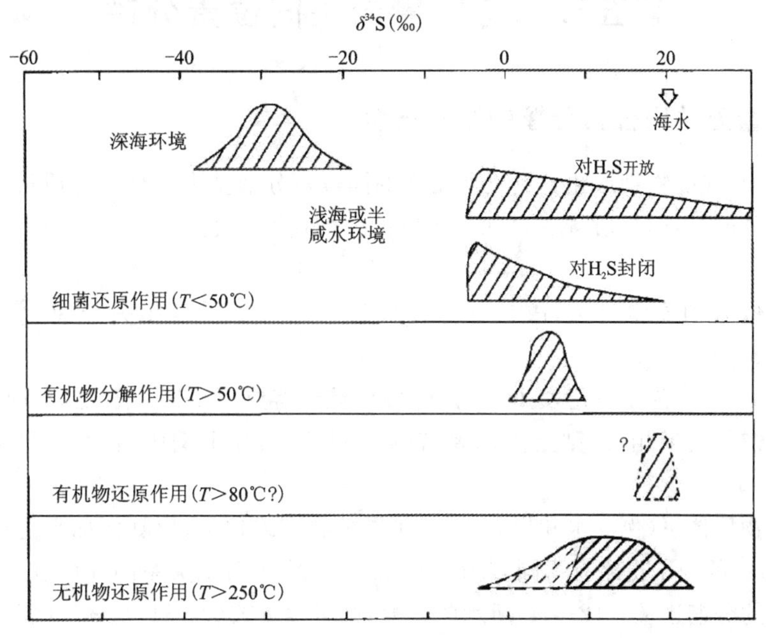

图 2-9　硫酸盐（20‰）还原产物的硫同位素组成分布

1. 开放系统

开放系统是反应物的消耗与供给大致相等或消耗少于供给的体系。

开放系统的同位素组成特点：反应物的同位素组成基本保持不变，产物最大地富集轻同位素。在滞水中，由于垂直混合不充分，导致水体缺氧，开始时，硫酸盐的还原细菌生长很快，但产生的 H_2S 会很快超过这种细菌安全生存的限量，从而抑制细菌的繁殖速度，于是还原速度就减慢，反应物和产物之间就会发生同位素分馏。如海洋深部，海水 SO_4^{2-} 的供给是无限量的，其同位素组成保持不变，但沉积物中生成的 S^{2-} 同位素组成要比海水 SO_4^{2-} 低 40‰～60‰。

2. 封闭系统

封闭系统是反应物的补给速度远远小于反应速度的体系。

封闭系统主要是对反应物而言，反应物随着反应的进行逐步减少，而产物则分两种情况：一种对产物是开放的，生成的产物迅速脱离系统，如形成的 H_2S 与金属阳离子结合形成硫化物沉淀，开始时产物最大程度地富 ^{32}S，随着反应的进行，其 $\delta^{34}S$ 逐渐增大，反应结束时，产物和残留反应物的 $\delta^{34}S$ 值大大超过硫酸盐的原始 $\delta^{34}S$ 值；另一种是对产物封闭的系统，产物生成后，没有与系统脱离，开始时，产物贫 ^{34}S，随后逐步升高，反应结束时接近或等于 SO_4^{2-} 的 $\delta^{34}S$ 值。

第五节　与质量无关同位素分馏

一、与质量无关同位素分馏的基本概念

在自然界中，伴随物理或化学过程所发生的同位素分馏基本上全都与质量相关，例如氧，在发生同位素分馏时，因为质量不同，所以^{18}O的分馏比^{17}O大：

$$\delta^{17}O \approx 0.52\delta^{18}O \tag{2-134}$$

由于与同位素的质量有关，故这种分馏称为同位素的质量相关分馏（mass-dependent isotope fractionation）。

根据分馏的定义，为了确定发生了同位素的分馏，需要两个同位素之间互比。而为了确定同位素的分馏与质量相关，则至少需要有 3 个同位素，如上例中由^{16}O、^{17}O和^{18}O构成的体系。

对不同的物质体系（例如水和岩石）以及不同的物理或化学过程（例如平衡分馏和动力分馏），式(2-134)中的因子也略有不同，0.52 则代表了大多数分馏关系的平均值。

若同位素的分馏遵从式(2-134)所示的规律，则可根据式(2-134)从$\delta^{18}O$值计算得到相应过程的$\delta^{17}O$值。若用$\delta^{17}O$对$\delta^{18}O$作图，可得一条斜率近似为 0.52 的直线（参看图 2-10 中的虚线）。

同样，绝大多数硫同位素的分馏也与质量相关：

$$\delta^{33}S \approx 0.52\delta^{34}S \tag{2-135}$$

$$\delta^{36}S \approx 1.90\delta^{34}S \tag{2-136}$$

长期以来，人们认为自然界中只存在同位素的质量相关分馏。20 世纪 70 年代，Clayton 等(1973)首次在陨石中发现了氧同位素的分馏不符合式(2-134)所示的关系。因为它是在地球以外的物质中发现的，所以这个现象最初被认为只具有宇宙化学的意义，而且只能由核过程而非化学过程引起。20 世纪 80 年代，Heidenreich 和 Thiemens 用实验证明了化学反应也能引起氧同位素的分馏不符合式(2-134)所示的关系。此后，人们发现地球平流层内的光化学反应能导致气体的同位素分馏不按式(2-134)～式(2-136)所示的规律发生，认识到地球上除了普遍存在同位素的质量相关分馏以外，还存在与质量无关同位素分馏，又叫同位素的质量不相关分馏。

二、氧同位素的质量不相关分馏

同位素的质量不相关分馏的极端例子是氧同位素。在氧同位素的质量不相关分馏过程中^{17}O和^{18}O的分馏可用下式表示：

$$\delta^{17}O \approx \delta^{18}O \tag{2-137}$$

因此，若用$\delta^{17}O$对$\delta^{18}O$作图，则过程前后体系的同位素组成将落在一条斜率近似为 1 的直线上（参看图 2-10 中的实线）。

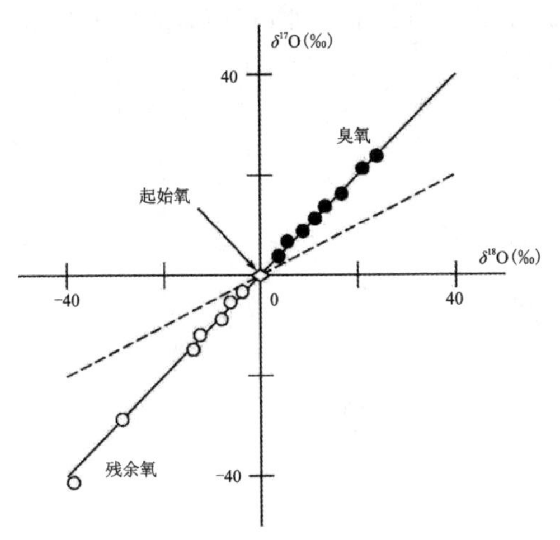

图 2-10 实验室中模拟的臭氧生成过程中氧同位素的质量不相关分馏

菱形代表反应起始时刻氧的同位素组成(因为还未分馏,故 $\delta^{17}O=\delta^{18}O=0$),黑色的圆圈为臭氧的同位素组成(和起始氧相比较,重同位素得到富集),白色的圆圈为残余的氧同位素组成(和起始氧相比较,重同位素发生贫化),实线为氧同位素的质量不相关分馏线,斜率约等于 1[参看式(2-137)],虚线为同位素的质量相关分馏线,斜率约为 0.52[参看式(2-134)]。

平流层内的光化学反应能够使氧气和臭氧发生同位素交换,反应使臭氧中的重同位素富集,同时使氧气中的重同位素贫化。实验室中的模拟反应表明,氧气和臭氧发生的同位素交换以质量不相关分馏的方式进行。故臭氧中的^{17}O和^{18}O按1∶1的比例富集,而氧气中的^{17}O和^{18}O则按相同的比例贫化,同位素组成发生的改变如图 2-11 所示。

除了氧和臭氧之间的同位素交换外,平流层内的光化学反应还能够使臭氧和二氧化碳发生同位素交换:

$$O_3+h\upsilon\rightarrow O(^1D)+O_2$$

$$O(^1D)+CO_2\rightarrow CO_3^*\rightarrow CO_2+O^3(^3P)$$

式中:CO_3^* 是短寿命的过渡态分子;$O(^1D)$和 $O^3(^3P)$分别是激发态和基态的氧。

为了便于理解,不妨设想一种简单的情况,即在图 2-10 所示的实验中加进 CO_2,其同位素组成和起始氧的相同,如图 2-11 所示。图中的坐标代表了同位素交换导致的分馏,故 CO_2 被加入后首先落在原点。由于过程以质量不相关分馏的方式进行,则同位素交换后 CO_2 中同位素组成的变化应落在图 2-10 所示的氧-臭氧质量不相关分馏线上。

自然界里绝大多数过程都符合图 2-11 中虚线所示的关系。例如水分子中的氧(大气水、海水、湖水、植物中的水分等)、生物过程产生的氧气、岩石中的氧、化肥中以及硝化过程产生的 NO_3^- 等,其中的 $\delta^{17}O/\delta^{18}O$ 关系都可以用 $\delta^{17}O-0.52\delta^{18}O=0$ 表达。

当氧同位素的分馏不遵从 $\delta^{17}O-0.52\delta^{18}O=0$ 的规律时,即 $\delta^{17}O-0.52\delta^{18}O\neq0$ 时,就会出现反常的情况,此时不能根据式(2-134)从 $\delta^{18}O$ 推算出 $\delta^{17}O$ 的值。仍以上面简化了的氧-臭氧-二氧化碳体系为例,从图 2-11 可看出,对于某一确定的 $\delta^{18}O$ 值,例如 c 点,正常情况下按虚线计算,$\delta^{17}O$ 值应当落在 a 点,但由于同位素的分馏与质量不相关,因此 $\delta^{17}O$ 值实际落到了 b 点,二者之间的差值为

$$\Delta^{17}O=\delta^{17}O-0.52\delta^{18}O \tag{2-138}$$

$\Delta^{17}O$ 值反映了对正常的质量相关分馏的偏离,称作^{17}O 异常,式(2-138)即是对^{17}O 异常的定义。

臭氧的化学性质活泼,除了可以和 CO_2 交换同位素以外,还可以和许多其他气体交换同位素,目前已知地球平流层内发生的光化学反应能够导致 O_3、O_2、CO_2、CO、N_2O、H_2O_2、硫酸盐和硝酸盐的气溶胶的同位素组成出现^{17}O 异常。此外,还发现对流层中的氧、水中的 NO_3^-

以及有些沙漠和极地地区的硫酸盐也存在^{17}O异常。除了氧同位素以外，在前寒武纪的硫酸盐和硫化物里也发现硫的同位素存在质量不相关分馏。

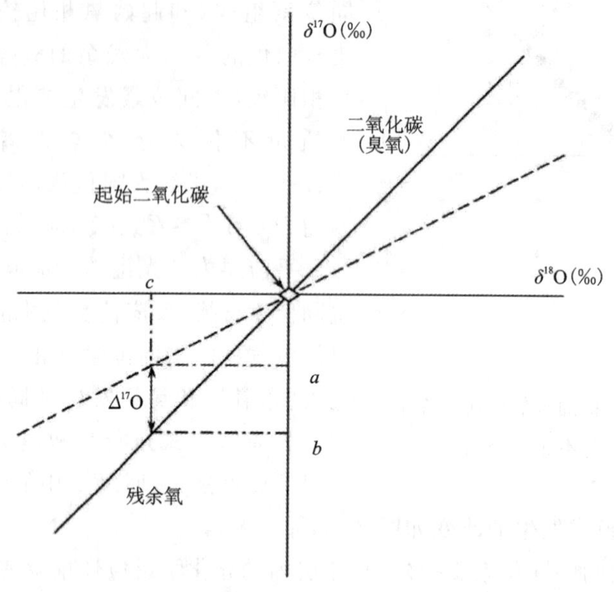

图 2-11　光化学反应所致氧-臭氧-二氧化碳体系同位素的质量不相关分馏示意图

实线表示的是同位素的质量不相关分馏线，斜率约等于 1；

虚线表示的是同位素的质量相关分馏线，斜率约为 0.52

同位素的质量不相关分馏使三元同位素组成作为独特的指示剂，被用在对许多问题的研究中，例如：①CO_2 的循环以及大气的环流运动；②全球生物圈的产氧能力；③海洋以及局部水域生物的产氧能力；④不同地质历史时期生物圈的产氧能力以及气候变化引起的生物圈产氧能力的改变；⑤生物氮在水中的循环速度；⑥硝酸盐、硫酸盐和硫化物的起源、迁移以及不同地质历史时期的环境条件。

对流层中(近地球表面)的 CO_2 通过和水交换、生物固碳以及燃烧等反应以质量相关的方式发生同位素分馏(图 2-11 中的虚线)，而平流层中的 CO_2 则通过和臭氧反应以质量不相关的方式发生同位素分馏(图 2-11 中的实线)。当平流层和对流层的气体互相混合时，混合气中 CO_2 的 $\Delta^{17}O$ 值主要取决于：①大气的混合速率，这一过程使近地球表面的 CO_2 中的^{17}O趋于异常；②CO_2 在生物圈和水圈中的交换速率，这一过程趋于抵消 CO_2 中的^{17}O异常。因此，大气中 CO_2 的 $\Delta^{17}O$ 值不仅能揭示 CO_2 在大气中的循环，还能够作为研究 CO_2 平衡关系的有效指示剂。

CO_2 中的^{17}O异常随高度递增，故测定 CO_2 的 $\Delta^{17}O$ 还可以揭示空气的环流运动，对平流层和中间层的大气运动状态的研究尤为重要。

大气圈氧同位素的 $\Delta^{17}O$ 值主要取决于：①生物圈通过光合作用产生的氧的同位素组成，以及由呼吸作用引起的氧同位素的分馏，这些过程使氧同位素以质量相关的方式发生分馏；②平流层中的光化学反应导致的氧和 CO_2 等气体交换同位素，引起氧同位素的质量不相关分馏。生物圈的产氧能力越强，大气圈氧同位素的^{17}O异常越小，反之亦然。因此，借助适当的模型可根据大气圈氧同位素的 $\Delta^{17}O$ 值估计出全球生物圈的产氧能力。

水中溶解的氧的 $\Delta^{17}O$ 值主要取决于:①水中的空气和大气的交换速率,这一过程使溶解的氧中的 ^{17}O 趋于异常;②水中生物氧的循环速率,这一过程趋于抵消溶解的氧中的 ^{17}O 异常。因此,测水中溶解的氧,根据 $\Delta^{17}O$ 值可判断水中生物的产氧能力。

测极地冰芯中的氧气,还可以根据 $\Delta^{17}O$ 值推测不同地质历史时期全球生物圈的产氧能力,了解气候变化以及气候变化引起的全球生物圈产氧能力的改变。

和水中溶解的氧类似,水中 NO_3^- 的 $\Delta^{17}O$ 值主要取决于:①大气来源的 NO_3^- 进入水体的速率,这一过程使水中 NO_3^- 的 $\Delta^{17}O$ 趋于异常;②水中生物氮的循环速率,这一过程趋于抵消 NO_3^- 中的 ^{17}O 异常。因此,水中 NO_3^- 的 $\Delta^{17}O$ 值可作为研究二者平衡关系的有效指示剂。

由于只有特殊条件下的化学反应能够导致同位素的质量不相关分馏,因此从地球表面的硝酸盐、硫酸盐以及硫化物中保留的同位素质量不相关分馏的信息,可判断其中部分组分的起源、迁移以及不同地质历史时期的环境条件。

在上述应用中,所测的都是气体(包括水中溶解的气体)或固体中的三元同位素组成(例如 ^{16}O、^{17}O、^{18}O),与此相比,很少有对水分子中的三元氧同位素组成关系的研究。显然,如果用常规的技术分析水分子氧同位素,即用测 CO_2 的方法间接测定水的同位素组成,因为 ^{13}C 的干扰,很难精确测定 ^{17}O 的组成。

为了了解水分子中三元氧同位素的组成关系,Meijer 和 Li(1998)用电解的方法用水制备氧,分析了所制备的氧气中 ^{16}O、^{17}O 和 ^{18}O 的组成。被分析的样品包括各种大气水、海水、湖水,甚至果汁,由此得到水中三元氧同位素的组成关系为 $\delta^{17}O=(0.528\,1\pm0.001\,5)\delta^{18}O$。

由于水的变化总是伴随着同位素的质量相关分馏,且在水的氧同位素质量相关分馏中尽管理论上不同过程对公式 $\delta^{17}O=0.528\,1\,\delta^{18}O$ 都或多或少地有所偏离,但偏离相对很小。因此和二元氧同位素(^{16}O 和 ^{18}O)的测定相比较,测水的三元氧同位素组成至少在目前还不能为水文研究提供更多的信息。

第三章　放射性衰变基本原理

第一节　放射性衰变

一、放射性

1. 放射性概念及发展历程

原子核自发地放射出各种射线的现象称为放射性。

1895年11月8日，德国物理学家伦琴发现一种由阴极射线管发出的特殊射线。它不同于阴极射线，也不同于通常的辐射，它能引起荧光，使空气电离；尤其是它有极大的穿透力，可以穿透皮肤和肌肉。由于对此射线一无所知，伦琴用表示未知数的X来命名这一射线，把它称为X射线。同年12月他的论文连同他夫人左手的X射线掌骨照片在科学界引起了巨大轰动，激起了人们对这种神秘射线继续研究的热情。

消息传到法国，立即引起以研究荧光和磷光著称的物理学家亨利·贝克勒尔的兴趣。

亨利·贝克勒尔(1852—1908年)出身于物理学世家，他的祖父和父亲都是著名的物理学家，他们都在电磁学、光学方面有重要贡献。贝克勒尔大学毕业后即开始研究磁场对光的偏振作用，他于1888年在巴黎大学获得博士学位，并开始了荧光和磷光的研究。正是这方面的研究把他引向放射性的发现。

1896年，法国物理学家亨利·贝可勒尔在研究铀盐的荧光现象时，发现含铀物质能发射出穿透力很强的不可见的射线，能使空气电离，也可以穿透黑纸使照相底片感光。他还发现，外界压强和温度等因素的变化以及所处的化学状态不会对实验产生任何影响。这种铀射线后来被命名为贝克勒尔射线。这样，贝克勒尔第一次发现了天然放射性。表面上贝克勒尔射线与X射线有某些类似性质，如都能使周围气体电离和穿透不透光物质，但它们穿透性不相同，由此看来X射线和贝克勒尔射线并不一样。贝克勒尔的这一发现意义深远，它使人们对物质的微观结构有了更新的认识，并由此打开了原子核物理学的大门。

1898年，伟大的女科学家居里夫人(1867—1934年)发现了比铀放射性更强的元素钋和镭，并且独立发现钍也有放射性。

天然放射性被发现了近20年后，才把放射性的本质基本搞清楚。一开始，天然放射性表面上也是一种类似X射线的射线，后来才逐步发现它比X射线要复杂得多，而且在理论和应用上的意义也大大超过X射线。到了1910年左右，已经知道X射线只是波长极短的电磁波辐射，其本质与可见光和无线电波并没有什么不同，可是贝克勒尔射线包含 3 种成分：α 射线、β 射线和 γ 射线。

核内两个中子和两个质子结合得比较紧密，有时会作为一个整体从较大的原子核中抛射出来，这就是 α 射线。核发生一次 α 衰变，质子数和中子数分别减少 2。α 射线在磁场中的偏转方向与正离子流相同，是高速运动带正电荷的 α 粒子流（即氦原子核流），它的电离作用大，贯穿本领小，穿不透一张薄纸。

核中的中子可以转化为一个质子和一个电子，产生的电子从核中发射出来，这就是 β 射线。由于该电子来源于原子核，它的速度远大于阴极射线中的电子和核外绕核旋转的电子的速度。β 射线在磁场中发生偏转，方向与负离子流相同，是高速运动的电子流或正电子流，它的电离作用较小，贯穿本领较大，但仍穿不透一张薄金属片。

原子核的能量也是不连续的，同样存在着能级，能级越低越稳定。放射性原子核在发生 α 衰变、β 衰变后产生的新核往往处于高能级，当它向低能级跃迁时，辐射 γ 光子。由于原子核中的能级跃迁辐射出的光子能量非常大，故 γ 光子的频率很高，波长很短。γ 射线是一种波长很短的电磁波，在磁场中不发生偏转，它的电离作用最小，贯穿本领最大，可以穿过 1cm 厚的铅板，如图 3-1、图 3-2所示。

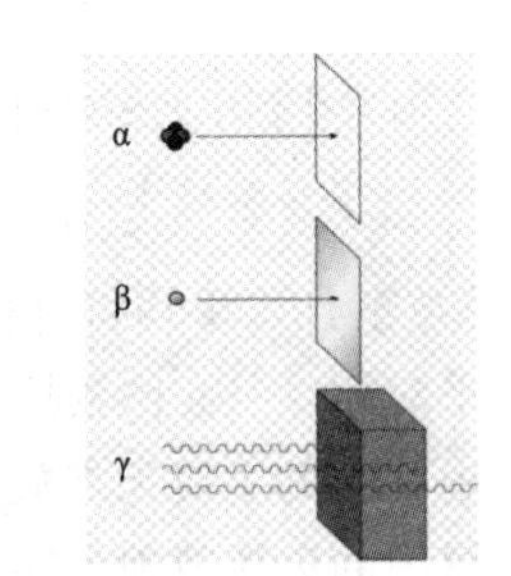

图 3-1　α、β、γ 射线穿透示意图

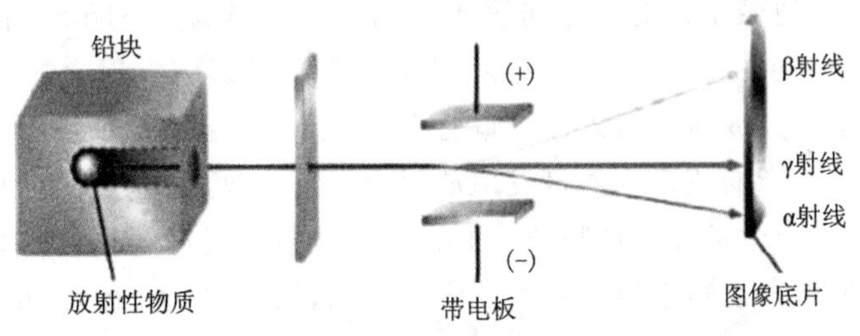

图 3-2　α、β、γ 射线在电磁场中的偏转示意图

放射性有天然放射性和人工放射性之分。天然放射性是指天然存在的放射性核素所具有的放射性。它们大多属于由重元素组成的 3 个放射系（即钍系、铀系和锕系）。人工放射性是指用核反应的办法获得的放射性。人工放射性最早是在 1934 年由法国科学家约里奥・居里夫妇发现的。

2. 应用实例

放射性对人体的危害：大剂量的照射下，放射性对人体和动物具有某种损害作用。如在 400rem 剂里的照射下，受照射的人中有 5％的概率会死亡；若照射剂里为 650rem，则人 100％死亡。照射剂量在 150rem 以下，死亡率为零，但并非无损害作用，往往需要经过 20 年以后，一些症状才会表现出来。

人类一直都生活在放射性的环境中。例如，地球上的每个角落都有来自宇宙的射线，我们周围的岩石也含有放射性物质。日常用品中，有的也具有放射性，例如一些夜光表上的荧

项目	剂量
国家规定的安全标准	5 mSv/a
北京地区的天然本底	2 mSv/a
吃食物	0.2 mSv/a
砖制居室	0.4 mSv/a
泥土、空气	0.5 mSv/a
吸烟20支/天	1 mSv/a
乘飞机	0.001 mSv/h
门诊透视（向荧光板投影）	>0.3 mSv/次
胸部X光片（向胶片投影）	>0.1 mSv/次

注：①Sv为剂量当量单位，名称为“希沃特”，mSv为“毫希沃特”；②1Sv=100rem。

图 3-3　日常生活中的辐射剂量示意图

光粉就含有放射性物质。平时吃的食盐和有些水晶眼镜片中含有^{40}K，香烟中含有^{210}Po，这些也是放射性同位素。体检时的X射线透视是计量比较大的照射。不过这些辐射的强度都在安全剂量之内，对我们没有伤害（图 3-3）。

天然辐射是自然界固有的辐射，主要来自宇宙射线，以及岩石、土壤、空气、食物、水、房屋建材中和人体内放射性物质在自然衰变时放出的射线。水是生命之源，每人每天生理需水量2～3L，若水中所含天然或人工放射性物质被摄入体内，会对人体产生一定的辐射影响。杨艳等（2021）研究了南宁市主要地表水系放射性水平，探究放射性对人体的危害。结果表明，南宁市各地表水的pH值及总放射性水平均符合标准中的相关要求，与1983—1990年全国内陆河相应分析项目的平均水平对比，^{226}Ra比较接近，U比全国均值小一个量级。

地球中存在的主要天然放射性核素种类为^{238}U、^{232}Th、^{40}K，而某地区地表γ辐射剂量的大小由土壤中的天然放射性核素浓度决定，放射性核素在环境的迁移、渗透中对人体伤害很大。张浩宇等（2020）为了解山西省某地区放射性辐射环境情况，采用地表γ辐射测量的方法，经统计得出该地区地表γ辐射所致居民年平均有效剂量为0.81mSv，低于标准所建议的公众照射年有效剂量限值（1.0mSv），不会对居民产生不良影响。以上这些例子都是通过测量放射性核素浓度来研究放射性对人体的危害。

许多天然和人工生产的核素都能自发地放射出射线。放出的射线类型除α、β、γ以外，还有正电子、质子、中子、中微子等其他粒子。能自发地放射出射线的核素，称为放射性核素（以前常称为放射性同位素），也叫不稳定核素。实验表明，温度、压力、磁场都不能显著地影响射线的发射。这是由于温度等只能引起核外电子状态的变化，而放射现象是由原子核的内部变化引起的，与核外电子状态的改变关系很小。除自发裂变外，放射现象一般与衰变过程有关，主要与α衰变、β衰变过程有关。

二、放射性衰变

1. 放射性衰变概念及发展历程

放射性同位素原子核自发地放射出某种射线或通过轨道电子俘获而转变成另一种原子核的过程称为放射性衰变。在放射性衰变过程中，放射性母体同位素的原子数衰减到原有数目的一半所需要的时间称为半衰期，记作$T_{1/2}$。放射性母体同位素在衰变前所存在的平均时间称为平均寿命，记作τ。半衰期是放射性同位素衰变的一个主要特征常数，它不随外界条件、元素状态或质量变化而变，放射性同位素半衰期的长短差别很大，短的仅千万分之一秒，长的可达数百亿年，半衰期愈短的同位素，放射性愈强。

到1910年为止，科学家们已经认识到有约40种放射性元素，它们分属于3个衰变系，两个由铀开始衰变，一个由钍开始衰变，而衰变最后的元素都是稳定的元素铅。

放射性衰变过程所释放出的α粒子和β粒子的数量与衰变的原子核数目相等。放射性衰变是原子核内部物质运动固有的一种特性，是自发进行的，不受外界任何自然因素的影响。放射性来源于原子核的衰变，由不稳定的核素衰变成为稳定的核素。有些放射性同位素原子核经过一次衰变便转变成稳定的核素，这种衰变称为单衰变；而另一些放射性同位素原子核衰变形成的核素仍具有放射性，需经过多级衰变过程之后才能转变成稳定的核素，这种多级衰变称为连续衰变。

通常把衰变前的放射性核素称为母核（或母体），衰变后生成的新核素称为子核（或子体）。由这样的一个放射性母体、若干个放射性中间子体和一个最终稳定子体所形成的衰变链称作衰变系列。大多数放射性同位素是按一种母体只转变成另一种子体的方式发生衰变。少数放射性同位素可以有两种或多种衰变方式，形成不同的子体，即一种母体能同时产生两种子体，这样的衰变称为分支衰变。自然界中这几种衰变类型都存在。

放射性同位素衰变方式主要有α衰变、β衰变、γ衰变、电子俘获和核裂变。

2. 应用实例

放射性元素的原子核在衰变过程中放出α、β、γ等射线可杀死生物体内的有机体，引起癌变或其他疾病。放射性也能损伤遗传物质，主要是引起基因突变和染色体畸变，使一代甚至几代受害。

放射性普遍存在于地层（岩石）中，不同种类的岩石或不同时代形成的岩石，由于在形成过程中所处的物理化学等地质环境不同，组成岩石的成分差异等，造成岩石（地层）所含放射性物质的种类和含量有很大差异。一般岩石的成分无放射性，放射性一般来源于岩浆，经岩浆岩、火山岩熔蚀或风化剥蚀、搬运等，沉积于各个地层。通过对地层中放射性元素的研究，能解决或预测很多地质问题。

例如，对地层年代的测定，可以直接通过测量地层中放射性元素的含量或者它们的比值来计算地层年代；也可以通过测量地层中生物化石的年代，即生物化石中^{14}C的含量来确定地层的年代，但由于^{14}C的半衰期较短，所以此法一般只适用于确定年代较新的地层，对于年代较老的地层应当用半衰期较长的放射性元素进行测定，以提高测量的准确性。对于具有较强放射性的地层或岩石，其地温必定比周围的一般岩石或地层温度高，通过对放射性元素的性质和其含量进行分析，以及对放射性元素当前已衰变的时间t_0进行测定，可以定性地预测该地层地温的变化趋势，进而有效地利用地热资源。对放射性母体与子元素含量的测定，以及对放射性元素衰变的时间t_0的计算，可以对放射性矿产的开采价值进行有效的评估。

第二节　放射性衰变类型

放射性核素在衰变过程中遵守能量、质量和电荷守恒定律，具有一定的规律性。根据放射性衰变的机理，可将放射性衰变分为多种类型。现就几种主要的衰变类型简述如下。

一、α 衰变

1. α 衰变概念及基本原理

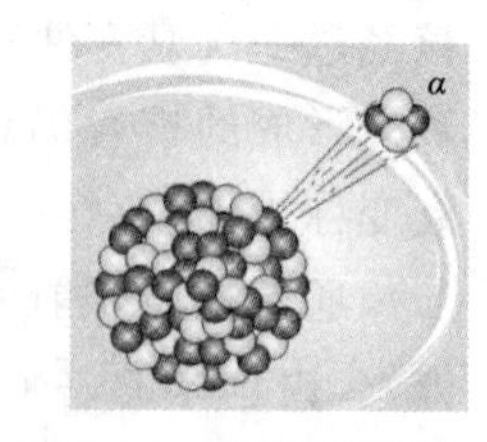

图 3-4 α 衰变模型图

原子核自发地放射出 α 粒子而发生的放射性衰变叫作 α 衰变(杨兆华,1999)。α 衰变是不稳定的重核(一般原子序数大于 82)自发放出 ^{4}He 核(α 粒子)的过程(图 3-4)。α 粒子由两个质子和两个中子组成,实际上就是氦原子核,它的质量和氦核相等,$m_\alpha=4.002\,775\text{u}$。因此,凡是经过 α 衰变形成的子核,其原子质量数均比母核减少 4,原子序数减少 2(表 3-1),子核元素在元素周期表中的位置较母核元素向左移两位。α 衰变可用如下通式表示:

$$^{A}_{Z}\text{X}\rightarrow{}^{A-4}_{Z-2}\text{Y}+\alpha+Q \tag{3-1}$$

式中:Q 为衰变能,它的数值相当于母核的质量与子核及 α 粒子的质量之差。但在实际计算中一般不用核的质量,而是用包括电子质量在内的原子质量,即

$$Q=m_Z-(m_{Z-2}+2\,m_e+m_\alpha) \tag{3-2}$$

式中:m_Z、m_{Z-2}分别为母核和子核的原子质量;m_e、m_α分别为电子和 α 粒子的质量。$2m_e+m_\alpha=m_{He}$(氦原子质量),于是式(3-2)可表示为:

$$Q=m_Z-(m_{Z-2}+m_{He}) \tag{3-3}$$

式(3-1)可表示为:

$$^{A}_{Z}X\rightarrow{}^{A-4}_{Z-2}Y+{}^{4}_{2}\text{He}+Q \tag{3-4}$$

例如

$$^{238}_{92}\text{U}\rightarrow{}^{234}_{90}\text{Th}+{}^{4}_{2}\text{He}+Q \tag{3-5}$$

由于式(3-4)中的 Q 值必须为正值,所以凡能产生 α 衰变的原子,其母核的质量必定大于子核和氦原子的总质量(杨福家等,2002),即

$$m_Z>m_{Z-2}+m_{He} \tag{3-6}$$

这就是为什么有些放射性原子核能够作 α 衰变,而有些却不能作 α 衰变的原因。α 衰变是重核的特征,只有质量数 $A>140$ 的原子核才能发生。

表 3-1 放射性衰变类型及其母体与子体的关系

衰变类型	同位素	原子序数(质子数)	中子数	质量数
α	母体	Z	N	$Z+N=A$
	子体	$Z-2$	$N-2$	$Z-2+N-2=A-4$
β^-	母体	Z	N	$Z+N=A$
	子体	$Z+1$	$N-1$	$Z+1+N-1=A$
β^+,电子俘获	母体	Z	N	$Z+N=A$
	子体	$Z-1$	$N+1$	$Z-1+N+1=A$

2. 应用实例

不同核素所放出的 α 粒子的动能不等,一般在 4～9MeV 范围内。^{222}Rn(氡)、^{218}Po

(钋)、^{210}Po 等核素在衰变时放出单能 α 射线；^{231}Pa(镤)、^{226}Ra(镭)、^{212}Bi(铋)等核素在衰变时能放出几种能量不同的 α 射线和能量较低的 γ 射线。图 3-5 中所示的^{226}Ra 衰变有两种方式(分支衰变)：一种方式是^{226}Ra 放射出 4.777MeV 的 α 粒子后变成基态的^{222}Rn，这种方式的概率为 94.3%；另一种方式是^{226}Ra 放射出 4.589MeV 的 α 粒子后变成激发态的^{222}Rn，然后很快地跃迁至基态^{222}Rn 并放射出 0.188MeV 的 γ 射线，这种衰变方式的概率为 5.7%。^{226}Ra 的 α 衰变方程为

$$^{226}_{88}\mathrm{Ra} \rightarrow ^{222}_{86}\mathrm{Rn} + ^{4}_{2}\mathrm{He} + Q \tag{3-7}$$

氡是地壳中铀天然衰变的产物，如图 3-6 所示，普遍存在于人类的生活环境中，人类接受的天然辐射约有 50%来自氡及其衰变产物，氡对人体健康的影响已引起广泛的关注。氡子体发射的 α 射线，通过直接与 DNA 反应或间接的自由基效应，损伤肺和支气管上皮细胞，最终导致肺癌。职业流行病学调查已证实，高浓度的氡暴露可增加肺癌发生的危险度。研究氡暴露与人类肺癌的关系有着重要的意义，所以有必要进行随钻氡监测。而测量氡及其氡子体的基本原理是一致的，即氡及其氡子体均为 α 射线辐射体，通过检测 α 射线辐射强度可检测含氡量或氡的活度浓度。丁贵明等(2013)研究了随钻氡监测的油气地质意义，并使用 α 射线探测其浓度。

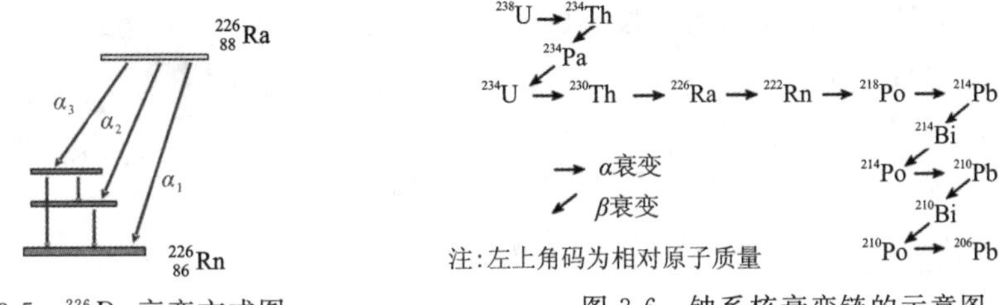

图 3-5　^{226}Ra 衰变方式图　　　　图 3-6　铀系核衰变链的示意图

可用 α 卡法对煤田采空区位置进行探测。α 卡法属于 α 径迹测量，是一种累计法测氡技术。α 卡是一种用对氡的衰变子体具有强吸附力的材料(聚酯镀铝薄膜或自身带静电的材料)制成的卡片，将其放在倒置的杯子里，埋在地下聚集土壤中氡子体的沉淀物，数小时后取出卡片，在现场用 α 辐射仪测量卡片上沉淀物放出的 α 射线强度，即能发现微弱的放射性异常。高玉娟等(2010)根据采空区和围岩间的导电性差异，结合地质资料，采用 α 卡法和高密度电法相结合的综合地球物理勘探方法，在内蒙古某煤田开展采空区位置的探测研究，效果良好，结论可靠。

二、β 衰变

原子核自发地放射出 β 粒子(即快速电子)和中微子而发生的放射性衰变叫作 β 衰变，它是原子核内质子和中子发生互变的结果。β 衰变有 β^- 和 β^+ 两种类型(图 3-7)，β 衰变不像 α 衰变主要发生于重核，它几乎可发生于整个周期系。它有很宽的能量分布范围，可从十几 keV 到十几 MeV。

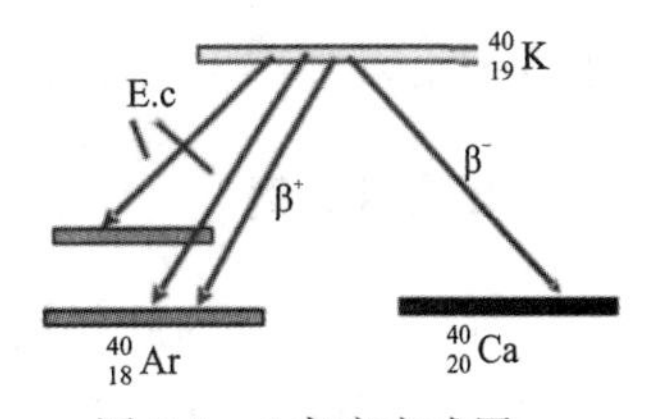

图 3-7　β 衰变方式图

微中子(Neutrino，意义为更小型的中子)自旋为 1/2，符号为希腊字母 ν。微中子有 3 种：电子微中子(符号为 ν_e)、μ 子微中子

(符号为 ν_μ)和 τ 子微中子(符号为 ν_τ),分别对应于相应的轻子:电子、μ 子和 τ 子。所有微中子都不带电荷,不参与电磁交互作用和强交互作用,但参与弱交互作用。最近的实验表明,微中子确实有微小但并不为零的质量。

(一)β^- 衰变

1. β^- 衰变概念及基本原理

β^- 衰变是指原子核自发地放射出 β^- 粒子的衰变。β^- 粒子相当于电子,其质量为 0.000 549u,带有一个负电荷。因为 β^- 粒子的质量极小,所以作 β^- 衰变的母核和子核的原子质量相同,但子核的原子序数增加 1(表 3-1)。β^- 衰变的通式为:

$$^A_ZX \rightarrow ^A_{Z+1}Y + \beta^- + \bar{\gamma} + Q \tag{3-8}$$

式中:$\bar{\gamma}$是反中微子,它是一种无电荷、质量极微小且具有动能的粒子。

β^- 衰变可看作是母核中的过剩中子转变为质子并放出电子和反中微子($n \rightarrow p + \beta^- + \bar{\gamma}$)(图 3-8)。新生的子核元素在元素周期表中的位置较母核元素向右移一位。

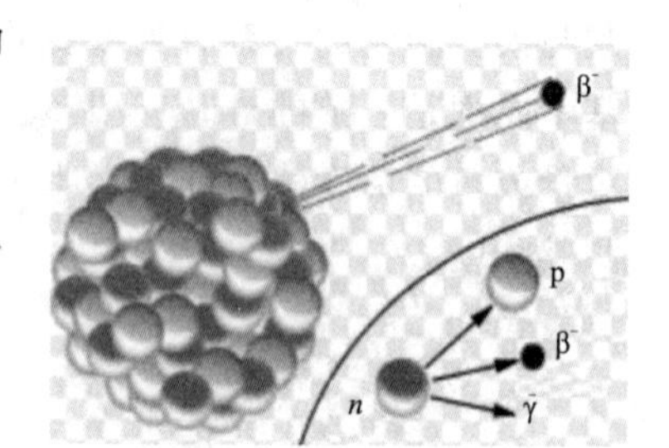

图 3-8 β^- 衰变模型图

β^- 衰变释放出的衰变能为:

$$Q = m_Z - [(m_{Z+1} - m_e) + m_{\beta^-} + m_{\bar{\gamma}}] \tag{3-9}$$

式中:m_{β^-}、$m_{\bar{\gamma}}$ 为 β^- 粒子和反中微子的质量。因为反中微子的质量可忽略不计,$m_{\beta^-} = m_e$,于是式(3-9)可表示为:

$$Q = m_Z - m_{Z+1} \tag{3-10}$$

所以 β^- 衰变的条件是:

$$m_Z > m_{Z+1} \tag{3-11}$$

β^- 衰变有 3 种生成物:$_{Z+1}^{A}Y$、β^- 和$\bar{\gamma}$,衰变时所释放的能量将被这 3 种粒子带走。由于子核的质量比 β^- 粒子大数千倍乃至数十万倍,其所带走的能量是微不足道的,故有:

$$Q = E_Y + E_{\beta^-} + E_{\bar{\gamma}} \approx E_{\beta^-} + E_{\bar{\gamma}} \tag{3-12}$$

式中:E_Y、E_{β^-} 和$E_{\bar{\gamma}}$分别为子核、β^- 粒子和反中微子的动能。当 E_{β^-} 值由最小零值($E_{\bar{\gamma}} \approx Q$)变化到最大值 $Q(E_{\bar{\gamma}} = 0)$,可形成一连续能谱。

多数 β^- 粒子的动能大约等于最大能量E_0 的 1/3,只有少数 β^- 粒子具有较大的动能(图 3-9)。β^- 粒子以小于最大能量被发射出来会产生能量差,此能量差由反中微子来补偿。

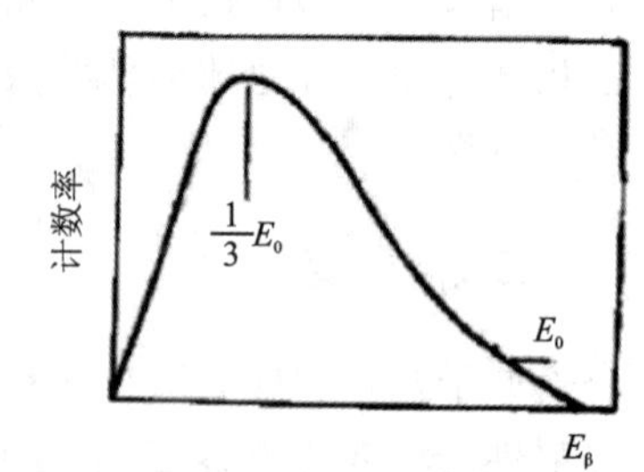

图 3-9 β 粒子能量分布曲线图

2. 应用实例

许多 β^- 衰变的放射性核素只发射 β^- 粒子,不伴随其他的射线,如$^{14}_{6}C$、$^{32}_{15}P$、$^{90}_{38}Cs$(铯)等,但更多 β^- 衰变的核素常常伴有 γ 射线,如^{60}Co 衰变时,除放射 β^- 粒子外,还放射两种 γ 射线。同位素水文学常用的氚和^{14}C 的衰变即为 β^- 衰变。例如:氚的 β^- 衰变方程式(3-13)和^{14}C 的 β^- 衰变方程式(3-14)如下:

$$^{3}_{1}H \rightarrow ^{3}_{2}He + \beta^- + \bar{\gamma} + Q \tag{3-13}$$

$$^{14}_{6}C \rightarrow ^{14}_{7}N + \beta^- + \bar{\gamma} + Q \tag{3-14}$$

β^- 衰变在地质学中也有应用，因为 β^- 射线是带负电的粒子束，具有连续能谱。当一束强度为 I_0 的 β^- 射线射入介质层 x 厚度后，一方面由于弹性散射作用，部分 β 粒子将改变飞行方向；另一方面由于电离激发和轫致辐射作用引起粒子的能量损失，使得部分低能粒子被介质吸收。左洪福等(1990)根据 β^- 射线的衰减规律，导出了固液气三相流浓度测量的基本公式，全面分析了 β^- 浓度计的测量误差，在此基础上设计并研制了 β^- 浓度计。β^- 浓度计具有不接触、非破坏、连续测量等优点，可以测量各种薄膜、纸张、板材等的厚度，也可测量固体及各种密闭管内的液体、矿浆、泥浆的密度，可以测量固液混合物中各种固体成分的浓度或气液混合物中气体的浓度，还可以测量气体密度、粉尘浓度等，应用面非常之广。

比如，在磨矿过程中，常常需要连续、快速地检测矿浆的固体浓度及颗粒级配，这就要有精确的检测仪器。目前应用较多的是 γ-矿浆密度计，但它测量精度较低，并且不能用于颗粒大小的测量。在粒度分布检测方面，大多采用进口仪器。β^- 射线衰减法测量矿浆浓度精度较高、安全可靠，在此基础上发展的矿浆颗粒级配测量系统也具有较高的测量精度，对粒度范围 20～105μm 的 Cornish 花岗岩、铜浆、铁浆及霞石系统的测试准确度为 2%～3%。

（二）β^+ 衰变

1. β^+ 衰变概念及基本原理

β^+ 衰变是指原子核自发地放射出 β^+ 粒子的衰变。β^+ 粒子又称正电子，是质量与电子相等而带正电荷的粒子。β^+ 衰变可以看作是原子核内的过剩质子转变成中子并放出 β^+ 粒子和中微子 γ（$p \rightarrow n + \beta^+ + \gamma$）。$\beta^+$ 衰变生成的子核具有和母核相同的原子质量数，但原子序数减少 1(表 3-1)，子核元素在周期表中的位置较母核元素向左移一位。β^+ 衰变的通式为：

$$^{A}_{Z}X \rightarrow ^{A}_{Z-1}Y + \beta^+ + \gamma + Q \tag{3-15}$$

例如

$$^{13}_{7}N \rightarrow ^{13}_{6}C + \beta^+ + \gamma + Q \tag{3-16}$$

式中的衰变能同样可根据质量守恒原则求得：

$$\begin{aligned} Q &= m_Z - [(m_{Z-1} + m_e) + (m_{\beta^+} + m_\gamma)] \\ &= m_Z - m_{Z-1} - 2\,m_e \end{aligned} \tag{3-17}$$

式中：m_{β^+} 为 β^+ 粒子的质量。产生 β^+ 衰变的条件为：

$$m_Z > m_{Z-1} + 2\,m_e \tag{3-18}$$

如上，发生 β^+ 衰变的能量条件是，两个同量异位素，只有在电荷数为 Z 核素的原子静质量大于电荷数为 $Z-1$ 的原子静质量与一个特定值之和时，β^+ 衰变才能发生。

2. 应用实例

在煤田开发过程中进行总 β 测量对安全生产具有重要意义。侏罗系中铀作为放射性伴生矿产赋存于煤层的顶部或顶底板砂岩中，在煤田开发过程中会遇到放射性核素 ^{238}U、^{232}Th、^{226}Ra 衰变产生的氡（^{222}Rn）及子体总 α 及总 β 形成的内辐射和 γ 射线产生的外辐射，因核辐射看不见、摸不着、闻不到，如不重视，高浓度氡、高强度 γ 射线对生产者轻则造成放射性职业病，重则带来生命危险，对生产带来重大危害。

叶敏生等(2012)就此论述了煤田放射性环境检测手段，主要为物理及化学测试手段。化学测试主要是对煤矸石、井巷水体采集样品，在化验室进行铀、钍、镭等核素浓度测量，以及比活度总 α 和总 β 测量，观测矸石及水体对环境是否形成污染。物理手段为采用伽马辐射仪(FD-3013 或 HD 系列辐射仪)监控伽马辐射场，观测伽马辐射量率是否超标，采用氡气浓度测量仪(北京核仪器研究所制的 FD-216 或上海地质仪器厂的 HD 系列)监控巷道及工作面空气氡浓度是否超标。

三、γ 衰变

1. γ 衰变概念及基本原理

原子核放射出 γ 射线，从较高的激发状态跃迁到较低能量状态(基态)的放射性衰变称为 γ 衰变(图 3-10)。

γ 射线是原子衰变裂解时放出的射线之一。此种电磁波波长极短，范围波长为 0.1Å，穿透力很强，又携带高能量，容易造成生物体细胞内的 DNA 断裂进而引起细胞突变、造血功能缺失、癌症等疾病。但是它可以杀死细胞，因此也可以用作杀死癌细胞，以作医疗之用。

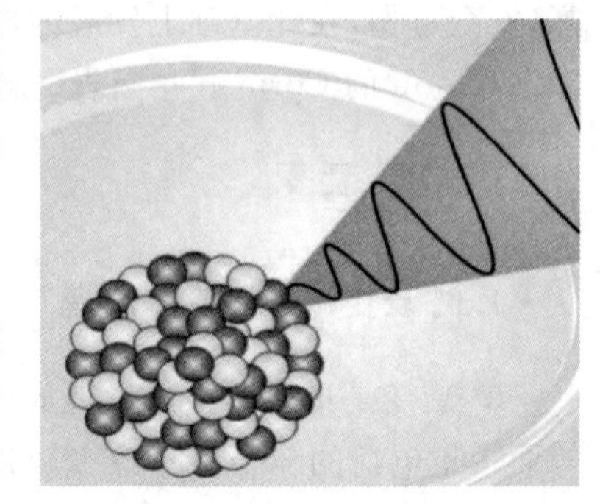

图 3-10　γ 衰变模型图

γ 衰变通常随 α 或 β 衰变一起产生，但有别于 α 或 β 衰变。γ 衰变后的子核与衰变前的母核的质量数 A 和原子序数 Z 都相同，只是能量不同，属于同一元素的同位素，亦称同质异能素。γ 衰变亦称同质异能跃迁。由于此衰变不涉及质量或电荷变化，故此并没有特别重要的化学反应式，但仍可写成：

$$ {}^{Am}_{Z}X \rightarrow {}^{A}_{Z}X + \gamma \qquad (3\text{-}19) $$

例如

$$ {}^{99m}_{43}Tc \rightarrow {}^{99}_{43}Tc + \gamma \qquad (3\text{-}20) $$

式中：m 代表某物质 X 的活跃状态。

核衰变中 γ 射线的能量与 β 衰变相仿，也有很宽的能量分布范围，从十几 keV 到十几 MeV。某些不稳定的核素经过 α 或 β 衰变后仍处于高能状态，很快(约 10^{-13}s)再发射出 γ 射线而达稳定态。处于激发态的原子核，降到较低激发态或回到正常的所谓基态时，即以光子形式放出 γ 射线，γ 射线是一种波长很短的电磁波(0.007～0.1nm)，故穿透能力极强，它与物质作用时产生光电效应、康普顿效应、电子对生成效应等。这是直接放出 γ 光子的、跃迁方式的 γ 衰变。

上述处于不稳定激发态的原子核除了以光子形式的跃迁外，也能把激发能直接转给其核外电子而回归低能态，获得能量的电子则用以克服结合能而脱离原子，称为内转换现象(IC)。这是直接放出内转换电子的、非辐射跃迁方式的 γ 衰变。

由于物理性质上有本质上的区别，γ 射线穿透物质的能力最强。以上述 3 种衰变且能量在各类型衰变最高的天然放射性核素为例，对发生 γ 衰变、能量为 2.61MeV 的 ${}^{208}_{81}Tl$，要有约

15mm 的铅板或 70mm 的铅板才能使射线强度减弱一半；对发生 β 衰变、能量为3.26MeV 的$^{214}_{83}$Bi，却只要约 6mm 的铝片就可完全阻挡其辐射；而对发生 α 衰变、能量甚至达 10.55MeV 的$^{212}_{84}$Po，大约 11.6cm 的空气层就足以把 α 射线挡住。

γ 射线穿过物质，有 3 种方式吸收光子：一个原子吸收整个光子而放出一个电子的光电效应；光子被电子散射，把部分能量给了电子的康普顿效应；光子转变为一对电子的电子偶效应。将放射性强度定义为单位时间内发生衰变的原子核数，那么，强度为 I_0 的 γ 射线穿过厚度为 X 的吸收物质后，强度衰减到了 I，则有以下关系：

$$I=I_0 e^{-\mu X} \tag{3-21}$$

式中：μ 为该物质的衰减常数（或线性吸收系数）。重要的是，对于一定能量的 γ 射线，某种物质有确定的 μ 值。

为了解释与此式有关的截面概念，褚圣麟（1979）把 γ 射线通过吸收物质时的衰减比喻为被该物质的原子所阻挡。于是，如图 3-11所示，设一束 γ 射线垂直射到一片厚度为 Δx 的物质面上，该物质单位体积中有 N 粒原子，而 γ 射线束的横截面为 A，则 γ 射线束要遭遇到 $NA\Delta x=\Delta N$ 粒原子，设每一个原子能阻挡住 γ 射线束的面积是 σ，称为原子截面，那么，这束 γ 射线被遮挡的总面积就是：$\sigma NA\Delta x=\sigma\Delta N$。这样，强度减弱量 ΔI 与总强度之比应等于被阻挡面与 γ 射线束的横截面之比：

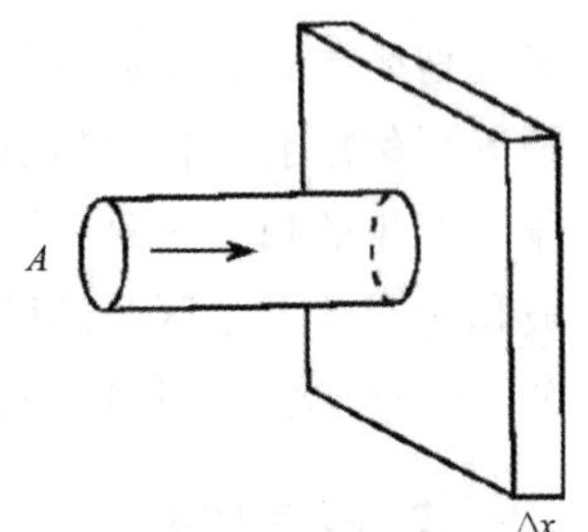

图 3-11　截面概念的解释

$$\frac{\Delta I}{I}=\frac{\sigma\Delta N}{A}=\frac{\sigma NA\Delta x}{A}=\sigma N\Delta x \tag{3-22}$$

于是有

$$-\frac{dI}{I}=\sigma N dx \tag{3-23}$$

式中负值表示强度减弱，可有

$$I=I_0 e^{-\sigma Nx} \tag{3-24}$$

与式（3-21）比较，有

$$\mu=N\sigma \tag{3-25}$$

这里有两个重要结果：一是该物质的衰减常数（线性吸收系数）μ 与原子截面 σ 的关系；二是原子截面不是原子的几何截面，是原子对 γ 射线起遮挡作用的概率，不过它只有面积的量纲而已。

2. 应用实例

放射线具有杀菌消毒作用，可以广泛应用于养殖生产中。由于 α 衰变放射性对水生生物组织的损害较大，且氦粒子的射程较短，故少用该型衰变；γ 衰变释放的射线穿透性好、射程远、对组织损伤小，具有实际应用意义，故应用频繁；β 衰变在养殖中也有一定的应用。例如，可以利用 γ 射线照射水生动物的生殖细胞、生殖腺、器官、组织等，使它们的遗传性发生改变，产生各种突变，然后从中选择所需要的突变，经培养而成为新品种。

γ射线在医学上的应用：人体在引入放射药物后，即可探测这些药物在人体内的分布、转移和代谢情况。为了完成这个任务，可以使用闪烁γ照相机（简称γ相机），它是从体外探测、记录体内发出的γ射线的辐射强度与空间分布的仪器。通过γ相机探测，可获得放射性示踪剂在体内分布的图像。医生根据图像，把形态和功能结合起来进行观察并作出诊断。

还有^{60}Co远距离治疗机，俗称"钴炮"，是临床上比较常用的一种核物理治疗设备。^{60}Co的半衰期约为5.27a，^{60}Co能放射出能量为1.33MeV和1.77MeV的两种γ射线和能量为0.32MeV的β射线。远距离靠γ射线，源皮距一般为100cm。钴炮主要用于体外照射治疗深部肿瘤，如颅脑内、鼻咽部、肺、食管及淋巴系统等肿瘤的放射治疗。

γ射线在地学中的应用：野外γ射线能谱测量可以获得铀、钍、钾含量及用于区分岩性的低能γ射线谱的大量信息，它是一种重要的核地球物理方法。野外地面γ射线能谱测量主要研究地壳岩石、土壤中产生的γ射线，它们的能量范围为30～3000keV，这里面包含着铀、钍、钾等天然放射性核素信息、核工程活动产生的大量人工放射性核素信息和γ射线与地壳相互作用产生的相关信息。野外地面γ射线能谱测量能够快速清晰地显示出肉眼不易区分，或被坡积物覆盖无法区分的碳质片岩与泥质片岩的接触带，经济、实用、安全，是开展地质调查，划分岩性地层边界，快速勘查矿产资源的有效手段。

四、电子俘获

（一）电子俘获概念及基本原理

原子核从核外电子壳层中俘获电子而发生放射性衰变称为电子俘获。因为俘获K壳层轨道电子的概率最高，所以有时也称为K俘获。

当$m_Z > m_{Z-1}$，而$m_Z - m_{Z-1} < 2m_e$时，则β^+衰变不会发生，在此情况下，母核可通过从核外俘获电子而使核内的一个质子转变为中子和中微子（$p + e \rightarrow n + \gamma$）（图3-12）。

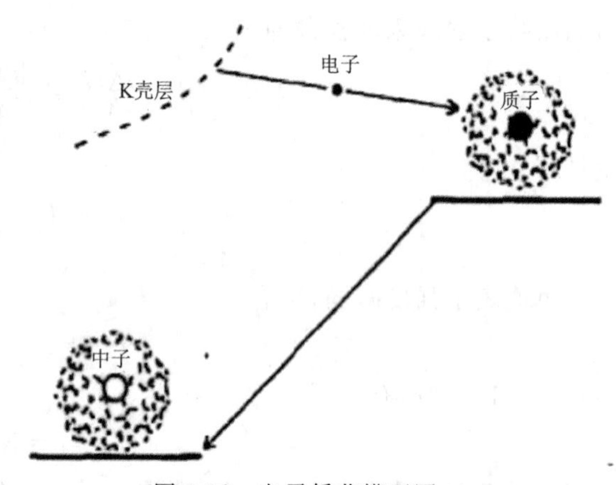

图3-12　电子俘获模型图

电子俘获后形成的子核具有与母核相同的质量数，但原子序数减少1，在周期表中较母核元素向左移一位。电子俘获的表达通式为：

$$^{A}_{Z}X + e \rightarrow ^{A}_{Z-1}Y + \gamma + Q \tag{3-26}$$

例如

$$^{7}_{4}Be + e \rightarrow ^{7}_{3}Li + \gamma + Q \tag{3-27}$$

由上述可知，对于同一种放射性母核来说，电子俘获与β^+衰变产生的子核是相同的。凡能发生β^+衰变的放射性同位素，都可发生电子俘获，但能发生电子俘获的放射性同位素却不一定能发生β^+衰变。由于能满足β^+衰变（$m_Z > m_{Z-1} + 2m_e$）的也能满足电子俘获条件，故许多衰变同时具有放射出β^+粒子和电子俘获性质。

(二)应用实例

1. 电子俘获光存储技术

未来大容量计算系统的存储器必须具备存储密度高、存储速率快、寿命长三大特点。目前在三类光存储器(ROM、WORM和RW)中,RW光盘虽存储密度较高,但数据存取速率仍低于磁盘,并且仍然存在着热诱导介质物理性能的退化对读、写、擦循环次数影响的问题,因而稳定性和寿命仍然有待提高。美国Optex公司开发了一种新型的可控重写光存储介质,即电子俘获材料。与磁光型和相变型光存储技术不同,电子俘获光存储是通过低能激光去俘获光盘特定斑点处的电子来实现存储,它是一种高度局域化的光电子过程。理论上,它的读、写、擦循环不受介质物理性能退化的影响。通过实际测试,Optex公司宣布,最新开发的多层电子俘获三维光盘样品写、读、擦次数已达10^8以上,写、读、擦的速率快至纳秒量级,并且借助于电子俘获材料的固有线性,可以使存储密度远远高于其他类型的光存储介质。总而言之,电子俘获光存储技术具有很大潜力,可能能够满足理想存储的三大特点。

2. 电子俘获毒剂报警器

利用电子俘获检测原理制成的毒剂报警器,可用于监测含磷毒剂。该仪器检测室中的放射源(^{3}H、^{63}Ni或^{241}Am)可使空气分子电离,形成一定的电离电流,当吸入染有含磷毒剂的空气时,毒剂分子俘获电子使检测室原有的电离电流减小,该电流的变化经处理后成为预测报警信号。中国的FDB01、FDB01A毒剂报警器和工事用探头式含磷毒剂报警器均属此类。

3. 电子俘获检测器

电子俘获检测器是应用广泛的一种具有选择性、高灵敏度的浓度型检测器。它的选择性是指它只对含电负性元素(如卤素、硫、磷、氮、氧)或基团的物质有响应,电负性越强,灵敏度越高。在环境分析中,电子俘获检测器多用于分析含肉素的化合物,如多氯联苯、有机氯农药等。

电子俘获检测器也可以应用到污水检测当中。近年来,药物和个人护理品的污染引起环境工作者的关注。三氯生属于PPCPs中的杀菌消毒物质,自20世纪70年代开始用于制造香皂以来,已被广泛地应用于个人护理品中,随着个人护理品的使用,三氯生进入污水中。周雪飞等(2011)采用固相萃取(SPE)-气相色谱分离(GC)-ECD检测器检测的分析方法,优化了三氯生的衍生化条件,使测量更为准确。

五、核裂变

1. 核裂变概念及基本原理

核裂变是指重核放射性同位素自发地分裂成质量相近的两个或几个碎片,同时放射出中子和能量的过程。

如发现裂变的反应,用中子轰击Z为92的铀,得到Z分别为56和36的钡核和氪核,它们又立即继续衰变，两个碎片的质量比约为3/2。这是由中子引发的裂变，称为诱发裂变。除中子外的其他粒子也可诱发裂变，随后就发现它们也存在自发裂变，并证实有20种以上的重核能够发生自发裂变，诱发裂变成为一种特有的衰变方式，而对于一些合成的超铀元素，诱发裂变还是其主要的衰变方式。

核裂变，又称核分裂，是指由较重的（原子序数较大的）原子，主要是指铀或钚，分裂成较轻的（原子序数较小的）原子的一种核反应形式。原子弹以及裂变核电站的能量来源都是核分裂。

早期原子弹用^{239}Pu为原料制成，而^{235}U裂变在核电厂中最常见（图3-13）。

重核原子经中子撞击后，分裂成两个较轻的原子，同时释放出数个中子，如图3-13所示。释放出的中子再去撞击其他重核原子，从而形成链式反应而发生自发裂变。核裂变放出的中子有3条出路：飞走；被无效吸收，不引起新的裂变；被铀-235原子核吸收引起新的裂变，如图3-14所示。如果第三条出路的中子是1，裂变反应就会继续下去，称为链式反应；如果中子数大于1，反应就越来越强；如果中子数小于1，反应就越来越弱。设法增减第二条出路的中子数，就可对链式反应加以控制。要维持链式反应，第一条出路的中子数不能太多，为此，按一定比例布置的裂变物质和其他物质只有达到某个体积时，才有可能维持链式反应，这个体积称为临界体积，其中所含的裂变物质的质量称为临界质量。原子核裂变时除放出中子外还会放出热，核电站用以发电的能量即来源于此。

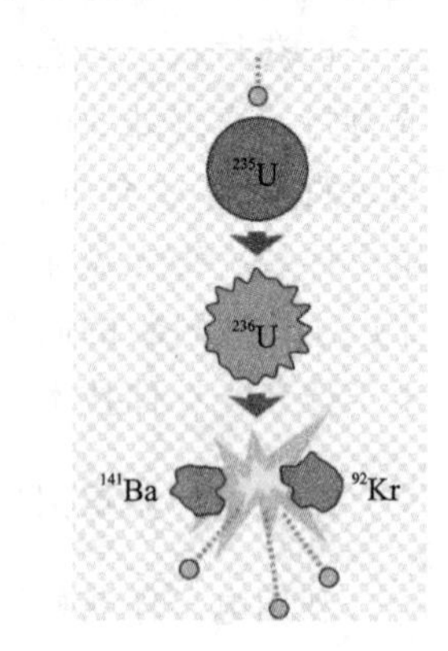

图3-13　^{235}U原子核的一种裂变过程图

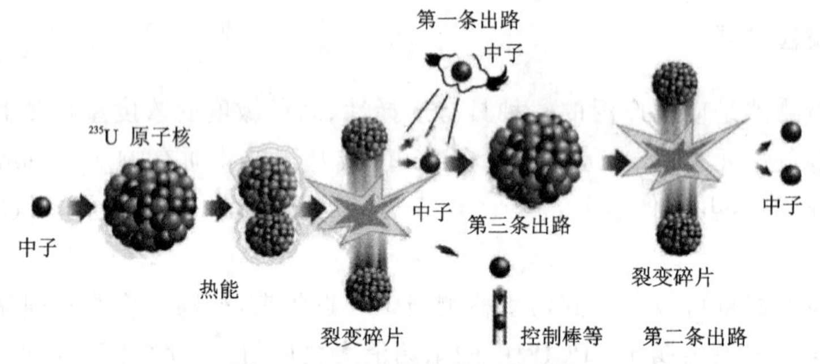

图3-14　链式裂变反应示意图

由于每次核裂变释放出的中子数量大于1，因此若对链式反应不加以控制，同时发生的核裂变数目将在极短时间内以几何级数形式增长。若聚集在一起的重核原子足够多，将会瞬间释放大量的能量。原子弹便是应用了核裂变的这种特性，制作原子弹所使用的重核元素含量在90%以上。

核能发电应用中所使用的核燃料，^{235}U的含量通常很低，为3%～5%，因此不会产生核爆。但核电站仍需要对反应炉中的中子数量加以控制，以防止功率过高造成反应炉熔毁的事故。核电站通常会在反应炉的慢化剂中添加硼，并使用控制棒（银-铟-镉合金制成）吸收堆芯中的中子以控制核分裂速度。

原子核中蕴藏巨大的能量，根据质能方程 $E=mc^2$，原子核的质量变化(从一种原子核变化为另外一种原子核并伴随着质量的减少)往往伴随着能量的释放。如果是由重的原子核变化为轻的原子核，称为核裂变，如原子弹爆炸。这些能量被称为原子核能，俗称原子能。1kg^{235}U 的全部核的裂变将产生 20 000MW・h 的能量，与燃烧至少 2000t 煤释放的能量一样多，相当于一个 20MW 的发电站运转 1000h。如果是由轻的原子核变化为重的原子核，称为核聚变，如太阳发光发热的能量来源。

2. 应用实例

核电站和原子弹是核裂变能的两大应用，两者机制上的差异主要在于链式反应速度是否受到控制。核电站的关键设备是核反应堆，它相当于火电站的锅炉，受控的链式反应就在这里进行。核反应堆有多种类型，按引起裂变的中子能量可分为：热中子堆和快中子堆。热中子的能量在 0.1eV(电子伏特)左右，快中子的能量平均在 2eV 左右。若运行的是热中子堆，其中需要有慢化剂，通过它的原子与中子碰撞，将快中子慢化为热中子。慢化剂用的是水、重水或石墨。堆内还有载出热量的冷却剂，冷却剂有水、重水和氦等。根据慢化剂、冷却剂、燃料的不同，热中子堆可分为轻水堆(用轻水作慢化剂和冷却剂稍加浓铀作燃料)、重水堆(用重水作慢化剂和冷却剂稍加浓铀作燃料)和石墨水冷堆(石墨慢化，轻水冷却，稍加浓铀)，轻水堆又分压水堆和沸水堆。

核裂变在地质学中同样也有应用，裂变径迹测定年龄法在地质学和考古学等领域做出了许多测定结果，并被列为重要的研究手段。该法不需昂贵的质谱仪，比较简便，并能测定以前用放射性方法难以测定的第四纪更新世的年龄。Price 和 Walker(1962)查明了自然产生的自发核裂变在天然物质中以“化石”径迹被记录这一事实。因此，如果知道自发裂变的衰变常数，就可以根据“化石”径迹密度进行年龄测定。这种年龄测定法与其他放射性年龄测定的相同点是利用放射性物质的衰变率来进行年龄测定。但与用质谱仪直接测定子体和母体元素量之比的其他放射性年龄测定法不同，裂变径迹测定法是通过测定核裂变时产生的单位面积上的径迹数目来进行年龄测定的。“化石”径迹形成的原因是^{238}U 及^{232}Th 的自发裂变、天然产生的中子诱发核裂变和宇宙线的影响等。

第三节　放射性衰变规律

一、放射性衰变基本定律

放射性核素不论其属于何种衰变类型，它们的原子核数目都服从于同一放射性衰变规律而随时间不断地衰减。据卢瑟福和索迪(1902)实验研究，单位时间内衰变的原子核数目与 t 时刻存在的原子核数目成正比，其数学表达式为：

$$-\frac{\mathrm{d}N}{\mathrm{d}t}=\lambda N \tag{3-28}$$

式中：N 为 t 时刻母体尚未衰变的原子核数目；λ 为衰变常数；$-\mathrm{d}N/\mathrm{d}t$ 为放射性母体原子核的衰变速率，负号表示其速率随时间而减小。

将式(3-28)积分得：

$$\ln N - \ln N_0 = -\lambda t \tag{3-29}$$

或

$$N = N_0 e^{-\lambda t} \tag{3-30}$$

式中：N_0为 $t=0$ 时放射性母体原子核数目；N 为 t 时刻尚未衰变的母体原子核数目。

式(3-30)即是放射性衰变基本定律，它表明任何一种放射性同位素的衰变过程都呈指数规律而减少(图 3-15)。

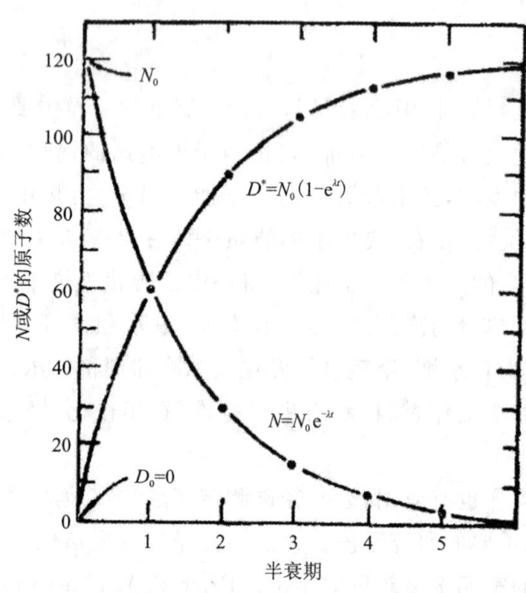

图 3-15　放射性母核衰减和稳定子核增长的变化曲线

(一)衰变常数 λ

1. 衰变常数概念

由式(3-28)得：

$$\lambda = -\frac{dN/N}{dt} \tag{3-31}$$

式中：$-dN/N$ 表示每个原子核的衰变概率。因此衰变常数 λ 的物理意义是在单位时间内每个原子核的衰变概率。也就是说，每一个原子核何时衰变完全是偶然的，但就放射性原子核总体来说，其衰变则按式(3-31)所确定的基本规律进行衰减。

对某一特定放射性核素，λ 是一个常数。由于 λ 表示衰变概率，所以它是反映原子核衰变速度的一个物理量，其单位为时间的倒数，λ 值越大原子核衰变越快(王恒纯，1991)。

2. 应用实例

在放射性测量方法出现的早期，用绝对年龄来表达地质年龄被认为是一个重大的进步，因为它确切地说明了地质历史的长度。随着测试技术，特别是质谱仪的发展，实测年龄的可靠性也随之提高。年龄的真实程度主要取决于所采用的衰变常数。

在同位素地质年龄计算中放射性元素的衰变常数是一个很重要的参数，由于它的不一致性，就会使同位素组成完全相同的样品得出不一致的年龄值。例如：$\lambda^{40}K_e=0.557\times10^{-10}a^{-1}$与$\lambda^{40}K_e=0.585\times10^{-10}a^{-1}$相比较，用前者计算的年龄要比后者大5%。这种不一致性必然会造成同位素年龄数据在应用和对比上的困难，世界各国同位素地质年代学工作者曾试图建立国际统一标准，经过多年努力现已趋于一致。

（二）半衰期 $T_{1/2}$

1.半衰期概念

半衰期是为表明放射性原子核衰变速度而引入的一个物理量。它的物理意义是放射性原子核的数目衰减到原有数目的一半所需要的时间。半衰期越短，代表其原子越不稳定，每颗原子发生衰变的概率也越高。由于一个原子的衰变是自然地发生的，即不能预知何时会发生，因此以概率来表示。每颗原子衰变的概率大致相同，做实验的时候，会使用千千万万的原子。原子开始发生衰变后，其数量会越来越少，衰变的速度也会减慢。

例如，一种原子的半衰期为1h，1h后其未衰变的原子会剩下原来的1/2，2h后会是1/4，3h后会是1/8（图3-16）。

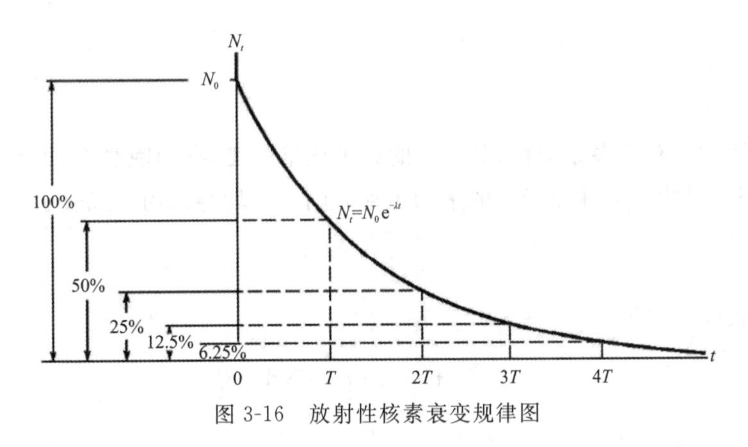

图3-16　放射性核素衰变规律图

据此定义，当$t=T_{1/2}$时，$N=N_0/2$，代入式(3-30)得：

$$T_{1/2}=\frac{\ln2}{\lambda}=\frac{0.693}{\lambda}\tag{3-32}$$

对于某一给定放射性核素，$T_{1/2}$是一个常数。$T_{1/2}$与λ成反比，半衰期越大，衰变常数越小，说明放射性核素的寿命越长。

每种放射性同位素都有自己特定的半衰期，例如，^{238}U的半衰期约为45亿年，^{235}U的半衰期约为7亿年，而^{234}U的半衰期约为25万年等。假定某放射性同位素原有N个原子，那么经过一个半衰期后就衰变掉一半，剩下$0.5N$个原子；再经过一个半衰期又衰变掉剩下的一半，就只剩下$0.25N$个原子了……一直到全部衰变掉为止。

从半衰期定义可知，要使一定数量的放射性核素全部衰变完，需要经过无数个半衰期。但在实际应用中，当残留的母体原子核数量为初始母体原子核数量的1‰时，一般就可认为已衰变终了。设$N=N_0/1000$，代入式(3-30)得：

$$t=\frac{\ln 1000}{\lambda}=\frac{6.907}{\lambda}\approx 10\ T_{1/2} \tag{3-33}$$

因此，放射性核素经过10个半衰期便可认为已经衰变终了。

2. 应用实例

核医学领域中的放射性废液主要是患者和受检者的排泄物与呕吐物、放射性药物与试剂的残留液、放射性器皿及放射性工作人员的洗涤液等，这些废液会随污水排入医院的下水道系统，再排放到院外环境中去。如果产生的大量放射性废水不进行处理或处理不达标就直接排放，会造成周边地区的辐射污染，危害公众的身体健康。因此，核医学单位的放射性废水管理具有重要意义。

冯晓等(2021)对放射性废水衰变池的优化设计进行了研究。因为医院放射性废水处理系统即衰变池的设计，是根据放射性物质随时间进行衰减的原理制成的，而放射性核素具有其自身固有的衰变规律，所以只能靠其自然衰变来降低或消除。因此，将放射性废水收集并集中储存，储存时间为放射性核素中最长的10个半衰期或理论计算衰变期，即可达到排放标准。

(三)平均寿命$\bar{\tau}$

1. $\bar{\tau}$概念

放射性物质中含有许多原子核，其中有的原子核早衰变，有的晚衰变，即它们的寿命有长有短。平均寿命$\bar{\tau}$是指放射性原子核的平均生存时间。平均寿命用下式表示：

$$\bar{\tau}=\frac{1}{N_0}\int_0^\infty t(-\mathrm{d}N) \tag{3-34}$$

据式(3-28)和式(3-30)得：

$$\begin{aligned}\bar{\tau}&=\frac{1}{N_0}\int_0^\infty t\lambda N\mathrm{d}t\\&=\lambda\int_0^\infty t\,\mathrm{e}^{-\lambda t}\mathrm{d}t\\&=\frac{1}{\lambda}\end{aligned} \tag{3-35}$$

平均寿命与衰变常数呈倒数关系。λ、$T_{1/2}$和$\bar{\tau}$都是表征放射性衰变速度的参数，它们之间有如下关系：

$$T_{1/2}=0.693\ \bar{\tau}=\frac{0.693}{\lambda} \tag{3-36}$$

2. 应用实例

雨水中存在短寿命放射性核素，乐仁昌等(2001)通过一般的放射性测量仪器测定了雨水中的γ射线，对雨水中的短寿命放射性核素进行了研究。实验证明，几乎所有的降雨都存在短寿命放射性核素。能谱分析结果表明：这些短寿命放射性核素主要为^{218}Po、^{214}Pb和^{214}Bi，并且认为水汽凝结、下降雨滴的碰撞和对空气的冲刷是雨水放射性产生的原因。

降雨时，雨水中的短寿命放射性核素的存在必然引起室内放射性本底的增高，从而影响室内放射性测量(如中子活化分析、γ能谱分析等)的结果。雨水中短寿命放射性核素降落到地面后，其衰变子体又会影响地面野外放射性找矿方法(如^{210}Po法、铅同位素法等)的效果。另外，雨水中短寿命放射性核素的研究对于航空γ测量、放射性环境质量评价、大气水循环的研究等方面都具有重要的参考价值。

来自雨水的^{210}Po与地形密切相关。一般地说，易于雨水聚集的地形，^{210}Po含量就高，反之就低。断裂、破碎带不但具有良好的透水性、含水性，而且一般都易形成天然低地形，具有透水、储水和集水特性，同时又是氡气运移的通道，因此是^{210}Po聚集的良好场所。所以，利用^{210}Po法测量找破碎带，找与断裂有关的热液矿床、裂隙水等效果更好。

二、单衰变稳定子核的增长

1. 单衰变概念

放射性母核直接衰变为稳定子核称为单衰变。设$t=0$时母核的数目为N_0，此时不存在子核且体系为封闭的。在任一时刻t子核积存的数目应等于母核衰减的数目：

$$D^* = N_0 - N \tag{3-37}$$

式中：D^*、N分别为t时刻子核积存的数目和母核的数目。

将式(3-30)代入式(3-37)得：

$$\begin{aligned} D^* &= N_0 - N_0 e^{-\lambda t} \\ &= N_0(1 - e^{-\lambda t}) \\ &= N(e^{\lambda t} - 1) \end{aligned} \tag{3-38}$$

式(3-38)是描述单衰变过程稳定子核数目随时间呈指数增长的基本公式。但实际情况往往是地质体形成时就已含有一定数目的子核，设其数目为D_0，则子核的总数目D为：

$$D = D_0 + D^* \tag{3-39}$$

将式(3-38)代入式(3-39)得：

$$D = D_0 + N(e^{\lambda t} - 1) \tag{3-40}$$

$$t = \frac{1}{\lambda}\ln\left(\frac{D^*}{N} + 1\right) \tag{3-41}$$

式(3-41)是根据单衰变规律测定地质体年龄的基本公式，如图3-17所示。

2. 应用实例

单衰变例子如下所示，天然铷同位素中^{87}Rb具有β^-放射性，并以下列形式衰变为稳定的^{87}Sr：

$$^{87}_{37}Rb \rightarrow {}^{87}_{38}Sr + \beta^- + \bar{\gamma} + Q$$

依据^{87}Rb衰变原理测定地质体年龄的方法得到了广泛的应用，这一方法是戈尔德施密特于1937年最先提出的。Rb-Sr法虽具有衰变形式简单、母子体均为固体、测定对象普遍等特点，但在等时线法理论完善之前，测定对象主要局限于含铷较高的伟晶岩和岩浆岩中的云母

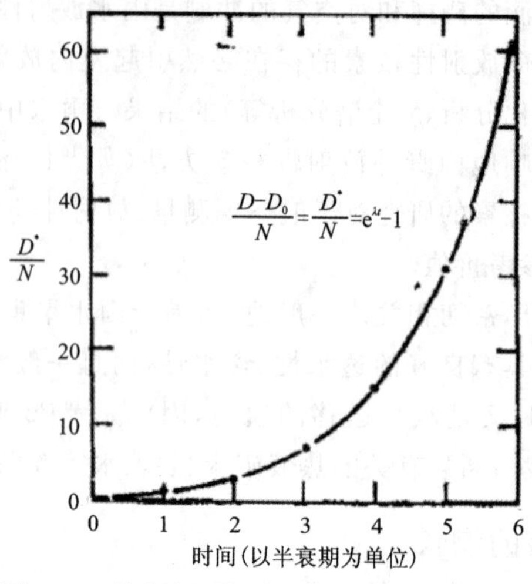

图 3-17 单衰变过程 D^*/N 比值增长曲线图

类(锂云母、白云母及黑云母)以及钾长石类(正长石及微斜长石)矿物。上述矿物一般都能给出与其他方法一致的年龄值。1958—1961 年,对具有变质历史的岩石中矿物 Rb-Sr 年龄不一致现象的深入研究,导致了等时线法理论的提出。这一新方法的出现不仅解决了变质时代的测定问题,大大扩展了方法适用对象和研究范围,而且进一步加深了人们对地球锶同位素演化历史的了解。

近十多年来,在应用 Rb-Sr 法深入探讨变质岩和岩浆岩历史的同时,对于一些新的对象,如泥质沉积岩、海绿石和火山岩的等时线研究也都进行了不少工作。这样 Rb-Sr 法在确定前寒武纪地质历史和显生代某些地层界限等问题上很快显示出它的重大作用。

适用 Rb-Sr 法测定年龄的样品:矿物有黑云母、白云母、锂云母、钾长石和海绿石等;岩石有花岗岩类、酸性火山岩、富钾变质岩和沉积岩中的页岩、泥质粉砂岩、黏土等。岩石全岩样品定年一般采用等时线法。

张瑞斌等(2008)采用 Rb-Sr 等时线法测定了寿王坟铜矿的成矿时代。分析测试获得黄铜矿+黄铁矿单矿物组合的等时线年龄为 113.6Ma,黄铜矿+矽卡岩组合的等时线年龄为 112.3Ma,黄铜矿+黄铁矿+矽卡岩组合的等时线年龄为 115.0Ma,有效确定了矿床成矿时代。

三、连续衰变规律及放射性平衡

(一)连续衰变规律

1. 连续衰变概念及规律

放射性母体经过若干次衰变,每一种衰变所形成的中间子体是不稳定的,再继续衰变,一直到产生稳定的最终子体为止,称为连续衰变或衰变系列。任何一种放射性核素的衰变都符合放射性衰变基本定律,但在研究连续衰变中各放射性核素之间的衰变关系时,由于处在中间位置的任一子核的数目都受到自身衰变和前一种核素衰变的影响,因而不能直接应用式

(3-30)进行计算。

首先讨论三元素衰变系列中各放射性同位素原子核数目随时间的变化规律。

设 t 时刻母核、第一代子核和第二代子核的数目分别为 N、N_1、N_2，相应的衰变常数为 λ、λ_1、λ_2。

母体的衰变速率为：

$$-\frac{\mathrm{d}N}{\mathrm{d}t}=\lambda N$$

第一代子核的衰变速率等于 N 的衰变速率与 N_1 自身衰变速率之差：

$$\frac{\mathrm{d}N_1}{\mathrm{d}t}=\lambda N-\lambda_1 N_1 \tag{3-42}$$

将式(3-30)代入式(3-42)得：

$$\frac{\mathrm{d}N_1}{\mathrm{d}t}+\lambda_1 N_1=\lambda N_0 \mathrm{e}^{-\lambda t} \tag{3-43}$$

式(3-43)为一阶线性微分方程，求解得：

$$N_1=\frac{\lambda}{\lambda_1-\lambda}N_0(\mathrm{e}^{-\lambda t}-\mathrm{e}^{-\lambda_1 t})+N_{01}\mathrm{e}^{-\lambda_1 t} \tag{3-44}$$

式(3-44)即是描述第一代子核数目随时间变化的方程式。方程式右侧第一项为母核衰变产生的第一代子核 N_1 经自身衰变后的原子核数目，第二项为地质体原始存在的第一代子核 N_{01} 经衰变后的原子核数目。如果不存在原始第一代子核，即 $N_{01}=0$，则式(3-44)可写为：

$$N_1=\frac{\lambda}{\lambda_1-\lambda}N_0(\mathrm{e}^{-\lambda t}-\mathrm{e}^{-\lambda_1 t}) \tag{3-45}$$

同理，第二代子核的衰变率为：

$$\frac{\mathrm{d}N_2}{\mathrm{d}t}=\lambda_1 N_1-\lambda_2 N_2 \tag{3-46}$$

将式(3-45)代入式(3-46)并解微分方程得：

$$N_2=\frac{\lambda\lambda_1 N_0 \mathrm{e}^{-\lambda t}}{(\lambda_1-\lambda)(\lambda_2-\lambda)}+\frac{\lambda\lambda_1 N_0 \mathrm{e}^{-\lambda_1 t}}{(\lambda-\lambda_1)(\lambda_2-\lambda_1)}+\frac{\lambda\lambda_1 N_0 \mathrm{e}^{-\lambda_2 t}}{(\lambda-\lambda_2)(\lambda_1-\lambda_2)} \tag{3-47}$$

如果第二代子核素是稳定的，即 $\lambda_2=0$，则式(3-47)可简化为：

$$N_2=N_0\left(1+\frac{\lambda\,\mathrm{e}^{-\lambda_1 t}}{\lambda_1-\lambda}+\frac{\lambda_1 \mathrm{e}^{-\lambda t}}{\lambda_1-\lambda}\right) \tag{3-48}$$

对于多元连续衰变系列 $N\rightarrow N_1\rightarrow N_2\cdots N_n\rightarrow D^*$，在 $N_{01}=N_{02}=\cdots N_{0n}=0$ 的条件下，可得任一中间放射性子核数目随时间的变化式：

$$N_n=\lambda N_0(h\,\mathrm{e}^{-\lambda t}+h_1\mathrm{e}^{-\lambda_1 t}+h_2\mathrm{e}^{-\lambda_2 t}+\cdots+h_n\mathrm{e}^{-\lambda_n t}) \tag{3-49}$$

式中：

$$h=\frac{\lambda_1\lambda_2\cdots\lambda_{n-1}}{(\lambda_1-\lambda)(\lambda_2-\lambda)\cdots(\lambda_n-\lambda)}$$

$$h_1=\frac{\lambda_1\lambda_2\cdots\lambda_{n-1}}{(\lambda-\lambda_1)(\lambda_2-\lambda_1)\cdots(\lambda_n-\lambda_1)}$$

$$\vdots$$

$$h_n=\frac{\lambda_1\lambda_2\cdots\lambda_{n-1}}{(\lambda-\lambda_n)(\lambda_1-\lambda_n)\cdots(\lambda_{n-1}-\lambda_n)}$$

由上述可知，连续衰变系列中任一中间子核的衰变规律不再是简单的指数衰减，它们随时间的变化不仅与自身的衰变常数有关，而且与前面所有放射性核素的衰变常数都有关。只要知道各个放射性核素的衰变常数和母核的初始原子核数目，利用式(3-49)便可计算出任一子核素在 t 时刻的原子核数目。

2. 应用实例

连续衰变如^{238}U经过 14 次连续衰变，即$^{238}U \rightarrow 8\alpha + 6\beta^- + ^{206}Pb$，最终形成稳定的$^{206}Pb$子体。

U-Pb 法是最早用来测定地质年龄的放射性方法之一。早在 1907 年波尔特伍德就开始利用 U 的放射性衰变规律进行矿物年龄测定的研究，他根据 U 的衰变速率和 U 矿物中 U、Pb 的含量计算矿物的年龄，建立了化学 U-Pb 法（称粗铅法）。1935 年尼尔用改进的质谱计分析了 U、Th、Pb 的同位素组成后，建立了同位素 U-Pb 法。许多学者对影响年龄的因素进行了广泛深入的研究，进一步改进了 U、Th、Pb 的测定技术，同时研究了数据处理方法，使 U-Pb 法的应用范围迅速扩大。U-Pb 法既适用于古老岩体和矿物样品的年龄测定，也适用于年轻样品；既能测定成岩时代，也能测定成矿时代；既可测定原生矿物的年龄，也能测定变质矿物的年龄和变质时间。此外，1 个样品用此法可以同时得到 4 个年龄值。根据 4 个年龄值相互对比，能够提高年龄结果的可靠性。另外可根据 4 个年龄值之间的非一致性特征来探讨岩体或矿物所经历的地质过程，因此本法在同位素地质年代学中占有重要的地位。

适于做 U-Pb 法年龄测定的副矿物主要是锆石，其次还有榍石、磷灰石、金红石、独居石等，此外还有沥青铀矿等含铀矿物。目前正在使用的 U-Pb 法主要有离子探针微区原位 U-Pb 测年法、LA-ICP-MS 激光剥蚀法、热离子质谱稀释法和 TIMS 蒸发法。

（二）放射性平衡

由式(3-45)可知，当时间足够长时，第一代子核的变化只取决于母核及其自身的衰变常数。λ 和 λ_1 的相对关系可有 3 种情况。

1. $\lambda < \lambda_1$

根据式(3-45)，并将式(3-30)代入得：

$$N_1 = \frac{\lambda}{\lambda_1 - \lambda} N[1 - e^{(\lambda - \lambda_1)t}] \tag{3-50}$$

当 t 足够大时，$e^{(\lambda - \lambda_1)t} \ll 1$，于是式(3-50)可简化为：

$$N_1 = \frac{\lambda}{\lambda_1 - \lambda} N \tag{3-51}$$

或

$$\frac{N_1}{N} = \frac{\lambda}{\lambda_1 - \lambda} \tag{3-52}$$

由式(3-52)可看出，当 t 足够大时，第一代子核与母核数目之比为一固定值，称为暂时放射性平衡。出现暂时放射性平衡后，子核也将按照母核的半衰期进行衰减。

2. $\lambda \ll \lambda_1$

此时$\lambda_1 - \lambda \approx \lambda_1$，当 t 足够大时，式(3-52)可简化为：

$$N_1=\frac{\lambda}{\lambda_1}N \tag{3-53}$$

或

$$\lambda N=\lambda_1 N_1 \tag{3-54}$$

此时子核的衰变速率等于母核的衰变速率，称为长期平衡。

对于其余各代子核，只要 $\lambda\ll\lambda_1$、$\lambda\ll\lambda_2\cdots\lambda\ll\lambda_n$，经过相当长时间后，整个系统将达到长期放射性平衡，即各放射性核素的衰变速率相等，如图 3-18 所示。

$$\lambda N=\lambda_1 N_1=\lambda_2 N_2=\cdots=\lambda_n N_n \tag{3-55}$$

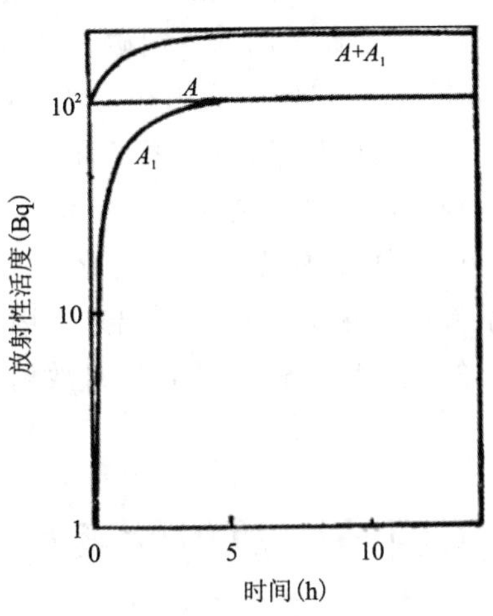

A_1 表示子体活度；A 表示母体的活度；$A+A_1$ 表示母子体总活度。

图 3-18　长期放射性平衡($\lambda\ll\lambda_1$)，$A=\lambda N$，$A_1=\lambda_1 N_1$

长期放射性平衡建立之后，放射性核素间的衰变速率之比为 1，任一放射性子核的原子核数目为：

$$N_n=\frac{\lambda}{\lambda_n}N \tag{3-56}$$

即在长期放射性平衡建立之后，任一子核的增长都等于其自身的衰变速率，它们均按母核的半衰期呈指数衰减。此时，处于连续衰变末端的放射性成因稳定子核的增长率等于该放射性系列母核的衰变速率，其计算式与式(3-55)相同。

3. $\lambda>\lambda_1$

由式(3-45)得：

$$N_1=\frac{\lambda}{\lambda-\lambda_1}N_0 e^{-\lambda_1 t}[1-e^{(\lambda_1-\lambda)t}] \tag{3-57}$$

当 t 足够大时，$e^{(\lambda_1-\lambda)t}\ll1$，式(3-57)可写成：

$$N_1=\frac{\lambda}{\lambda-\lambda_1}N_0 e^{-\lambda_1 t} \tag{3-58}$$

式(3-58)表明，t 足够大时，母核几乎全部衰变成子核，而第一代子核将按照自身的半衰期呈指数衰减。在这种情况下不可能出现子核与母核间的放射性平衡。

4. 放射性平衡应用实例

放射性平衡的应用范围是相当广泛的，如在品位校正、普查勘探、开采和水冶等方面的应用都是不可缺少的资料。物探人员对其研究和应用已取得了很好的效果，目前正在不断深化。

楼凤升等(1987)认为利用放射性平衡可以检查样品是否属于原生以及受后期地质作用影响的程度。样品的放射性平衡如遭破坏，那么就不属于原生。对取自氧化还原过渡带或构造发育地区的样品更要重视送检。例如原生的沥青铀矿、晶质铀矿基本上是平衡的。残余铀黑和再生铀黑分别为偏 Ra 和偏 U，这与它们的成因相一致。前者是原生铀矿在氧化带下部氧化溶蚀残留的薄壳，在不同程度上被破坏带走；后者是含溶液在胶结带还原条件下沉淀的，多呈粉末状，一般都没来得及达到平衡。这也是区分不同成因铀黑的标型特征。其他所有的次生铀矿物都明显偏 U。由此可见，样品中只要有极微量的次生铀矿物，或者原生铀矿受到氧化、溶解、淋滤等作用，平衡系数就会很灵敏地反映出来。因而，利用放射性平衡系数检查地质样品的原生性，结果是可靠的，也是经济的，并且通过放射性平衡破坏的成因分析，还可以为评价矿床提供依据。

第四节　放射性系列

1. 放射性系列概念

重放射性核素的递次衰变系列称为放射性系列。它包括 3 个天然放射性系列和一个人工放射性系列。

自然界存在 3 个天然放射性系列，其母核半衰期都很长，和地球年龄相近或大于地球年龄，因而经过漫长的地质年代后还能保存下来。它们的成员大多具有 α 放射性，少数具有 β^- 放射性，一般都伴随有 γ 辐射，但没有一个是具有 β^+ 放射性或轨道电子俘获的。

已知在 67 种天然放射性同位素中，有 21 种($Z<79$)属于单衰变，其余 46 种($Z>79$)组成了 3 个天然放射性系列：铀系、锕铀系和钍系。人工放射性元素发展以后，又发现镎系(表 3-2)。它们的基本特征是在同一放射性系列中，母核和子核间的原子量之差为 4 的倍数(表 3-3)。

表 3-2　放射性系的一般特征

放射性系	母体	相对丰度(%)	半衰期(a)	最终产物
铀系	$^{238}_{92}U$	99.275	4.4683×10^{9}	$^{206}_{82}Pb$
锕铀系	$^{235}_{92}U$	0.720	7.0381×10^{8}	$^{207}_{82}Pb$
钍系	$^{232}_{90}Th$	100.000	1.4010×10^{10}	$^{208}_{82}Pb$
镎系	$^{237}_{93}Np$		2.1400×10^{6}	$^{209}_{83}Bi$

表 3-3　放射性系的原子质量

放射性系	原子质量数	天然的	人工的①
铀系	$A=4n+2$	$n=51,52,\cdots,58,59$	$n=60,61\cdots$
锕铀系	$A=4n+3$	$n=52,\cdots,57,58$	$n=59,60,61,62$
钍系	$A=4n$	$n=51,\cdots,57,58$	$n=59,60$
镎系	$A=4n+1$	$n=52$	$n=52,\cdots,61,62$

注：①指原子质量大于天然同位素的人工同位素。

例如铀系，从^{238}U开始，经过14次连续衰变而到达稳定核素^{206}Pb，又称铀镭系。该系成员的质量数A都是4的整倍数加2，$A=4n+2$，所以铀系也叫$4n+2$系。母核^{238}U的半衰期为$4.468\times10^{9}a$，子核半衰期最长的是^{234}U，其值为$2.45\times10^{5}a$，因此铀系建立起长期平衡需要几百万年的时间。铀系衰变放出的有α射线或β射线，有些核素伴有γ射线，其中某些核素若造成内照射会严重危害人体组织。

锕系，由^{235}U开始，经过11次连续衰变，到达稳定核素^{207}Pb，由于^{235}U俗称锕铀，因而该系称为锕铀系。该系成员的质量数A都是4的整倍数加3，$A=4n+3$，所以锕系也叫$4n+3$系。母体^{235}U的半衰期为$7.038\times10^{8}a$，子核半衰期最长的是^{231}Pa，其值为$3.28\times10^{4}a$，因此锕系建立起长期平衡需要几十万年的时间。

钍系的母体是^{232}Th，半衰期为$1.41\times10^{10}a$，当^{232}Th的核进行第一次放射性衰变时，会发射一个α粒子，形成子核^{228}Ra，其半衰期为5.76a，它也是放射性的，通过放射性子体使这个衰变继续进行。^{232}Th经过6次α衰变和4次β衰变，最后到稳定核素^{208}Pb。该系成员的质量数A都是4的整倍数，$A=4n$，所以钍系也叫$4n$系。子核半衰期最长的是^{228}Ra，其值为5.76a，因此钍系建立起长期平衡需要几十年时间。

镎系，是用核反应方法合成的一个人工放射系，母体通常是^{238}Pu。把^{235}U放在反应堆中照射，连续俘获3个中子，变成^{238}U，再经过两次β^{-}衰变，便得到^{238}Pu。^{238}Pu的半衰期是14.4a，经过13次衰变到^{209}Bi。在这个放射系中^{237}Np的半衰期最长，为$2.14\times10^{6}a$，所以这个系称为镎系。该系成员的质量数A都是4的整倍数加1，$A=4n+1$，因此也叫$4n+1$系。

2. 应用实例

高原盐湖在形成的各个阶段都详尽记录和保存着其咸化阶段的环境变化信息，是研究极端干旱气候的重要载体。年代学是盐湖古气候研究最重要的一项内容，也是后续研究工作的基础。目前除了最常用的^{14}C定年、光释光(OSL)定年、电子磁悬共振(ESR)和古地磁定年等方法外，铀系法定年在盐湖沉积的年代学研究中也得到了广泛的应用。铀系法测年又称铀系不平衡法测年，主要是基于放射性核素^{238}U与其衰变子体^{234}U、^{230}Th之间的不平衡关系测定地质年龄。

依据^{238}U放射性同位素的衰变规律和铀系法测年原理开展年代学研究，盐湖沉积中的不纯碳酸盐和碳酸盐黏土可作为铀系定年材料，而且石盐和石膏等盐类矿物亦可作为铀系定年材料。

青藏高原盐湖早期研究中，研究者主要采用钻孔中的盐类矿物进行铀系定年。例如，沈振枢等（1990）通过对ZK401、ZK402等钻孔中的盐类铀系定年，并结合古地磁、孢粉等来研究青海柴达木盆地西部地区的地质环境和成盐期；张彭熹等（1993）根据CK1-81、CK88-01和CK89-04这3个钻孔中石盐矿物的铀系年代，提出察尔汗盐湖开始成盐的年代为50ka；韩凤清等（1995）对柴达木盆地昆特依盐湖沉积物进行了铀系年代学及古地磁特征研究，指出该区最老的盐层形成于早更新世晚期（约730ka），大量的盐类沉积则始于300ka左右。

随着α谱法和TIMS技术的日趋成熟和完善，盐湖中碳酸盐的铀系法测年应用得最为广泛。郑绵平等（2007）和马志邦等（2010）应用全溶样的等时线模式分别对西藏扎布耶湖和纳木错湖中碳酸盐黏土样品进行了$^{230}Th/^{238}U$的铀系年代学研究，建立了中晚更新世以来的同位素年代标尺。

第五节　放射性单位

一、放射性活度单位

放射性活度（或放射性强度）指处于某一特定能态的放射性核在单位时间内的衰变数，记作A，$A=dN/dt=\lambda N$，表示放射性核的放射性强度。根据指数衰变规律可得，放射性活度等于衰变常数乘以衰变核的数目，放射性活度亦遵从指数衰变规律。

1. 贝可勒尔

贝可勒尔（Becquerel）是国际单位制（SI）单位，简称贝可（Bq）。每秒钟衰变一次的放射性活度为1Bq。

2. 居里

居里（Curie，代号Ci）是放射性活度的专用单位。每秒钟产生3.7×10^{10}次衰变的放射性活度为1居里。实用中采用它的派生单位微居里（μCi）或皮居里（PCi）。

$$1\text{居里}=10^{6}\text{微居里}=10^{12}\text{皮居里}$$

$$1\text{居里}=3.7\times10^{10}\text{衰变次数/秒(dps)}$$

$$=6.16\times10^{8}\text{衰变次数/分(dpm)}$$

$$1\text{居里}=3.7\times10^{10}\text{贝可}$$

最初，居里单位的定义是指与1g镭相平衡时氡气的数量。1g镭的衰变速率等于3.7×10^{10}衰变次数/秒。

例如，1nmol的^{40}K（半衰期为$1.25\sim10^{9}a$）的放射性活度约为10.5Bq。由于只有10.7%的衰变放射γ射线，1nmol的^{40}K的γ放射性活度为1.13Bq。为避免混淆，将后者记为1.13γBq。

二、放射性浓度单位

（1）表示液体和气体样品的放射性浓度单位是千贝可每立方米（kBq/m^3）。

过去曾用埃曼表示(1 埃曼＝3.7Bq/m^3)。

(2)表示固体样品的放射性浓度单位是贝可每克(Bq/g)，称为放射性比度(或比放射性强度)。

常用的非 SI 单位是衰变次数每克(放射性物质)分(dpm/g)，1dpm/g＝60Bq/g。

第二篇

环境同位素在水循环中的分布和示踪原理

第四章　氢氧稳定同位素

第一节　概　述

氢和氧的同位素通称为水同位素。不同于溶于水中的其他同位素，它们本身就是水分子的构成部分，因而在水文循环和各类水文过程中具重要意义。而它们在天然水中的变化，实际上构成了同位素水文学的基础，对其行为规律的研究和应用，也可称为水同位素水文学。

一、氢氧的主要地球化学性质

氢元素的原子序数为1，原子量为1.007 9。氧元素的原子序数为8，原子量为15.999 4。氢和氧是自然界的两种主要元素，它们以单质和化合物的形式遍布全球。水是一种极为重要的氢氧化合物，整个地球水圈水的总量达(1.8～2.7)×10^{24}g。组成水的氢氧元素不仅是参与自然界各种化学反应和地质作用的重要物质成分，而且也是自然界各种物质的运动、循环和能量传递的主要媒介物。在地壳中，氧的丰度为46.6%，氢的丰度(0.14%)虽然很小，但以OH^-的形式常常出现在各种硅酸盐矿物岩石中。氢在大气圈中含量仅为0.5×10^{-6}，而氧却占整个大气的21%。氢和氧也是生物圈最基本的物质组成以及各种生物赖以生存的基础。氢、氧元素的某些地球化学参数如表4-1所示。鉴于氢、氧元素在自然界各种物质中的广泛分布，以及它们在各种地球化学过程中所处的地位和作用，研究各种物质的氢氧同位素组成及其变化规律，探讨各种地球化学作用过程的同位素分馏机理，具有十分重要的意义。

表4-1　氢和氧的某些地球化学基本参数(据丁悌平，1980)

性质	氢(H)	氧(O)
原子序数	1	8
原子量	1.007 9	15.999 4
原子半径(Å)	0.46	0.60
离子半径(Å)	1.54(H^+)	1.32(O^{2-})
最常见离子	H^+	O^{2-}
负电性	2.1	3.5
地壳中平均含量(质量)(%)	1	49.13

续表 4-1

性质	氢(H)	氧(O)
岩石圈中平均含量(质量)(%)	—	~50
水圈中平均含量(质量)(%)	~10.8	~85.7
大气圈中平均含量(质量)(%)	0.000 05(H_2)	20.95
生物圈中平均含量(质量)(%)	10.5	70.0

注:1Å=0.1nm。

氢元素有两种稳定同位素:^1H 和 ^2H(D),它们的天然平均丰度分别为 99.984 4%和 0.015 6%。彼此间相对质量相差最大(达 100%),因此同位素分馏特别明显。地球物质的氢同位素分馏范围达 700%,这一特点对于更深入地了解和认识氢同位素的地球化学行为甚为有利。

氧元素有 3 种稳定同位素,即 ^{16}O、^{17}O、^{18}O,它们的平均丰度分别为 99.762%、0.038%、0.200%。^{16}O 和 ^{18}O 的丰度较高,彼此间的质量差也较大,所以在地学研究中大多使用 $^{18}O/^{16}O$ 比值。^{17}O 的丰度低,只有在特殊的研究中才应用。氧同位素在自然界的分馏效应较明显,分馏范围达 100%,分馏机理也较单一。氧的化合物分布很广,并具有较高的热稳定性。它还可以分别与氢、碳、硫等形成氧化物,这就有利于把氧同位素和其他与之结合的元素的同位素综合使用。

同位素地球化学在地质学领域的应用涉及以下 3 个方面。

(1)地球化学示踪:利用同位素组成的差别来反演地质作用过程,指示成矿地质体来源,比如,氢氧同位素对成矿流体来源的区分。

(2)地质过程物理化学条件和环境指示:地质过程中围岩的氧化还原环境等物理化学条件的改变会引起物质的同位素组成发生变化,因此我们可以利用这一特性,用来测定地球化学过程中的某些强度因子,比如在地学领域的重要运用便是测温,即所谓的地质温度计。

(3)进行地质年代的测定:这一方面便是运用元素的放射性衰变原理,利用放射性同位素的半衰期,由母体衰减和子体积累情况计算时间,可以测定地质体系的形成时代。目前运用的测年方法有 $^{40}Ar/^{39}Ar$ 法、(铀、钍)-铅法、铷-锶法等。

二、物质中氢氧同位素组成表示方法和标准

在氢氧稳定同位素地球化学的研究中,常常采用 D/H 和 $^{18}O/^{16}O$ 或 δD 和 $\delta^{18}O$ 来表示某种物质中氢和氧的同位素组成。即:

$$\delta D(‰)=\frac{(D/H)_m-(D/H)_s}{(D/H)_s}\times 1000 \tag{4-1}$$

$$\delta^{18}O(‰)=\frac{(^{18}O/^{16}O)_m-(^{18}O/^{16}O)_s}{(^{18}O/^{16}O)_s}\times 1000 \tag{4-2}$$

氢氧同位素国际标准样品是"标准平均海水",代号为 SMOW(standard mean ocean water),它是 Craig(1961)根据世界三大洋中深度在 500~2000m 范围内的海水按等体积混合的平均同位素组成定义的,即 $\delta D_{SMOW}=0‰$,$\delta^{18}O_{SMOW}=0‰$,它们的同位素比值为:

$$(P/H)_{SMOW}=(158\pm 2)\times 10^{-6} \tag{4-3}$$

$$\left(\frac{^{18}O}{^{16}O}\right)_{SMOW}=(1\,993.4\pm2.5)\times10^{-6} \tag{4-4}$$

实际上，并不存在供实验室使用的SMOW标准，而是使用美国国家标准局配制的1号蒸馏水(NBS-1)，它与SMOW标准之间的关系为：

$$\left(\frac{D}{H}\right)_{SMOW}=1.050\left(\frac{D}{H}\right)_{NBS\text{-}1} \tag{4-5}$$

$$(\delta D)_{NBS\text{-}1(SMOW)}=-47.10‰ \tag{4-6}$$

$$\left(\frac{^{18}O}{^{16}O}\right)_{SMOW}=1.008\left(\frac{^{18}O}{^{16}O}\right)_{NBS\text{-}1} \tag{4-7}$$

$$\delta^{18}O_{NBS\text{-}1(SMOW)}=-7.89‰ \tag{4-8}$$

式中：$\delta D_{NBS\text{-}1(SMOW)}$和$\delta^{18}O_{NBS\text{-}1(SMOW)}$为NBS-1标准样品相对于“标准平均海水”的$\delta$值。除上述标准外，还有一些标准见表4-2。

表4-2　氢氧同位素标准

标准	δD(‰)	$\delta^{18}O$(‰)	备注
SMOW	0	0	维也纳-标准平均海水
V-SMOW(SMOW)	0	0	
SLAP(SMOW)	−428.0	−55.5	
NBS-1(SMOW)	−47.10	−7.89	由Potome河水的蒸馏水制成
NBS-1A(SMOW)	−183.2	−24.29	由美国黄石公园的雪融化制成
NBS-28(SMOW)		9.09～10.0	非洲玻璃砂，测定的$\delta^{18}O$值尚不一致

测定碳酸盐(包括水中的)的氧同位素组成，通常也采用PDB(pee dee belemnite)国际标准，它是由美国卡罗来纳州白垩系皮狄组中的美洲拟箭石制成的二氧化碳，是专门用于测定碳酸盐中碳和氧同位素组成的。PDB标准与SMOW标准之间的关系为：

$$\delta^{18}O_{SMOW}=1.030\,86\delta^{18}O_{PDB}+30.86 \tag{4-9}$$

式中：$\delta^{18}O_{SMOW}$和$\delta^{18}O_{PDB}$分别表示碳酸盐样品以SMOW和PDB为标准的δ值。

如果测定的是碳酸盐或硅酸盐样品的氧同位素组成，则其$\delta^{18}O$值可应用Clayton计算式进行换算：

$$\delta^{18}O_{x(SMOW)}=1.040\,92\delta^{18}O_{x(PDB)}+40.92 \tag{4-10}$$

式中：$\delta^{18}O_{x(SMOW)}$为某硫酸盐或硅酸盐样品以SMOW为标准的δ值；$\delta^{18}O_{x(PDB)}$为某硫酸盐或硅酸盐样品以SMOW为标准的δ值。

第二节　氢氧同位素分馏

在同位素水文地球化学研究中，氢氧同位素的分馏主要是蒸发、凝结过程的同位素分馏，以及水与岩石圈、大气圈及生物圈的不同物质之间的同位素交换。

一、蒸发凝结过程中的氢氧同位素分馏

水的蒸发、凝结是自然界氢氧同位素分馏的一种主要方式，也是造成地球表面各种水体的同位素组成差别且有一定规律性分布的重要原因。

（一）蒸发过程

天然水是 $H_2{}^{16}O$、$HD^{16}O$、$D_2{}^{16}O$、$H_2{}^{17}O$、$HD^{17}O$、$D_2{}^{17}O$、$H_2{}^{18}O$、$HD^{18}O$、$D_2{}^{17}O$ 等不同类型的同位素水分子的聚合体。分子量为 18 的 $H_2{}^{16}O$ 分子在天然水的含量中占绝对优势，而其他相对较重的同位素水分子则以不等的痕量形式存在。在水的蒸发过程中，水分子从外部获得能量后，优先破坏相对轻的同位素水分子间的氢键，使部分含轻同位素的水分子首先脱离液相而形成蒸汽相进入空间。由于质量轻的水分子蒸发速度相对快些，因而残留的液相就相对富集重同位素水分子。这样，经历了蒸发过程的残留水和新生成的蒸气的氢氧同位素组成皆与原始水的同位素组成不同。由此可见，蒸发过程中的同位素分馏的实质只是改变了同一体系内不同物相间同位素水分子的相对浓度分布，并没有涉及各类同位素水分子内部氢氧原子之间键的断裂和氢氧同位素原子的重新组合。

蒸发过程中各相的氢氧同位素组成的变化，主要与蒸发温度、空气的湿度以及系统处于平衡或非平衡等蒸发条件有关。它们的变化规律原则上遵循瑞利分馏，因此瑞利公式成了定量讨论蒸发过程中水的氢氧同位素分馏的基础。

1. 平衡蒸发

当水的蒸发过程进行得很慢时，在水汽界面处实际上已处于同位素平衡状态。如果水的蒸发是在开放条件下，即液相得到足够的补充（如海洋表面蒸发），则可以认为其同位素组成保持不变，这时蒸汽相和液相的分馏系数 α 就等于轻、重同位素水分子的蒸汽压之比（$\alpha=P/P'$）。如果在恒温条件下蒸发，α 就是一个定值。据 Craig 和 Gordon 的研究（1965），温度为 25℃时，水的平衡分馏系数为：

$$\alpha^{18}O=1.0092 \qquad \alpha D=1.074 \tag{4-11}$$

这就是说，大洋水在平衡蒸发时，洋面上水蒸气的 δD 和 $\delta^{18}O$ 值比大洋水的分别低 74‰和 9.2‰。但实测太平洋上空蒸汽平均值为 $\delta D=-94‰$，$\delta^{18}O=-13‰$，比平衡蒸发的理论计算值小得多，这是由于存在动力分馏的结果。

2. 封闭系统的平衡蒸发过程

$$R_W=N'/N, R_V=P'N'/PN \tag{4-12}$$

在上式中，R_W、R_V 分别为水和水蒸气同位素的比值；N'、N 分别为常见（H 或 ^{16}O）和稀有（D 或 ^{18}O）同位素的丰度；P、P' 分别为常见和稀有同位素水分子的蒸汽压。

$$\alpha_{W\text{-}V}=R_W/R_V=P/P' \tag{4-13}$$

所以 $\alpha_{W\text{-}V}$ 在数值上等于常见组分的蒸汽压与稀有组分的蒸汽压之比。封闭系统的平衡蒸发过程如图 4-1 所示。

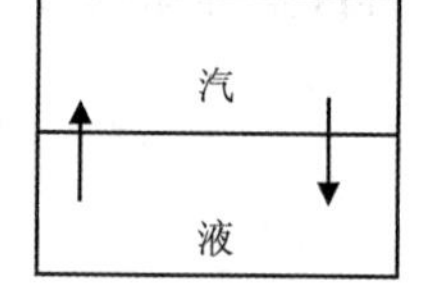

图 4-1　封闭系统的平衡蒸发过程图

3. 瑞利(Rayleigh)条件下的平衡蒸发

英国科学家瑞利(Rayleigh)讨论两种液体混合物的蒸馏过程时提出来的一种模型,条件是蒸汽从液相中蒸发出来后,立即从系统中分离出去,然后讨论残留液中两种液体比值的演化过程。将两种不同的同位素水分子(H_2O、$HD^{18}O$)看成两种不同的液体,那么就可以应用瑞利模型研究水蒸发和凝结过程中同位素分馏的情况。但要注意的是:①体系中两相物质在瑞利过程中处于一种瞬时的平衡状态;②在瑞利过程中发生的同位素分馏——瑞利分馏还和蒸发度 f 有关。

瑞利公式推导过程:

$$R_{水}=N_i/N \tag{4-14}$$

式中:N_i为稀有同位素;N 为常见同位素。

水蒸发时,同位素分馏系数:$\alpha=(\mathrm{d}N_i/\mathrm{d}N)/(N_i/N)$;剩余水 R 的瞬时变化:$\mathrm{d}R=R-R'=N_i/N-(N_i-\mathrm{d}N_i)/(N-\mathrm{d}N)$。把上式统一整理(以 $N-\mathrm{d}N$ 为分母)

$$\mathrm{d}R=(\mathrm{d}N_i-N_i/N^*\mathrm{d}N)/(N-\mathrm{d}N) \tag{4-15}$$

$$\mathrm{d}R/\mathrm{d}N=1/N(\mathrm{d}N_i/\mathrm{d}N-N_i/N)=R/N(\alpha-1) \tag{4-16}$$

或写成

$$\mathrm{dln}R/\mathrm{dln}N=\alpha-1 \tag{4-17}$$

把上式积分可得

$$R=R_0(N/N_0)^{\alpha-1} \tag{4-18}$$

可以得到瑞利公式:

$$R=R_0 f^{\alpha-1} \tag{4-19}$$

其中 $f=N/N_0$是任一时刻剩余水的份额,N_0是原始水分子总数。

用 δ 值表示瑞利公式,对于 H_2O 来说:

$$\mathrm{RD}/(\mathrm{RD})_0=(\delta\mathrm{D}+1000)/[(\delta\mathrm{D})_0+1000]=f^{\alpha\mathrm{D}-1} \tag{4-20}$$

$$\mathrm{R^{18}O}/(\mathrm{R^{18}O})_0=(\delta^{18}\mathrm{O}+1000)/[(\delta^{18}O)_0+1000]=f^{\alpha^{18}\mathrm{O}-1} \tag{4-21}$$

4. 不平衡蒸发

如果水的蒸发速度进行得很快,水汽之间的同位素分馏就会出现不平衡状态,这时整个体系的同位素分馏主要受动力同位素效应的支配。据式(2-69)、式(2-70)得蒸汽的氢氧同位素组成为:

$$\delta_{\mathrm{E}}=\frac{\alpha^*\cdot\delta_{\mathrm{L}}+h\cdot\delta a-\varepsilon^*-\Delta\varepsilon}{\Delta\varepsilon+1-h} \tag{4-22}$$

式中:δa 为空气水分的同位素组成,其他符号同前。

空气湿度对一个地区水蒸发过程中的同位素平衡有很大的影响。例如,当空气中的相对湿度接近 100%时,液相和蒸汽相之间由于交换作用可能建立同位素平衡。但是,当空气相对湿度较低时,一般呈非平衡蒸发状态。

(二)凝结过程

在水蒸气凝结成雨滴的过程中,液相与水蒸气之间往往达到了同位素平衡,而且服从瑞利蒸馏规律。

1. 封闭系统

蒸汽和凝结水都不从系统中分离出去，而是处于平衡状态，这是云中蒸汽凝结的一种极端情况。最初凝结雨滴的同位素组成应该与水蒸气平衡的液相一致。在恒温状态下，两相之间的分馏系数维持不变。其同位素组成为：

$$\delta_V=\left[\frac{1}{\alpha_0}\frac{1}{(1-\alpha_0)f_V+\alpha_0}-1\right]\times10^3 \tag{4-23}$$

$$\delta_L=\left[\frac{(1-\alpha_0)(1-f_V)}{(1-\alpha_0)f_V+\alpha_0}\right]\times10^3 \tag{4-24}$$

式中：α_0为恒温下的分馏系数；V 为蒸汽相；L 为液相；f_V 为产物(蒸汽相)与初始反应物(液相)之比(分馏分数)。如果冷凝过程中温度下降，两相之间的同位素分馏将随之增大。其同位素组成为：

$$\delta_V=\left[\frac{1}{\alpha_0\alpha}\frac{1}{\left(\frac{1}{\alpha}-1\right)f_V+1}-1\right]\times10^3 \tag{4-25}$$

$$\delta_L=\left[\frac{1}{\alpha_0}\frac{1}{\left(\frac{1}{\alpha}-1\right)f_V+1}-1\right]\times10^3 \tag{4-26}$$

式中：α_0和 α 分别为凝结过程初始温度下的分馏系数和某一温度时的分馏系数。

2. 开放系统

例如，云中水汽凝结成雨的过程，雨滴一经形成立即从蒸汽相中移出，使得剩余的蒸汽量不断减少，蒸汽相和凝聚相中的同位素组成随着时间的推移逐渐发生贫化，两相之间的同位素分馏也随之增大。

3. 不同物相之间的同位素分馏方程

水与水蒸气之间的氢同位素分馏方程(Merlivat，1969；Majoube，1971)为：

$$10^3\ln\alpha=24.844\times10^6/T^2-76.248\times10^3/T+52.612 \tag{4-27}$$

冰与水蒸气之间的氢同位素分馏方程为：

$$10^3\ln\alpha=16.289\times10^6/T^2-94.5 \tag{4-28}$$

水与水蒸气之间的氧同位素分馏方程(Bottinga 和 Craig，1969)为：

$$10^3\ln\alpha=2.644-3.206\times10^3/T+1.534\times10^3/T^2 \tag{4-29}$$

4. 瑞利条件下的凝结过程

当云中蒸汽凝结形成雨滴时，雨滴中按照分馏系数的比例富集 D 和^{18}O 。因此，最初形成的雨滴具有和海水近似的同位素组成。

在凝结过程中，剩余蒸汽相中 δD 与 δ^{18}O 值不断减小，从中凝结出的雨滴的 δD 与 δ^{18}O 值也不断减小，这一过程服从瑞利公式：

$$\delta D = [(\delta D)_0 + 1000] f^{\alpha_D - 1} - 1000$$

$$\delta^{18}O = [(\delta^{18}O)_0 + 1000] f^{\alpha^{18}O - 1} - 1000$$

如图 4-2 所示，在任一时刻，雨滴的 δ 值（δ_1）与蒸汽的 δ 值（δ_V）的关系为：

$$\delta_1 = \alpha(\delta_V + 1000) - 1000 \qquad (4\text{-}30)$$

由图 4-2 可知，淡水（降水）的 δ 值普遍比海水的 δ 值要小；凝结雨滴的 δD 与 $\delta^{18}O$ 值成比例地减少是瑞利条件下凝结分馏的特点。

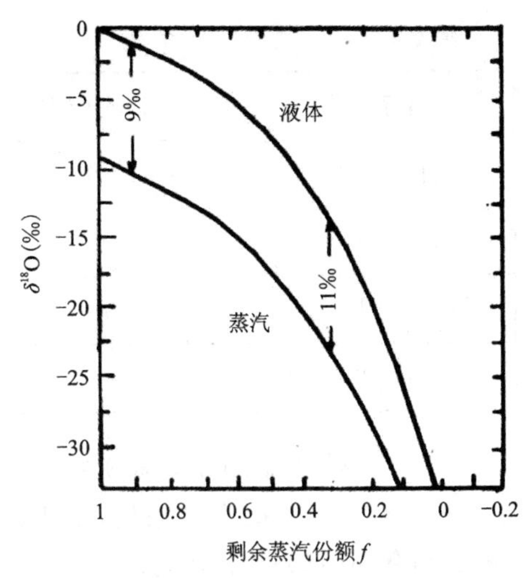

图 4-2　根据瑞利蒸馏作用模式（α=1.009 2），蒸冷气凝的水（25℃）时氧同位素的分馏

二、同位素交换反应

这里所指的水与岩石之间的氢氧同位素交换反应属于平衡分馏，其交换反应速度受各种环境因素（特别是温度）的控制。经研究，低温（<60℃）地下水与围岩接触时，它们之间氢氧同位素的交换反应速度十分缓慢，一般很难达到交换平衡。但温度高（>80℃）时水吸收的能量可破坏水分子内部氢氧原子间的键，同位素交换反应速度大大加快，交换平衡能较快建立。

由于岩石及矿物的 $\delta^{18}O$ 值一般要比水的 $\delta^{18}O$ 值大得多，在温度增高时，α 接近 1，因此地下热水与围岩接触发生氧同位素交换总是使水的 $\delta^{18}O$ 值增高。它们的交换程度取决于温度、水及岩石的初始 $\delta^{18}O$ 值、矿物-水的分馏系数 $\alpha_{矿物-水}$、水与岩石的接触面积及接触时间、岩石矿物的化学成分及晶体结构等因素。根据 O'Neil 等（1969）资料，矿物的 $\delta^{18}O$ 值递减顺序排列如表 4-3 所示。表中海绿石以下的矿物与水的氧同位素交换反应速度十分缓慢，一般不具有实际意义。某些矿物-水体系的氧同位素交换分馏方程列于表 4-4 中。

表 4-3　造岩矿物富集 ^{18}O 的次序

$\delta^{18}O$	石英、白云母、硬石膏	$\delta^{18}O$	石榴子石、普通辉石、角闪石
值	碱性长石、方解石、文石、白榴石	值	黑云母
减	白云母、霞石、蓝晶石	减	橄榄石、榍石
少	钙长石	少	绿泥石
↓	海绿石、十字石	↓	钛铁矿、金红石
	硬柱石		磷铁矿、赤铁矿
			烧绿石

表 4-4　某些矿物-水体系的氧同位素交换分馏方程

体系	分馏方程	温度范围（℃）	资料来源
石英-水	$10^3\ln\alpha = 3.38(10^6 T^{-2}) - 2.90$	200～500	Clayton 等（1972）
石英-水	$10^3\ln\alpha = 2.51(10^6 T^{-2}) - 1.46$	500～750	Clayton 等（1972）

续表 4-4

体系	分馏方程	温度范围(℃)	资料来源
钠长石-水	$10^3\ln\alpha=2.39(10^6T^{-2})-2.50$	400～500	Matsuhisa(1979)
钙长石-水	$10^3\ln\alpha=1.49(10^6T^{-2})-2.81$	400～500	Matsuhisa(1979)
$CaCO_3$-水	$10^3\ln\alpha=2.78(10^6T^{-2})-3.39$	0～500	O'Neil 等(1969)
$BaSO_4$-水	$10^3\ln\alpha=7.01(10^6T^{-2})-6.79$	100～300	Kusakabe(1975)

与$\delta^{18}O$不同，岩石中含氢矿物很少，且δD值较低，因此同位素交换反应对水的δD值几乎不产生影响。就此意义来说，地下水的δD值比$\delta^{18}O$值更能反映出水的原始来源。据Suguoki等(1976)资料，矿物的δD值按递减顺序排列如下：

白云母＞金云母＞硬柱石＞绿泥石＞角闪石＞十字石＞黑云母

地下热水的同位素研究表明，热水$\delta^{18}O$值的增高主要取决于围岩中碳酸盐矿物的含量，其次是硅酸盐矿物。但后者要求有更高的温度条件，对高温热水具有重要意义。由于同位素交换反应对水的δD值影响不大，故交换反应的结果是使热水的同位素组成在δD-$\delta^{18}O$图上向右沿水平或近似水平方向平移(图 4-3)。这种$\delta^{18}O$值的平移现象称作"^{18}O漂移"。在北美一些深层热卤水中，测得的最大^{18}O漂移幅度为 9‰；在索尔顿海地热卤水(温度达 340℃)中^{18}O漂移幅度达 15‰。

CO_2是地下水中常见的一种气体，CO_2(气)-H_2O(水)体系的氧同位素交换分馏系数可由下式求得：

$$\alpha_{A-B}=\beta_A/\beta_B \text{(Richet 等,1979)} \tag{4-31}$$

$$\beta=\left(\frac{^{18}O}{^{16}O}\right)_{(气)}\Big/\left(\frac{^{18}O}{^{16}O}\right)_{H_2O(气)} \tag{4-32}$$

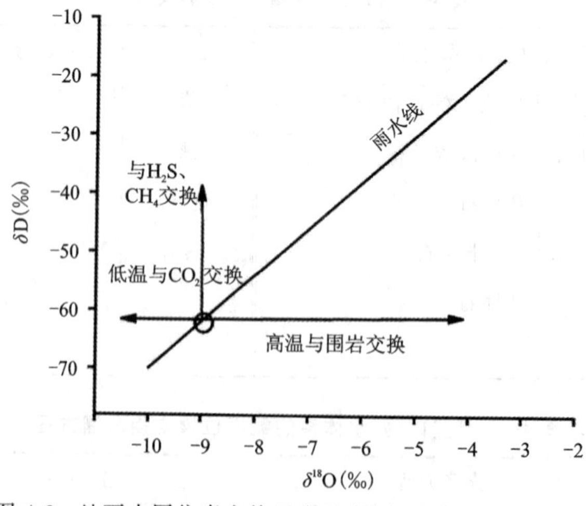

图 4-3 地下水同位素交换反应示意图(据 Frity et al.,1982)

β值可由表 4-5 查得。例如，计算 20℃时 CO_2(气)-H_2O(水)体系的氧同位素交换分馏系数，由表 4-5 查得 $\beta_{CO_2(气)}=1.120\,3$；$\beta_{H_2O(气)}=1.064\,8$，据式(4-31)得：

$$\alpha_{CO_2(气)\text{-}H_2O(气)}=\frac{1.120\,3}{1.064\,8}=1.052\,1 \tag{4-33}$$

表 4-5　氧同位素交换的 β 值(据 Richer et al.，1977)

温度(℃)	化合物						
	CO_2	CO	NO	SO_2	NO_2	O_2	H_2O
0	1.133 3	1.119 1	1.111 8	1.105 3	1.102 7	1.087 4	1.070 5
10	1.126 5	1.113 7	1.106 6	1.099 3	1.097 3	1.083 1	1.067 5
20	1.120 3	1.108 7	1.101 7	1.094 5	1.092 3	1.099 1	1.064 8
30	1.114 5	1.104 0	1.097 2	1.089 6	1.087 8	1.075 4	1.062 2
40	1.109 1	1.099 7	1.093 0	1.085 2	1.083 5	1.071 9	1.059 8
50	1.104 1	1.095 6	1.089 1	1.081 0	1.079 6	1.068 7	1.057 6
75	1.093 1	1.086 5	1.080 3	1.071 9	1.070 9	1.061 4	1.052 6
100	1.083 7	1.078 8	1.072 8	1.064 2	1.063 5	1.053 3	1.048 3
125	1.075 7	1.072 0	1.066 3	1.057 7	1.057 2	1.050 0	1.044 5
150	1.068 8	1.066 1	1.060 7	1.052 1	1.051 8	4.045 3	1.041 2
175	1.062 8	1.060 9	1.055 7	1.047 2	1.047 1	1.041 3	1.038 3
200	1.057 5	1.056 3	1.051 3	1.043 0	1.043 0	1.037 8	1.035 7
250	1.048 8	1.048 5	1.043 9	1.036 1	1.036 2	1.031 8	1.031 3
300	1.041 9	1.042 2	1.038 0	1.030 7	1.030 9	1.027 1	1.027 3
350	1.036 3	1.037 0	1.033 1	1.026 4	1.026 6	1.023 4	1.024 7
400	1.031 8	1.032 7	1.029 1	1.023 0	1.023 2	1.020 3	1.022 2
450	1.028 0	1.029 1	1.025 8	1.020 2	1.020 8	1.107 7	1.020 1
500	1.024 9	1.026 0	1.023 0	1.017 8	1.018 0	1.015 6	1.018 2
600	1.020 0	1.021 1	1.018 5	1.014 3	1.014 3	1.012 3	1.015 2
700	1.016 3	1.017 4	1.015 2	1.011 7	1.011 6	1.009 8	1.012 9
800	1.013 6	1.014 6	1.012 7	1.001 7	1.009 6	1.008 0	1.011 0
900	1.011 5	1.012 4	1.010 7	1.008 8	1.008 1	1.006 6	1.009 5
1100	1.008 5	1.009 2	1.007 9	1.006 2	1.005 9	1.004 7	1.007 3
1300	1.006 5	1.007 1	1.006 1	1.004 9	1.004 5	1.003 4	1.005 8

已知20℃时，$\alpha_{H_2O(水)-H_2O(气)}=1.0094$，于是得：

$$\alpha_{CO_2(气)-H_2O(水)}=\frac{1.0521}{1.0094}=1.042 \tag{4-34}$$

$$10^3 \lg\alpha_{CO_2(气)-H_2O(水)}=\varepsilon_{CO_2(气)-H_2O(水)}=40.18 \tag{4-35}$$

即在低温条件下，水的$\delta^{18}O$值较与之平衡的CO_2的$\delta^{18}O$值低41‰。在地壳中有一系列地球化学作用可释放出CO_2，当这些CO_2进入到地下水中，同水发生氧同位素交换时，其结果可使水的$\delta^{18}O$值降低，在δD-$\delta^{18}O$图上向左平移（图4-3）。

H_2S和CH_4是还原环境地下水中常见的气体成分，它们之间的同位素交换分馏系数可根据式（4-31）和表4-6中的β值$\left[\beta=\left(\frac{D}{H}\right)_{气体}\Big/\left(\frac{D}{H}\right)_{H_2O(气)}\right]$计算得出。在低温条件下$H_2S$-$H_2O_{(水)}$和$CH_4$-$H_2O_{(水)}$体系的同位素交换可使水的$\delta D$值增高，在$\delta D$-$\delta^{18}O$图上沿纵轴向上移动（图4-3）。某些油田水的$\delta D$值增高可能与此有关。

但应指出，在通常条件下地下水同CO_2和H_2S、CH_4发生的同位素交换反应都很微弱，一般对水的δD值影响不大。氢同位素交换的β值如表4-6所示。

表4-6　氢同位素交换的β值（据 Richer et al.，1977）

温度（℃）	化合物				
	H_2O	$CH_4$①	$CH_4$②	H_2S	H_2
0	15.130 7	14.057 8	12.820 1	6.707 6	3.816 1
10	13.530 8	12.524 1	11.458 5	6.171 3	3.619 7
20	12.193 0	11.247 3	10.321 4	6.710 7	3.446 0
30	11.063 5	10.173 7	9.362 6	5.312 0	3.291 5
40	10.101 4	9.262 9	8.547 0	4.964 4	3.153 3
50	9.275 3	8.483 8	7.847 5	4.659 4	3.029 0
75	7.657 2	6.966 6	6.480 1	4.041 6	2.767 4
100	6.487 3	5.878 3	5.494 3	3.574 9	2.559 4
125	5.612 9	5.070 8	4.759 7	3.212 8	2.390 5
150	4.941 4	4.454 6	4.197 0	2.925 4	2.250 8
175	4.413 5	3.973 3	3.755 9	2.693 0	2.133 6
200	3.990 3	3.589 5	3.403 3	2.502 1	2.034 0
250	3.359 8	3.022 1	2.880 0	2.208 8	1.874 1
300	2.917 7	3.628 2	2.515 2	1.996 1	1.751 6
350	2.594 2	2.342 4	2.249 7	1.836 3	1.655 0
400	2.349 2	2.127 8	2.049 7	1.712 8	1.577 0
450	2.158 5	1.962 2	1.895 0	1.615 2	1.512 8

续表 4-6

温度(℃)	化合物				
	H_2O	$CH_4$①	$CH_4$②	H_2S	H_2
500	2.006 9	1.831 3	1.772 5	1.536 6	1.459 1
600	1.782 6	1.639 8	1.592 8	1.418 9	1.374 8
700	1.626 9	1.508 3	1.469 0	1.336 2	1.311 7
800	1.513 8	1.413 3	1.379 8	1.275 7	1.263 2
900	1.428 9	1.343 6	1.313 3	1.230 1	1.224 9
1100	1.312 0	1.247 7	1.222 1	1.167 0	1.168 9
1300	1.237 0	1.186 9	1.163 8	1.126 5	1.130 8

注:①计算时用谐性近似;②计算时用非谐性校正系数。

第三节 天然水的氢氧同位素组成及分布特征

地下水是地球水圈的一部分,它与各种天然水体之间有着密切关系。本节主要讨论地下水及与其有成因关系的海水、大气降水、陆地地表水的氢氧同位素组成及分布特征。

一、海水

海水占全球水圈总量的97%,它直接参与各种地质作用,并控制着全球大气降水同位素组成的分布和演化。

1. 海水氢氧同位素的分布特征

海水的氢氧同位素组成较稳定,同位素随深度和纬度的变化 δD 值约为 4‰,$\delta^{18}O$ 值为 0.3‰。Graig (1961)测得的标准平均海水(SMOW)的 D/H 为 $(158\pm2)\times10^{-6}$,$^{18}O/^{16}O$ 为 $(1993\pm2.5)\times10^{-6}$。Hagemann 等(1970)重测 SMOW 的 D/H 为 $(155.76\pm0.05)\times10^{-6}$,Baertichi(1978)测得 $^{18}O/^{16}O$ 为 $(2\,005.2+0.45)\times10^{-6}$。

深层海水的同位素组成非常接近 SMOW 值,不同海洋区的 δ 值变化很小(表 4-7、表 4-8)。表层海水的同位素组成相对变化较大,通常两极地区的 δ 值较低,赤道地区的 δ 值较高(表 4-9)。

表 4-7 深层海水氢同位素组成的区域分布

海洋	δD(‰)	观察站数	样品数(个)
北冰洋	2.2±1.0	6	22
挪威海	2.2±0.7	6	22
北大西洋	1.2±0.8	15	44

续表 4-7

海洋	δD(‰)	观察站数	样品数(个)
南大西洋	−1.3±0.6	7	11
太平洋	−1.4±0.4	5	8
南极海中部	−0.9±0.8	10	19
南极圈	−1.7±0.8	6	16

表 4-8　深层海水氧同位素组成的区域分布

海洋	$\delta^{18}O$(‰)	盐度(‰)
北大西洋	0.12	34.93
南极洋底层水	−0.45	34.65
印度洋	−0.18	34.71
太平洋	—	—
南极盆地	−0.21	34.700
南区	−0.17	34.707
赤道盆地	−0.17	34.692
北区	−0.17	34.700
两极极圈	−0.3～0.2	34.69

表 4-9　北大西洋表层海水的 $\delta^{18}O$ 的区域分布

采样地点	$\delta^{18}O$(‰)	盐度(‰)
北纬 43°04′,西经 19°40′	0.68	35.60
百慕大附近	1.11	36.30
百慕大	1.00	36.40
百慕大	1.30	36.80
北纬 28°05′,西经 60°49′	1.32	36.78
湾流,挪威附近	0.26	35.2
缅因州附近	−0.95	33.0
格陵兰岛附近	−11.33	16.2
东戈斯格林	−3.34	29.3

海水因体积庞大,稀释作用极强,海水的氚浓度变化不明显,但核试验高峰时期(1960—1964 年),海水氚浓度的变化从 7.8TU 增至 13.8TU。

2. 海水同位素组成和盐度之间的相关关系(图 4-4)

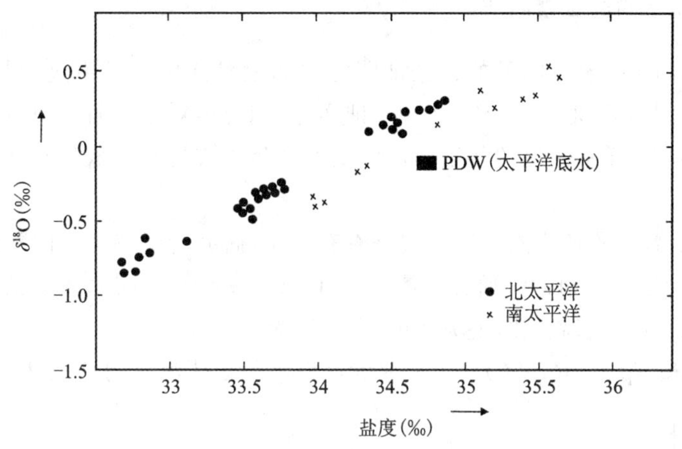

图 4-4　表层海水的 $\delta^{18}O$ 与盐度变化的关系

Epstein 等(1953)和 Craig 等(1965)指出,各大洋海水的 $\delta^{18}O$ 值与盐度的关系如表 4-10 所示。

表 4-10　各大洋海水的 $\delta^{18}O$ 值与盐度的关系

红海	$\delta^{18}O_{PDB}=0.29S-9.84$‰
北大西洋	$\delta^{18}O_{PDB}=0.61S-21.2$‰
印度洋	$\delta^{18}O_{PDB}=0.48S-16.53$‰
太平洋	$\delta^{18}O_{PDB}=0.59S-20.68$‰

注:S 为盐度。

3. 影响海水同位素组成的主要因素

影响海水同位素组成的主要因素如下。

(1)蒸发量与降雨量的比。赤道和温带纬度区的海水,其氢、氧同位素组成呈线性变化关系,$\delta D=S\delta^{18}O$,斜率 S 取决于区域性的蒸发量和降雨量之比。北太平洋 S 为 7.5,北大西洋 S 为 6.5,红海地区 S 为 6.0。如果某一纬度区海水的蒸发量大致相当于降雨量,表层海水的同位素组成就基本上保持不变,并接近于海水的平均同位素组成;若蒸发量高于降雨量,其表层海水的同位素组成就会变重。在两极地区,蒸发量小于降水量,由于云中蒸气的同位素组成较轻,表层海水的同位素组成就变得很轻。由此可见,海洋表层水的同位素组成主要受不平衡蒸发作用和凝结作用控制。

(2)冰雪的堆积或融化:Craig(1961)测得北极冰的 δD 值为-160‰,$\delta^{18}O$ 值为-22‰,南极雪的 δD 值为-440‰,$\delta^{18}O$ 值为-55‰。当极地有大量轻同位素组成的冰、雪堆积时,海洋水的同位素组成就变重。据计算,全球冰雪融化,海水的 $\delta^{18}O$ 值将降到-1‰,δD 将降到-10‰。

(3)海底火山活动以及海水与海底岩石、洋壳沉积物的同位素交换:火山活动一方面可能把地幔水带入海洋,另一方面把大量热量用于提高海水的温度,加快海水与岩石的同位素交换速度，从而两者均可给海水的同位素组成造成影响。

4. 地质时期海水的同位素组成

在整个显生宙时期，没有明显的证据证明海水的氢氧同位素发生过明显的变化，海水的 $\delta^{18}O$ 值为－1‰～0‰，δD 值为－1‰～0‰。证实这一观点，对于了解大气降水的氢氧同位素组成的变化，海水与大洋玄武岩的相互作用以及大气降水或海水在成矿过程中的作用是十分重要的。

前寒武纪时期海水的氢氧同位素组成是否有变化，研究者仍持有不同看法。

(1)Becker 和 Clayton(1976)研究西澳大利亚 Hamersley 山前寒武纪铁质建造中的燧石氧同位素组成时认为，前寒武纪时期海水的 $\delta^{18}O$ 值为－11‰～－3.5‰。

(2)Kolodny 和 Epstein(1976)认为前寒武纪海水与现代海水的 $\delta^{18}O$ 相似。

二、大气降水

大气降水氢氧同位素组成最重要的特征：δD-$\delta^{18}O$ 值之间呈线性变化；大多数地区大气降水的 δD 和 $\delta^{18}O$ 为负值；δ 值与所处地理位置有关，并随离蒸汽源的距离增大而变得更负。

全球性或区域性的大气降水的同位素组成分布很有规律。全球降水的平均 δD 值为－22‰，$\delta^{18}O$ 值为－4‰。两极地区的降水最贫重同位素，δD 值为－308‰，$\delta^{18}O$ 值为－53.40‰(Craig，1961)。在干旱地区的封闭盆地中，水最富重同位素，δD 值为 129.4‰，$\delta^{18}O$ 值为 30.80‰(Fontes and Gonfiantini，1967)。

云蒸气和大气降水的同位素组成变化很大，随空间、时间而异。大气降水的同位素组成及其变化规律是研究地下水的最重要的基础资料。

(一)降水方程

水在蒸发和凝结过程中的同位素分馏使大气降水的氢氧同位素组成出现了线性相关的变化。这一规律最早是由 Craig(1961)在研究北美大陆大气降水时发现的，他将这一规律用数学式表示为：

$$\delta D = 8\delta^{18}O + 10 \tag{4-36}$$

这就是降水方程，又称为 Craig 方程(图 4-5)。

根据 IAEA 所属降水观测站的资料，降水的加权平均 δD 和 $\delta^{18}O$ 值之间存在很好的线性相关：

$$\delta D = (8.17 \pm 0.08)\delta^{18}O + (10.56 \pm 0.64) \tag{4-37}$$

相关系数 $r \approx 0.997$；δD 值的标准差为±3.3‰，式(4-37)非常接近 Craig(1961)的降水方程。

全球观测站的资料用加权或不加权处理得：

$$\delta D = (8.12 \pm 0.077)\delta^{18}O + (9.20 \pm 0.53) \tag{4-38}$$

$r=0.995$，$n=159$，δD 的标准偏差为±4.1‰(未经加权平均)。

$$\delta D = (8.08 \pm 0.8)\delta^{18}O + (9.57 \pm 0.62) \tag{4-39}$$

$r=0.990$，$n=153$，δD 的标准偏差为±4.3‰(经加权平均)。

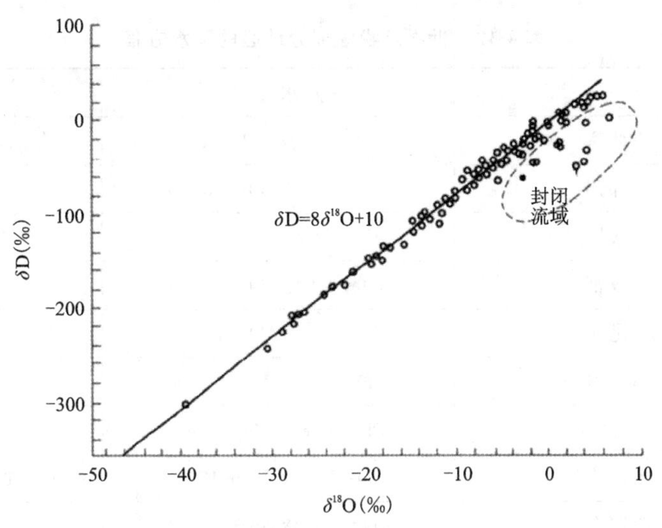

图 4-5　大气水中 δD-$\delta^{18}O$ 关系图(据 Craig,1961)

如果把全球岛屿、滨海和内陆观测站的资料进行数学处理(平均和加权平均),其结果更接近全球性降水方程(表 4-11)。

表 4-11　岛屿、滨海和内陆的降水方程

地点	样品数(个)	相关方程	r	σ
岛屿观测点	25	$\delta D=(8.47\pm0.52)\delta^{18}O+(11.11\pm1.24)$	0.990	±3.0‰
		$\delta D=(8.51\pm0.24)\delta^{18}O+(10.21\pm1.04)$①	0.991	±2.91‰
滨海观测点	29	$\delta D=(8.07\pm0.12)\delta^{18}O+(10.44\pm1.07)$	0.997	±3.43‰
		$\delta D=(8.903\pm0.11)\delta^{18}O+(9.59\pm0.95)$①	0.997	±3.3‰
内陆观测点	15	$\delta D=(8.14\pm0.51)\delta^{18}O+(9.17\pm1.64)$	0.998	±3.08‰
		$\delta D=(8.01\pm0.15)\delta^{18}O+(6.49\pm1.70)$①	0.998	±3.69‰

注:① 加权平均相关方程。

但是,世界各地不同地区的降水方程往往偏离全球性降水方程,方程中的斜率和截距都有不同程度的变化(表 4-12)。

对 1995—1998 年 26 个大气降水样品的 δD、$\delta^{18}O$ 同位素测定结果,经最小二乘法处理,得到西藏南部雅鲁藏布江河谷一带的大气降水方程为:$\delta D=7.54\delta^{18}O+15.92$。在 δD-$\delta^{18}O$ 图上落在全球大气降水线 $\delta D=8\delta^{18}O+10$ 的右下方,其斜率小于 8,截距大于 10,显示出强烈的蒸发特征,这与其地处高原、纬度较低、海拔高、空气稀薄、太阳辐射强、蒸发强烈的环境条件相匹配。

表 4-12 世界及我国部分地区的降水方程

地点		降水方程	资料来源
中国	北京	$\delta D=7.3\delta^{18}O+9.7$	北京市水文地质公司
	郑州	$\delta D=8.07\delta^{18}O+10.75$	·
	太原	$\delta D=7.61\delta^{18}O+9.25$	中国科学院(1987)
	成都	$\delta D=8.94\delta^{18}O+13.55$	·
	昆明	$\delta D=7.87\delta^{18}O+11.09$	·
	乌鲁木齐	$\delta D=7.96\delta^{18}O+9.57$	·
	兰州	$\delta D=6.89\delta^{18}O+7.67$	·
	山西临汾	$\delta D=7.89\delta^{18}O+12.7$	中国地质大学(武汉)(1986)
	西藏东部	$\delta D=8.22\delta^{18}O+18.99$	王恒纯(1991)
	上海	$\delta D=8.2\delta^{18}O+15.8$	卫克勤等(1983)
	台湾	$\delta D=8\delta^{18}O+16.5$	谢越宁等(1984)
	广州	$\delta D=6.97\delta^{18}O+2.59$	·
	福州	$\delta D=7.2\delta^{18}O+3.79$	·
日本		$\delta D=8\delta^{18}O+17.5$	谢越宁等(1984)
非洲干旱区		$\delta D=8\delta^{18}O+22$	王恒纯(1991)
南美洲		$\delta D=(7.9\pm1.7)\delta^{18}O+(8\pm2.7)$	王恒纯(1991)
澳大利亚、新西兰		$\delta D=(8\pm1.3)\delta^{18}O+(16\pm2.3)$	王恒纯(1991)
埃塞俄比亚		$\delta D=8\delta^{18}O+15$	李桂如(1978)

注：· 中国地质调查局水文地质工程地质技术方法研究所(1988)。

(二)氘过量参数 d 和降水线斜率 s 的变化

氘过量参数亦称氘盈余。为评价地区降水因地理与气候因素偏离全球降水线的程度，Dansgaard(1964)提出氘盈余或者 d 参数的概念。同全球性降水方程相比，任何地区的大气降水过程都可以计算出一个氘过量参数 d，$d=\delta D-8\delta^{18}O$(Dansgaard，1964)。d 值的大小相当于该地区的降水线斜率 $\Delta\delta D/\Delta\delta^{18}O$ 为 8 时的截距，用以表示蒸发过程的不平衡程度。

影响氘过量参数 d 的因素的定量研究非常复杂，它的变化完全依赖于水在蒸发凝结过程中同位素分馏的实际条件，目前，仅了解到某些局部的规律。

1. 海水在平衡条件下蒸发

大部分岛屿和滨海地区，海面上的饱和层蒸汽、海水处于同位素平衡状态，这时的 d 值接近于零。但当海洋高空不平衡蒸汽与海面附近的饱和层蒸汽相混合产生降水时，d 值变小，有时出现负值。

2. 海水的 d 值特点

海水蒸发速率快，不平衡蒸发非常强烈，空气相对湿度低的地区，如东地中海地区，发现了降水中最大的氘过量参数，其 d 值高达 37‰。某些局部的海洋蒸汽源，如波斯湾、红海、黑海等地，也见有偏高的 d 值。

3. 氘盈余的全球分布

氘盈余高值区（$d=12\sim18$）分布在干燥陆地包围的海域，如地中海东部和红海；低纬度强蒸发海洋、岛屿或陆地区域，如马六甲海峡、孟加拉湾南部、苏拉威西海；中纬度干旱带，如马达加斯加岛、澳大利亚大部；被海岸山系屏蔽的谷底，如北美洲东部的圣劳伦斯流域；干旱的内陆，如帕米尔高原。氘盈余低值区（$d=0\sim3$）主要分布在极地附近，如德雷克海峡、白令海、阿拉斯加和格陵兰南部等。其余地区，在上述极值区控制下，分布中值区（$d=3\sim12$）。

4. 氘盈余在中国的分布

在全球各大陆中，亚洲大陆的特征是大范围分布中值区（$d=3\sim12$）。以此为背景，中国的特征是总体上西部高（$d=8\sim12$）、东部低（$d=4\sim12$），东部则是南部高（$d=8\sim16$）、北部低（$d=4\sim8$）。主要高值区，一是西北高值区，包括乌鲁木齐（$d=9\sim16$）、和田（$d=10\sim13$）、兰州（$d=12\sim18$）和张掖（$d=2\sim15$）；二是西南高值区，包括昆明（$d=11\sim16$）、贵阳（$d=13\sim15$）、桂林（$d=16\sim17$）、遵义（$d=4\sim15$）和拉萨（$d=4\sim13$）。其他高值区有：山间盆地长沙（$d=12\sim15$）；火盆城市南京（$d=11\sim13$）和重庆（$d=14$）；环渤海地区，例如天津（$d=9\sim18$）和石家庄（$d=2\sim13$）。低值区主要分布在东部地区，如齐齐哈尔（$d=3\sim7$）、哈尔滨（$d=2\sim8$）、锦州（$d=9$）、烟台（$d=2\sim9$）、郑州（$d=4\sim8$）、武汉（$d=4\sim11$）、福州（$d=5\sim7$）、广州（$d=3\sim8$）和海口（$d=0.7\sim12$）。

5. 氘盈余的影响因素

氘盈余的物理意义，可表述为开放系统二相凝聚过程的瑞利分馏加上蒸发引起的^{18}O的动力分馏。氘盈余的变化与区域气候条件有关。

首先，氘盈余（d）的主要控制因素是水汽源区的海面温度、风速和相对湿度。在极地附近，$d<10$；在开阔的热带海洋，$d=9\sim12$；在封闭的内陆海如地中海东部和红海北部、帕米尔高原，$d>21$；在澳大利亚、非洲和近东，$d\approx12\sim18$。当水汽源区的空气相对湿度 $h=75\%$时，氘盈余 $d=10$；当 $h=85\%$时，$d=5$。其次，氘盈余与水汽供给的季节变化有关。季节变化引起北半球降水的氘盈余呈现夏低冬高现象，南半球反之。最后，氘盈余还与不同云团的轨迹混合、云团底部的蒸发作用和同位素交换等有关，云团运输过程中，来自陆地的干燥水汽的混入将造成氘盈余的增加，常被用于确定水汽来源、降雨的时空分布、水汽再循环和蒸发过程等。

6. 氘盈余的最新研究应用

(1)水汽中过量氘主要受蒸发过程中非平衡动力分馏控制，而水汽冷凝过程一般认为同位素发生平衡分馏，平衡分馏过程对降水及水汽中过量氘影响较小，因此理论上可以利用冰芯过量氘记录进行水汽源区环境条件的定量重建。在极地地区，较低的温度导致水汽的冷凝程度较高，氢(δD)与氧($\delta^{18}O$)稳定同位素的斜率受与温度有关的平衡分馏系数的显著影响，因此极地降水中过量氘实际上还受平衡分馏系数影响。此外，随着水汽冷凝程度的升高，水汽中$\delta D/\delta^{18}O$值越来越低，δD和$\delta^{18}O$之间的非线性关系越来越明显，这导致传统线性过量氘(定义为$d_{excess}=\delta D-8\delta^{18}O$)的值还受同位素值本身的影响。因此，上述线性过量氘定义的不足使得利用极地冰芯过量氘记录进行水汽源区环境条件定量重建的精度受到了很大的限制。为了弥补传统线性过量氘定义的不足，近年来一些研究者提出了过量氘的对数定义和指数定义。

Uemura等(2012)给出了过量氘的对数定义：$d_{ln}=\ln(1+\delta D)+0.028\,5[\ln(1+\delta^{18}O)]^2-8.47\ln(1+\delta^{18}O)$。值得注意的是，在水汽冷凝程度不高的情况下对数定义和线性定义的差别不大，如在海洋水汽源区，线性定义和对数定义差别很小。Markle利用简单瑞利分馏模型时发现，d_{excess}主要取决于凝结温度，而d_{ln}主要取决于蒸发温度。即使是在很低的凝结温度下，d_{ln}依旧强烈地取决于初始蒸发温度，这使得d_{ln}比d_{excess}更能反映水汽源区。

类比线性定义和对数定义，并且为了和对数定义有所区别，Dütsch等(2017)给出了过量氘的指数定义：$d_{exp}=\frac{1+\delta D}{(1+\delta^{18}O)^{8.8}}-1$。在高海拔或高纬度地区，水汽同位素值非常贫化时，指数定义能比线性定义更准确地衡量非平衡动力分馏。

相较于线性定义，指数定义和对数定义在高纬度和高海拔地区有更好的实用性。目前看来，在低纬度地区使用线性定义和指数定义较为适合，在高纬度或高海拔地区使用指数定义和对数定义较为合适，而在极地地区使用对数定义较为合适。

(2)大气降水中过量氘与水汽源地的气象条件密切相关，因此，d值可以作为指示地区大气降水水汽来源的有效指标。王婷等(2020)通过研究长江三峡库区秭归段大气降水δD和$\delta^{18}O$特征及水汽来源，揭示了该库区森林生态系统水循环过程对气候变化的响应机制。

研究显示，三峡库区秭归段大气降水过量氘变化范围为1.52‰～37.76‰，均值为15.72‰，明显高于全球平均过量氘值(10‰)。研究区过量氘季节变化显著，干季过量氘均值为20.06‰，湿季过量氘均值为13.05‰，湿季过量氘值明显低于干季过量氘值。降水过量氘的这种季节变化是季风区气候的特点之一。这与李维杰等(2018)在我国西南地区的贵阳、重庆、成都等地的研究结果一致，符合我国季风影响区域的降水特点。

可能由于库区湿季期间降水主要来源于海洋水汽凝结，空气湿度大，因此d值较小；而干季降水主要来自内陆水汽蒸发，空气湿度小，水汽源区在不平衡条件下经历了快速蒸发过程，因此d值较大。此外，d值的变化规律与HYSPLIT模拟的水汽来源较为一致，可见，地区大气降水氢氧同位素特征能为识别其水汽来源提供有效信息。

(3)大气降水与地下水的混合，可以使其d值发生明显的变化。尹观等(2008)在研究四川盆地卤水时发现，无论哪个时代的含卤层，凡是分布于盆地周边或处在断裂构造发育或经过长期开采卤水资源的卤井，明显受到大气降水渗漏补给的影响，其卤水实际上是原生卤水和现代大气降水的混合水，它们的氘过量参数都有不同程度的升高，升高的程度取决于现代大气降水混入的数量。如寒武系含卤层的城口明通盐井84、85号样品 d 值分别为20.22‰和17.84‰，彭水郁山镇郁2井85号样品 d 值为12.82‰；二叠系茅口组宜宾宋家场宋2井81号样品 d 值为4.02‰。混合后水 d 值均为正值，表明严重受现代大气降水混入的影响。如果大气降水和地下水的氘过量参数值相对确定，可以使用同位素质量平衡方程计算它们的混合比。

(4)晁念英等(2005)在对河北平原地下水氘过量参数特征研究时发现，在同一地点，随着地下水的埋深加大，地下水年龄变老，d 值增大。在同一含水层内，例如，从补给区到承压区，第三含水组沿着地下水的流向，地下水年龄逐渐变老，而 d 值逐渐增大。这一现象充分说明研究对象的复杂性，这就要对影响水-岩作用的各种因素做更多综合分析研究，同时也要顾及采样和分析环节可能出现的问题。

对降水线斜率 s 变化情况的研究也有待深入。Dansgaard(1964)根据北大西洋沿岸(温带和寒带)的资料指出大气降水的同位素温度梯度为：$d\delta^{18}O/dt \approx 0.69$(‰/℃)，$d\delta D/dt \approx 5.6$(‰/℃)，降水线的斜率接近于8。热带和亚热带的岛屿地区，降水线斜率的典型值为4.6～6。降雨量少而蒸发作用强烈的干旱和半干旱地区，其斜率大多小于8，斜率大于8的情况较少见。

(三)δD-$\delta^{18}O$ 图形

根据降水方程，在 δD-$\delta^{18}O$ 平面图(图4-6)中用来表示大气降水的 δD 和 $\delta^{18}O$ 关系变化的直线，称为降水线。除全球降水线外，不同地区都有反映各自降水规律的降水线。为了更确切地了解一个地区的降水规律，特别是在干旱或半干旱地区，可以绘制一条斜率小于全球降水线斜率或大区域降水线斜率的地区降水线，为了便于区别，我们常把它称为蒸发线。

δD-$\delta^{18}O$ 的图形可以直观地得到以下规律。

(1)温度低、寒冷季节、远离蒸汽源的内陆，高海拔地区、高纬度区的大气降水的同位素组成，一般落在降水线的左下方；反之其大气降水的同位素组成落在降水线的右上方。

(2)偏离全球降水线或大区域降水线，斜率较小的蒸发线(或地区降水线)，则落在它们的右下方。斜率越小，偏离降水线越远，反映其蒸发作用越强烈。

(3)蒸发线和降水线的交点，可近似反映出蒸汽源水的原始平均同位素组成。

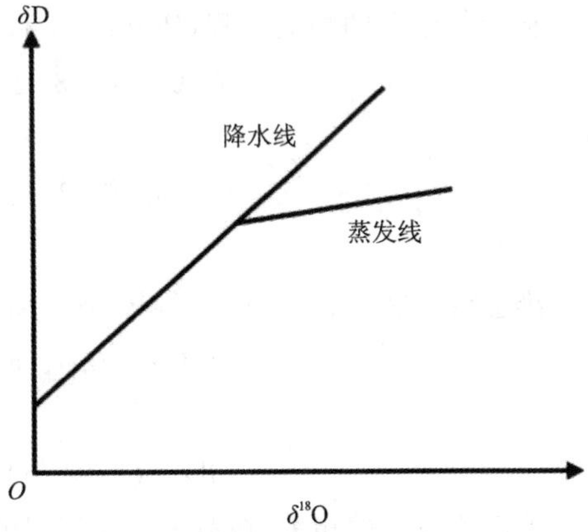

图4-6　δD-$\delta^{18}O$ 关系图

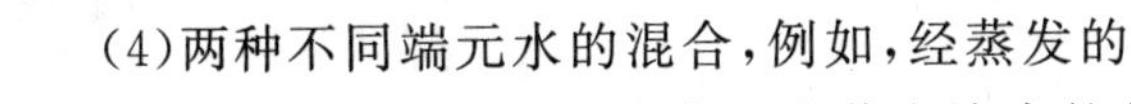

(4)两种不同端元水的混合，例如，经蒸发的水与雨水的混合水体，其同位素组成落在该水的蒸发线和降水线之间的区域内，它与两种端元水的距离可近似地反映其混合量。

(四)大气降水的氢氧同位素组成及分布规律

大气降水氢氧同位素组成的分布很有规律,它主要受蒸发和凝结作用所制约。具体地说,降水的同位素组成与地理和气候因素存在直接的关系。Yurtsever(1975)利用降水的平均同位素组成与纬度、高度、温度和降水量作多元回归分析,其线性方程为:

$$\delta^{18}O = a_0 + a_1 T + a_2 P + a_3 L + a_4 A \tag{4-40}$$

式中:T 为月平均温度(℃);P 为月平均降水量(mm);L 为纬度;A 为高程(m);a_0、a_1、a_2、a_3、a_4分别为回归系数。91 个观察站资料经逐步减元回归分析计算得出:$\delta^{18}O$ 值与 T 的相关系数为 0.815,与 P 的相关系数为 0.303,与 L 的相关系数为−0.722,与 A 的相关系数为 0.000 7。由于大多数观测站的高程都低,相差不大,所以高度效应不明显。但是,总的趋势表明,这些因素均可影响降水的平均同位素组成,其中温度的影响占主导地位。

大气降水的同位素组成存在着各种效应。

1. 温度效应

大气降水的平均同位素组成与温度存在着正相关关系。

Dansgaard(1964)根据北大西洋沿海地区的资料得出,在中高纬度滨海地区,降水的年平均加权 δ 值与年平均气温 t 关系为:

$$\delta^{18}O = 0.695t - 13.6 \tag{4-41}$$

$$\delta D = 5.61t - 100 \tag{4-42}$$

Yurtsever(1975)利用北半球的 Thule、Groenedal、Nord 和 Vienna 等地 363 个月的观测资料,获得降水的 $\delta^{18}O$ 和月平均温度的关系为:

$$\delta^{18}O = (0.521 \pm 0.014)t - (14.96 \pm 0.21)‰ \tag{4-43}$$

$$r = 0.893$$

莫斯科地区的相关方程(Polyakov 和 Kolesnikova,1978)为:

$$\delta^{18}O = (0.34 \pm 0.03)t - (12.6 \pm 0.3)‰ \tag{4-44}$$

$$r = 0.82$$

$$\delta D = (2.4 \pm 0.2)t - (101 \pm 2)‰ \tag{4-45}$$

$$r = 0.89$$

维也纳地区的相关方程(Polyakov 和 Kolesnikova,1978)为:

$$\delta^{18}O = (0.40 \pm 0.04)t - (13.2 \pm 0.5)‰ \tag{4-46}$$

$$r = 0.74$$

$$\delta D = (2.94 \pm 0.19)t - (99.3 \pm 16.9)‰ \tag{4-47}$$

英格兰地区的相关方程(Evans 等,1979)为:

$$\delta^{18}O = 0.23t - 8.62‰ \tag{4-48}$$

$$r = 0.77$$

根据中国地质调查局水文地质工程地质技术方法研究所 1988 年的资料,我国部分地区 $\delta^{18}O$ 值与气温的相关方程列于表 4-13 中。

表 4-13　中国部分地区 $\delta^{18}O$ 值与气温相关关系

地点	样品数(个)	平均气温 t(℃)	$\delta^{18}O$(‰)	$\delta^{18}O$-t 线性方程	相关系数 r	显著性水平 α
乌鲁木齐	18	7.66	−12.01	$\delta^{18}O=0.417t-15.202$	0.886	0.01
包头	9	12.69	−8.48	$\delta^{18}O=0.181t-10.771$	0.624	0.10
拉萨	5	13.60	−18.87	$\delta^{18}O=0.667t-27.807$	0.740	—
石家庄	26	13.87	−7.95	$\delta^{18}O=0.121t-9.635$	0.371	0.10
太原	7	14.53	−5.53	$\delta^{18}O=0.008t-5.647$	0.662	—
张掖	5	15.89	−6.80	$\delta^{18}O=0.540t-15.380$	0.662	—
兰州	8	17.21	−6.37	$\delta^{18}O=0.327t-11.996$	0.636	0.10
全国	215	16.25	−7.59	$\delta^{18}O=0.176t-10.390$	0.347	0.01

据中国地质调查局水文地质工程地质技术方法研究所，1988。

从以上资料可以看出，大气降水的同位素组成与当地气温的关系密切，且呈正相关。但是，这种相关变化在不同地区其变化程度相差很大。

温度效应指的是 δ 值随月平均气温的变化情况，在高纬度地区温度是影响大气降水中稳定同位素变化的主要因素，在南北两极表现得尤其明显，且越深入大陆内部，其正相关性越强。这种现象在我国主要表现在季节温度变化比较大的地区，如我国西北地区的西安、乌鲁木齐、兰州等。

温度效应的应用实例：Dansgaard 依据瑞利模型提出了温度效应、降水量效应等，其中，温度被认为对降水稳定同位素影响最大。温度效应一般认为主要发生于中高纬度内陆地区，气温越低，降水稳定同位素分馏系数也越大，降水同位素值越低，温度效应的存在已被广泛验证。然而近年来的诸多研究却发现了弱化的温度效应甚至是反温度效应。例如，江苏高邮大气降水中 $\delta D(\delta^{18}O)$ 与温度在全年尺度下的反温度效应明显，而在季节尺度上，均未发现显著的温度效应；张琳等研究发现，我国低纬度地区存在反温度效应，而在季节尺度上，温度效应不明显，甚至不存在；王涛等(2013)发现，南京在全年尺度上并不存在温度效应，只在冬季呈现出温度效应。相对于高纬度内陆地区，中低纬度地区由于受空气湿度、冷凝温度、季风等诸多因素影响，温度效应很可能会被掩盖。此外，江苏高邮地处长江三角洲地区，属于中低纬度地区且受海洋季风影响较大，干扰因素增加，加之降水量效应极其显著，一定程度上可能会掩盖温度效应。

王兴等(2020)在全球大气降水同位素观测网中西安站大气降水同位素资料的基础上，结合该地区实际气象数据资料，揭示了该地区大气降水线分布特征的差异性和温度对大气降水稳定同位素的影响。可以看出，西安地区大气降水稳定同位素与温度均呈正相关关系。综合各种统计结果来看，降水稳定同位素与温度的相关性很低，然而实际上却不是这样，原因是温度对于降水中同位素的分馏有重要作用，二者相关性很低主要是收集的资料序列较短造成的，若条件允许，则可以证明降水稳定同位素与温度存在良好的线性函数关系。国内学者研究分析也表明，我国高纬度地区大气降水中的 δD 和 $\delta^{18}O$ 与温度呈正相关关系，而低纬度地区则为负相关关系。但是，在季节尺度上，大气降水稳定同位素的温度效应很轻微，甚至不存在。西安地区大气降水中 δD 和 $\delta^{18}O$ 与温度的相关关系与这一分析相符。

曾康康等(2021)利用喀什河流域山区 2017 年 7 月—2018 年 6 月大气降水同位素数据，以及流域山区温度、降水气象资料，讨论了 $\delta^{18}O$ 与气温的关系。对研究区月平均气温及 $\delta^{18}O$ 月加权平均值分别做线性回归，方程为：$\delta^{18}O=0.73t-18.21(r^2=0.66)$。可以看出，研究区大气降水中的 $\delta^{18}O$ 与月均温呈显著的正相关，月均温相关性较好($r^2=0.66$)，随着温度升高，$\delta^{18}O$ 逐渐富集，降水中的 $\delta^{18}O$ 受温度影响比较明显。喀什河流域山区地处我国西北内陆，中高纬度，夏季云下蒸发强，对 ^{16}O 和 D 等轻同位素分馏作用明显，$\delta^{18}O$ 富集；冬季温度低，云下蒸发弱，且二次蒸发水汽在上升过程中，绝热膨胀作用明显，综合作用下导致 $\delta^{18}O$ 贫化。

2. 纬度效应

大气降水的平均同位素组成与纬度的变化存在着相关关系(图 4-7)。从低纬度到高纬度，降水的重同位素逐渐贫化。纬度效应主要是温度和蒸汽团运移过程同位素瑞利分馏的综合反映。

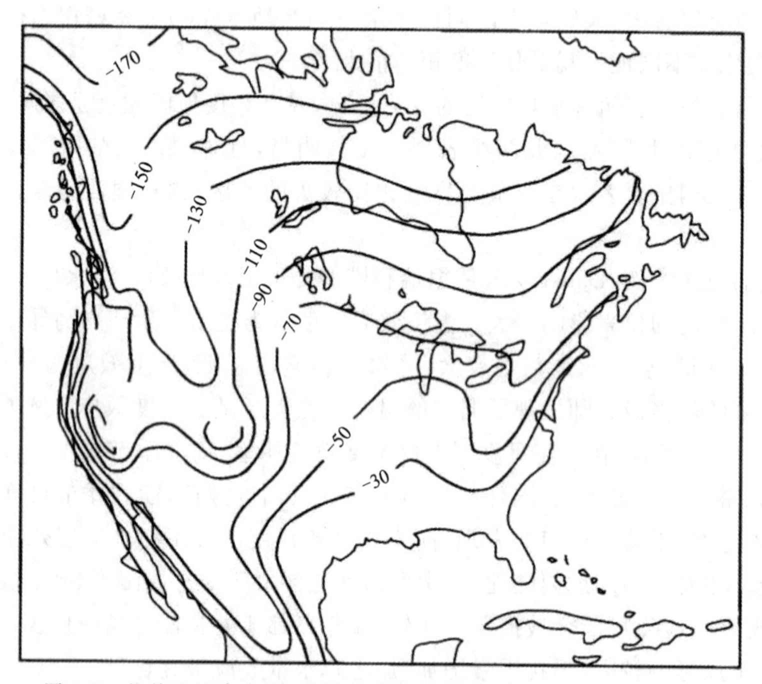

图 4-7 北美地区降水 δD 与纬度变化的关系(据 Sheppard et al.，1969)

北美大陆大气降水的纬度效应(Yurtsever，1975)为纬度每增加一度 $\delta^{18}O$ 值减少 0.5‰。

$$\delta^{18}O=-0.24NL^0+0.04(r=0.945) \tag{4-49}$$

$$\delta D=-1.84NL^0+6.88(r=0.9508) \tag{4-50}$$

式中：NL^0 为北纬度。

纬度效应的应用实例：$\delta^{18}O$ 值随纬度增加而减小，越向内陆越低；中高纬度的 $\delta^{18}O$ 值基本呈带状分布。南半球中高纬度的 $\delta^{18}O$ 值与纬度平行；而北半球 $\delta^{18}O$ 值则呈波状且同一纬度海洋上的 $\delta^{18}O$ 大于陆地上的；作为主要水汽源地的中低纬度地区，存在若干个 $\delta^{18}O$ 的高值区。北非的干旱内陆以及澳大利亚内陆，由于蒸发作用，$\delta^{18}O$ 值也偏高，且洋流作用明显。例如，在湾流区和北大西洋海流区，$\delta^{18}O$ 值的分布均匀，曲线明显向北弯曲，与同纬度大陆相比，$\delta^{18}O$ 值要高出其 1 倍以上；受中低纬度海洋气团快速凝结作用的影响，海岸区 $\delta^{18}O$ 值的梯度很大，在大陆内部，梯度减小。另外小尺度地形影响明显。例如，位于云贵高原的昆明站(23.02°N，102.68°E；海拔 1841m)，以及位于北安第斯山的波哥大(4.70°N，74.13°W；海拔 2547m)和瑞奥班巴(0.37°S，78.55°W；海拔 3058m)，由于海拔高、温度低，因此与周围其他站相比，这些站的 $\delta^{18}O$ 值均很低。

王驷壮等(2019)从中国南部地区一直到东北地区(N20°—N51°)采集了 43 个表层土壤样品，并测定了表层土壤水 δD 值，探究大区域范围的环境因素对土壤水和大气降水的氢同位素组成的影响。研究发现大范围内表层土壤水 δD 值和 9 月降水平均 δD 值都和纬度呈明显的负相关关系，说明表层土壤水与雨季降水的氢同位素组成也具有纬度效应。与前人研究不同的是，该研究发现：在低纬度地区，表层土壤水 δD 值偏正于 9 月降水平均 δD 值；在高纬度地区，表层土壤水 δD 值偏负于 9 月降水平均 δD 值。纬度对表层土壤水的氢同位素组成的影响程度明显不同，这其中有环境因素的影响。

3. 高度效应

大气降水的 δ 值随地形高程增加而降低称为高度效应，它的大小随地区的气候和地形条件不同而异。在同位素水文地质研究中，常常借助研究区内大气降水的同位素高度效应来推测地下水补给区的位置和高度。

1)世界各地大气降水的高度效应

如表 4-14 所示，世界各地大气降水的高度效应的差异程度甚大。我国有关大气降水同位素高度效应的研究事例很多，最典型的是于津生等(1987)有关西藏东部及川黔西部大气降水的 $\delta^{18}O$ 值与海拔高度的关系(图 4-8)。

表 4-14　世界范围内有关地区 ^{18}O 同位素高度梯度

国家	地区	高差(m)	同位素高度梯度(δ/100m)	研究日期	研究者
法国	中央高地	710	0.15	1969—1970 年	Blavoux 等
瑞士	阿尔卑斯	470	0.37	1967—1968 年	Siegenthaher
奥地利	阿尔卑斯	1680	0.20	1966 年	Ambach 等
中欧	西德中部	625	0.37	1962 年	Eicher
意大利	兰地奥姆	1450	0.34	1971—1972 年	Zuppi 和 Fontes
希腊	Sperkhlos 山谷	1885	0.16	1972 年	Stah 等
喀麦隆	喀麦隆山	4050	0.16	1972—1974 年	Fonteg 等
坦桑尼亚	Kilimandjaro 山	1100	0.30	1969 年	文献资料
阿尔及利亚	Hoggar 高地	1324	0.24	1965 年	Conrad 等
中国	西藏东部、四川、贵州	—	0.31	1981 年	中国科学院地球化学研究所

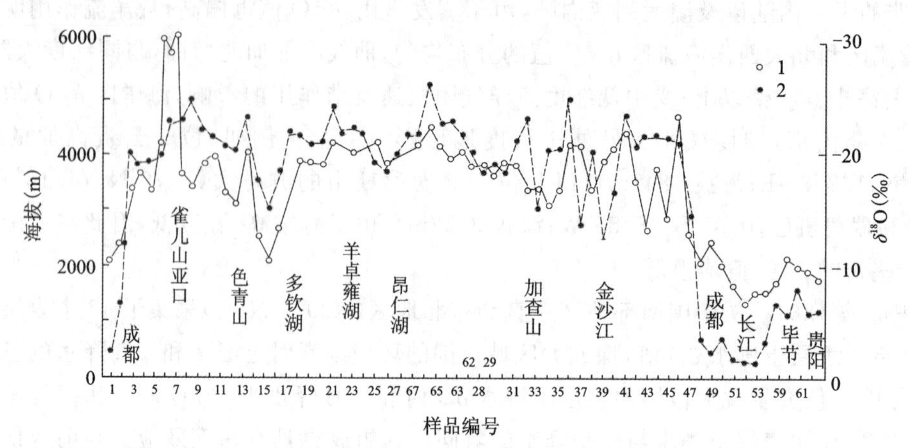

图 4-8 西藏东部及川黔西部大气降水的 $\delta^{18}O$ 值与海拔高度的关系(据于津生等,1987)

1. 水样点的 $\delta^{18}O$ 值,2. 取水样点的海拔高度

2)西藏雅鲁藏布江河谷降水的高度效应

雅鲁藏布江干流和其他主要支流的大气降水均存在同位素高度效应。

(1)尼洋河高度效应如下:

$$\delta D=-1.553‰/100m-54.31(r=0.97) \tag{4-51}$$

$$\delta^{18}O=-0.1966‰/100m-11.26(r=0.99) \tag{4-52}$$

$$T=0.2527TU/100m+5.85(r=0.999) \tag{4-53}$$

巴河桥采样点水样的 $\delta^{18}O$、T(氚)值异常未参加高度效应的线性回归处理。上述各式表明该地高度与 δD、$\delta^{18}O$ 呈负相关、与氚值呈正相关。

(2)拉萨河流域的气象条件较为复杂,大气降水受孟加拉湾水汽和怒江地区大陆性水汽的影响,当地的高度效应没有明显的规律,但在局部范围内,如在藏青唐古拉山南麓旁多—当雄—羊八井一线,氧同位素高度效应为 $\delta^{18}O=-0.3017‰/100m-1.974\ (r=0.9011)$。

(3)年楚河流域的同位素高度效应也十分明显,从雅鲁藏布江汇合口的日喀则,海拔为3836m,δD、$\delta^{18}O$ 分别为−150.3‰和−18.52‰,向上游追溯,到江孜,海拔为 4040m,δD、$\delta^{18}O$ 分别降至−152‰和−19.60‰。高度效应:$\delta D=-1.128‰/100m-107.05$;$\delta^{18}O=-0.5294‰/100m+1.788$。

西藏南部地区,高度效应的变化较大,这一变化主要是因为沿河谷逆流而上的大气降水云汽运移距离长,且经历了下游河谷口(亚热带)、中下游(温带)至中上游(寒带)不同气候带的变化,实际上是区域性大陆效应和高度效应的综合反映。

高度效应的应用实例:卢爱刚等(2008)利用中国气象中心 160 个站点的实际观察资料,对中国半个世纪的降水变化进行了系统分析,通过对中国 20 世纪后半期的夏季降水量与对应的海拔高度的相关分析,研究中国范围内降水量与海拔高度的关系,并就全球升温对降水高度效应的影响进行分析。结果显示,全球升温使得降水的高度效应在高低不同的海拔上体现着不同的变化趋势:低海拔降水的高度效应减弱,而高海拔降水的高度效应增强。随着全球温度的升高,环流增强,对流层加厚,从而实现水汽垂直输送的高度增加,这是高海拔降水量高度效应增强的主要原因。

何元庆等(2006)为了调查和比较我国海洋型、大陆型和极大陆型冰川覆盖区大气降水、冰川、积雪和融水径流系统内稳定同位素比率的时空分布特征和冰雪相变时的现代同位素分馏过程，在2000—2003年间，按照季节和海拔高度分别对玉龙雪山、慕士塔格峰、念青唐古拉山的桑丹康桑峰以及天山乌鲁木齐河源的1号冰川积雪和冰雪融水径流进行了系统的采样研究。我国西部高山地区积雪内的稳定同位素分析结果表明，在季风气候控制下的海洋型冰川覆盖区和非季风气候控制下的大陆型冰川覆盖区，夏季新雪内的$\delta^{18}O$随海拔高度存在显著的空间差异。在海洋型冰川覆盖区有时呈现非“高度效应”，即$\delta^{18}O$值随海拔升高而增加，冬季则呈现为高度效应，反映出源于海洋气团大气降水的特征；大陆型冰川覆盖区夏季新雪内的$\delta^{18}O$呈现高度效应，即$\delta^{18}O$随海拔升高而降低，反映出源于陆地气团大气降水的特征。

4. 大陆效应

降水的同位素组成随远离海岸线而逐步降低，这一现象称为大陆效应，图4-9形象地说明了这一过程。显然，这一情况与潮湿气团在迁移过程中凝结降雨引起的同位素分馏效应有关。

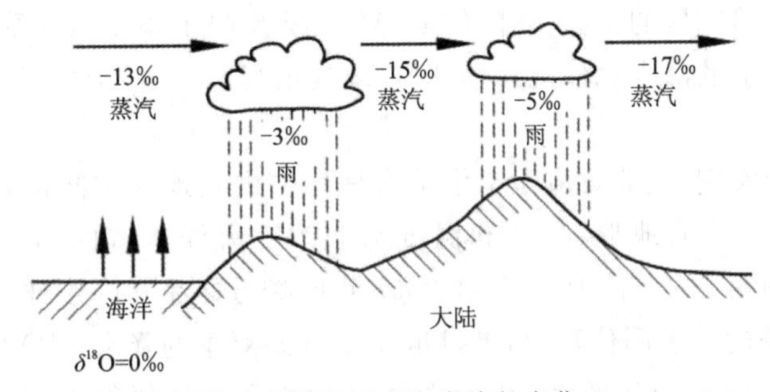

图4-9　降水的氧同位素组成随远离海岸线的变化(据Siegenthaler，1979)

Polyakov和Kolesnikova(1978)指出，年平均温度低于20℃的地区，年降水的平均同位素组成与海岸线距离L的关系为：

$$\delta D=8\delta^{18}O+10+0.7L^2‰ \tag{4-54}$$

年平均温度在－15～20℃的地区，月降水的平均同位素组成与海岸线距离L的关系为：

$$\delta D=6\delta^{18}O-0.7L^2+0.7t-7‰ \tag{4-55}$$

式中：t为年平均温度；海滨和岛屿地区的$L=0$。

西藏南部雅鲁藏布江河谷一带的大气降水同位素分布具有明显的区域性大陆效应，其同位素组成大致有如下的分布趋势。

(1)雅鲁藏布江干流逆流而上δD、$\delta^{18}O$、T（氚，TU)值呈有规律的分布：从羊村(－94.2‰，－16.00‰，12.1 TU）经曲水（－98.1‰，－16.30‰，14.5TU)、奴各沙（－101.5‰，－17.67‰，21.3TU)、日喀则(－150.3‰，－18.52‰，23.1TU)到干流中流的拉孜(－213.0‰，－24.50‰，28.0TU)，氢氧同位素组成逐渐降低，氚值T逐渐升高。

(2)位于雅鲁藏布江下游大拐弯附近帕隆藏布水系的通麦、东久、鲁朗等地，1998年采集水样的δD、$\delta^{18}O$和氚含量分别为(－97.5‰，－98.0‰，－92.3TU)、(－13.86‰，－13.74‰，－13.90TU)、(5‰，18‰，13TU)，其氢氧同位素值相当接近，这种同位素分布特征可能是因为该地区处于沿雅鲁藏布江下游河谷而上的孟加拉降水云汽与怒江方向降水云汽交汇处。

(3)尼洋曲的δD、$\delta^{18}O$、T的变化为:从奴下(−97.9‰,−16.81‰,12.9TU),经八一(−99.7‰,−16.90‰,13.2TU)至工布江达(−108.5‰,−18.01‰,14.5TU),δD、$\delta^{18}O$逐步降低,氚值逐步升高。

(4)拉萨河流域大气降水的同位素组成也有明显的区域性分布特点:拉萨河中上游地区沿念青唐古拉山脉走向一侧从多拉(−85.2‰,−13.80‰,21.0TU),经旁多(−90.80‰,−14.20‰,22TU)、羊八井(−90.9‰,−14.80‰,20.1TU)至拉萨(−97.3‰,−16.20‰,13.9TU),大气降水的δD、$\delta^{18}O$、T(氚)值由东北向西南呈逐渐降低的趋势。δD、$\delta^{18}O$的变化实际上反映了来源于怒江地区的大气降水云汽的运动方向,T值的变化可能与采样位置的高度有关,多拉的高度为4675m,旁多、羊八井分别为4050m和4210m,拉萨为3655m。曲水、色甫、拉萨采样处1996年7月水样的δD、$\delta^{18}O$、T(氚)值接近,但1998年7月拉萨水的同位素组成有变化,特别是氚值有大幅度的升高,这可能与当时印度、巴基斯坦的大气层核试验有关。

(5)年楚河流域大气降水的同位素组成从下游与雅鲁藏布江干流交汇的日喀则(−150.3‰,−18.52‰,23.1TU)到江孜(−152.6‰,−19.60‰,22.0TU),其δD、$\delta^{18}O$、T(氚)值逐渐降低。年楚河流域地处研究区的上游,其同位素变化趋势反映了印度洋夏季季风暖湿气流沿雅鲁藏布江河谷逆流而上的降水总体规律,同时也表现出当地水蒸发对大气降水云汽有明显的影响。

大陆效应的应用实例:大陆效应是指沿沿海地区向内陆地区重同位素不断贫化的现象,水汽在运移过程中,沿途的地形、湿度和温度都会改变海洋水汽的初始同位素组成的值。Shichang等(2002)利用1997年、1998年和2001年的降雪样品和降雨样品,分析了喜马拉雅山北坡Tingri站夏季的降水同位素,结果显示Tingri站夏季的降水$\delta^{18}O$偏负,其原因可能是因为在夏季季风期间,来自海洋的水汽从孟加拉湾运移到雅鲁藏布江,为Tingri站带来了水汽,但水汽在长距离的运移过程中,加上海拔的升高,就导致了Tingri站夏季降水$\delta^{18}O$偏负。而王涛等(2013)研究的南京夏季大气降水同位素值之所以偏负,是因为海洋水汽的长距离输送,在输送过程中稳定同位素不断贫化。吴华武等(2012)通过对湖南长沙地区的大气降水同位素的研究得出:长沙降水稳定同位素夏低冬高,夏季季风期间,来自海洋的水汽向大陆移动的过程中,重同位素受到的冲刷作用强,就使得夏季降水同位素值偏负。

余婷婷等(2010)为了探析径流过程中稳定同位素变化特征及其控制因子,利用2008年拉萨河流域地表径流中$\delta^{18}O$和δD的监测数据以及相关气象和水文资料,初步研究了该流域$\delta^{18}O$和δD的空间分布特征。发现从大的水文循环来看,流域内河水呈现明显的大陆效应。但从流域空间尺度的水文循环上来看,由于受到支流、冰雪融水、蒸发以及复杂的地形气候等影响,河水中$\delta^{18}O$没有体现出明显的区域大陆效应。

大水文循环尺度下,海洋蒸发导致水汽中稳定同位素分馏,云团在赤道附近的洋面上形成后向两极移动,随着降水过程的凝结分馏,后续降水将逐渐贫化重同位素。因而,不同地区的降水就表现出不同的δ值,一般运移的距离越远,δ值就愈负。拉萨河流域为内陆高海拔区,数据显示出拉萨河流域河水的$\delta^{18}O$和δD值都特别偏负,$\delta^{18}O$为−19.19‰~−16.13‰,δD为−143.44‰~−119.84‰。偏负的氢氧δ值,具有明显的内陆特征,源于大陆效应。

在内陆水循环过程中,水体的蒸发作用也会导致稳定同位素分馏。在青藏高原地区,这一过程使得水汽中氢氧同位素富集重同位素。大气降水补给河水的过程中，就会对河水的氢氧同位素组成产生相应的影响。对于拉萨河流域，沿途有很多的支流加入，每个小流域不同的地理因素同样也影响着这些支流中稳定同位素的组成，从而影响到干流河水中稳定同位素的变化。例如，39 号水样采自热振藏布和拉曲支流的交汇处，其同位素组成则介于两条支流(40 号和 41 号水样)之间。同时，8 月份为青藏高原季风期，复杂的气象条件和冰川融水补给比重的差异，使得拉萨河流域并未体现明显的区域性大陆效应。

5. 降水量效应

大气降水的平均同位素组成是空气湿度的函数，因此，降水的平均同位素组成与当地降水量存在某种相关关系。根据 IAEA 的统计，赤道附近的岛屿地区降水量和 $\delta^{18}O$ 之间的关系为：

$$\delta^{18}O=(-0.015\pm0.0024)P-(0.047\pm0.419) \quad r=0.874 \tag{4-56}$$

式中：P 为月平均降水量(mm)。

据 Dansgaard(1964)资料，地区性的平均降水量和降水 δ 值同样存在着类似关系。

阿皮亚(Apia)地区：

$$\delta^{18}O=(-0.010\pm0.003)P-(1.56\pm0.42) \quad r=0.67 \quad n=52 \quad \sigma=\pm1.45‰ \tag{4-57}$$

马当(Madang)地区：

$$\delta^{18}O=(-0.011\pm0.002)P-(3.95\pm0.69) \quad r=0.597 \quad n=48 \quad \sigma=\pm0.2077‰ \tag{4-58}$$

我国广州、昆明的相关方程分别为：

$$\delta^{18}O=0.0099P-2.7467(\text{广州}) \tag{4-59}$$

$$\delta^{18}O=-0.0226P-4.4690(\text{昆明}) \tag{4-60}$$

我国武汉地区亦有明显的降水量效应(图 4-10)。

据田立德等(1997)，对拉萨气象站 1993—1996 年大气降水 $\delta^{18}O$ 的测定结果，拉萨地区降水的季节分布极不均匀，由于受高原季风的控制，该地区大部分降水集中于夏季，冬季几乎没有降水。他们采用降水次数代替降水量，发现拉萨雨季降水的 $\delta^{18}O$ 值存在明显的降水量效应，累积多年各月降水 $\delta^{18}O$ 值和降水次数之间存在负相关关系，降水次数愈多，降水的 $\delta^{18}O$ 值就越低。虽然用降水次数代替降水量的多少不太合适，但从结果上看，仍有指示意义。IAEA/WMO(世界气象组织)对拉萨地区大气降水的观察结果也是一致的(IAEA，1994)，拉萨夏季降水中 7—9 月降水量最大，降水的 $\delta^{18}O$ 值也最低，尤其是 1986—1991 年最为明显。

产生降水量效应的主要原因，可能与雨滴降落过程中的蒸发、凝聚效应和与环境水蒸气的交换有关(Ehhait et al.，1963；Stowart，1975)。

降水量效应的应用实例：Araguás 在 1998 年通过对亚洲东南部降水同位素组成的研究和 Zhao 在 2012 年通过对中国降水 $\delta^{18}O$ 的空间变化因子及季节分布的研究都得出，在亚洲约 35°N 北部区域，降水氢氧同位素受温度控制，在 35°N 南部或者东南部降水氢氧同位素受降水量控制。尤其是在南太平洋控制区域，月平均 $\delta^{18}O$ 和降水量之间存在明显的负相关关

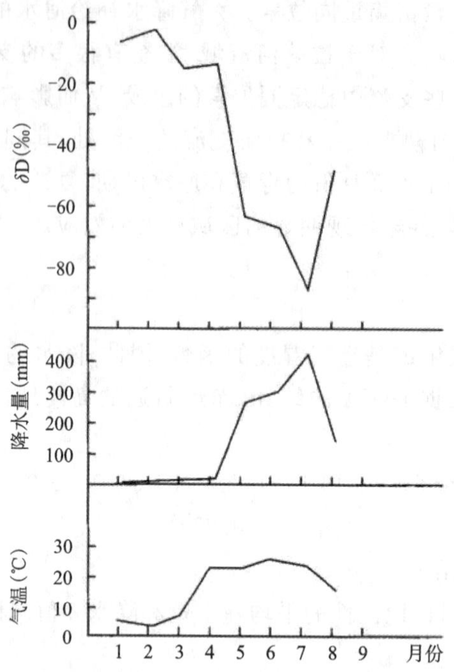

图 4-10　武汉地区大气降水量、气温与 δD 的关系(据郑淑惠等,1982)

系。如在云南蒙自地区,研究全年降水 $\delta^{18}O$ 和降水量的关系,得出该地区全年存在降水量效应,这可能是因为在雨热同期的地区强对流天气使得降水量效应掩盖了温度效应。吴华武等通过对青海湖流域夏季大气降水 $\delta^{18}O$ 与降水量关系的分析得出:大气降水 $\delta^{18}O$ 与降水量呈现明显的负相关关系,说明在夏季,青海湖流域存在明显的降水量效应。

刘洁遥等(2019)依据全球大气降水稳定同位素观测网络(GNIP)和已有研究中陕甘宁地区的大气降水氢氧稳定同位素资料,并结合相关气象数据,分析了陕甘宁地区大气降水氧稳定同位素的时空分布特征及其影响因子。全年尺度下,陕甘宁地区 $\delta^{18}O$ 不存在降水量效应。这一现象符合经典的同位素理论:降水量效应往往发生在中低纬度海岸和海岛地区,它的产生与强对流现象相联系,在内陆区通常不显著。中高纬度大陆内部地区降水中 $\delta^{18}O$ 受温度的影响较大。陕甘宁地区显著的温度效应掩盖了降水量效应,表明陕甘宁地区全年主要的气候特征为中高纬度大陆性气候。且在内陆干旱区,降水量并不是决定降水中 $\delta^{18}O$ 的根本性因素。

王莹等(2022)探讨了降水同位素的环境效应,胶莱平原降水同位素 $\delta^{18}O$ 与降水量的关系显示:降水中 $\delta^{18}O$ 随降水量增加而逐渐贫化,贫化幅度为 0.02‰/mm,降水量效应较显著(显著水平在 0.05 以上)。原因可能是受东亚季风影响的结果,受季风影响较大的香港、南京都有明显的降水量效应,天津则较弱,齐齐哈尔和内陆区域的降水量效应不显著。

6. 季节性效应

地球上任何一个地区的大气降水的同位素组成都存在季节性变化,夏季的 δ 值高,冬季的 δ 值低,这一现象称为季节性效应。各地降水 δ 值的季节性差异程度也不尽相同,一般而言,内陆地区的季节性变化较大。例如,奥地利维也纳属内陆地区,它的降水的同位素组成的季节性变化十分明显，据1961—1971年资料，夏季和冬季降水的δ值相差达20‰。而赤道附近岛屿的降水同位素组成受季节性的影响较小。控制大气降水同位素组成季节性变化的主要因素是气温的季节性变化，同时，降水气团的迁移方向和混合程度在一些地区也有相当的影响。例如，滨海地区在大陆气团和海洋气团混合时会导致同位素组成季节性变化的混乱。

季节性效应的应用实例：季节性效应其实是受控于温度的，通常夏季同位素富集，冬季同位素贫化，在内陆地区季节性效应特别显著，在我国东部沿海地区或地形复杂的西南地区则不显著，受到多种水汽来源混合影响则有时呈现冬高夏低的相反现象。如Johnson等(2004)利用中国10个采样点的1988—1990年降水同位素数据研究得出：在我国西北地区的和田，降水同位素夏季偏正，冬季偏负，温度是影响降水同位素的主导因子；而在我国南部的香港，降水同位素却是夏季偏负，冬季偏正，降水量效应是影响降水同位素的主导因子。同时处于我国南部的南京地区的降水同位素也是夏季降水同位素偏负，冬季偏正。Zhao等(2011)通过对我国西北地区的黑河的降水同位素的研究得出：黑河上游的野牛沟站夏季降水同位素偏正，冬季偏负，这就更加说明了我国西北内陆地区的季节性效应显著。

王锐等(2008)通过测定长武塬区2005年降水水样的氢氧同位素组成，分析了该区降水氢氧同位素组成的基本特征。氢氧同位素组成的季节变化明显，春季降水中氢氧同位素值较高；夏季降水量增多，与此同时温度增加，蒸发较强，同位素值虽有减小，但仍偏高；秋季温度低，湿度也有所增加，同位素值较小。具体表现为12月至次年5月份降水中氢氧同位素值较大，这是因为冬季受内蒙古高压控制，寒冷干燥，而春季暖湿气流还未到达，降水较少，空气湿度较小。6—8月份由于东南季风携带大量湿热的海面气流向西北内陆推进，降水明显增加，降水中氢氧同位素值相比前期减小；但由于同期温度较高，地面蒸发强烈，而低湿度下二次蒸发与大气水汽混合后形成的降水同位素值相比偏高，因而此期降水中氢氧同位素值仍然较大。9—10月份，空气湿度增加，温度减小，降水过程受蒸发影响减小，除降水量较小的情况下同位素值较大外，其余降水氢氧同位素组成都较小。

三、河水及湖水

1. 河水

大多数河流具有两种主要补给源：大气降水和地下水。不同地区、不同季节，它们对一条河流的补给量也是不相同的。

大气降水形成径流占优势的小河水系中，水的同位素组成反映大气降水的特征，这些水具有明显的季节性变化。大河水系的同位素组成变化特点与之雷同，但由于大河水系是由源头和一系列支流汇集而成的，所以水的同位素组成变化要复杂得多，并且水的同位素季节性变化幅度在一定程度上受到了均一化作用的影响。

高山区的径流往往依赖于冰雪的熔融，这种成因的小河流的同位素组成也显示出季节性变化，但其季节性变化恰恰与大气降水的情况相反，在夏季，冬季储存的大量冰雪逐步融化，融水与夏季降雨相比相对贫同位素D和^{18}O，甚至低于冬季降雨。例如意大利的阿的治(Adiqe)河，冬季河水的$\delta^{18}O$值为$-11.4‰$，夏季$\delta^{18}O$为$-22.21‰$。这种与大气降水相反的同位素季节效应，乃是冰雪溶融水成因的河水同位素组成的一个重要特征。

表 4-15 和图 4-11 所列资料表明，在一些地处高山的河流中，河水的同位素高度效应也十分明显，例如 Chimbo 河从高程 317m 到 2600m，δD 值从 −40.1‰减少到 −83‰，$\delta^{18}O$ 值从 −6.33‰减少到 −11.72‰。再如，伊萨尔（Isar）河水 δD 值的高度效应为每百米接近 −3.5‰。

表 4-15　厄瓜多尔安第斯山地区 Chimbo 河的同位素组成与高度的关系

采样位置	$\delta^{18}O$(‰)	δD(‰)	时间	高程(m)
Guaranda	−11.72	−83.0	1976.11.10	2600
Guaranda	−11.37	−80.8	1976.12.15	2600
Coco 河汇水区	−9.33	−63.2	1976.11.11	746
Coco 河汇水区	−8.99	−60.4	1976.12.16	746
Bucay	−7.40	−46.8	1976.11.11	317
Bucay	−6.33	−40.1	1976.12.16	317

不仅如此，纬度和气候因素对河流水系中的同位素组成也会造成明显的影响。上述因素的综合影响，常常造成在一条大河水系中，从源头到各支流，一直到河流的下游，水的同位素组成的变化具有某种明显的规律性（图 4-12）。

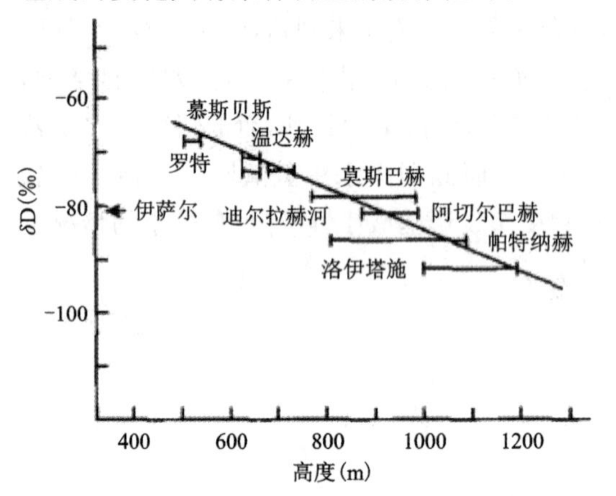

图 4-11　伊萨尔河 δD 的高度效应

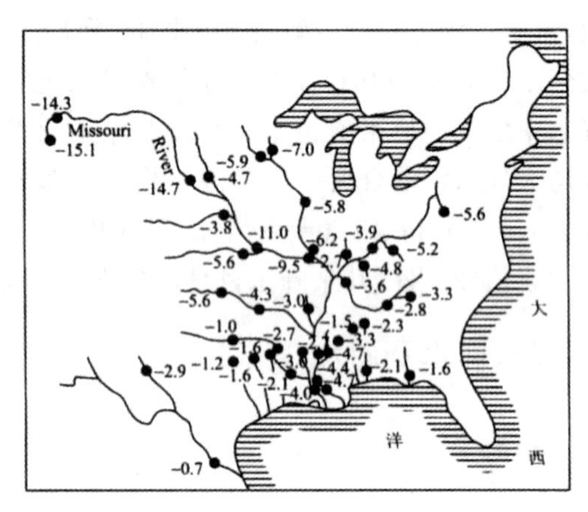

图 4-12　密苏里-密西西比河流水系的 δD 值分布特征（‰）

2. 湖水

湖水的同位素组成与水源的补给类型和湖泊所处的地理位置、自然环境条件紧密相关。湖水的补给，可以源于降水、河水、地下水，在靠近海洋地区，还可以由海水补给。这些不同类型的补给源，都会给湖泊水的同位素带来影响。在大多数湖泊中，湖水直接或间接地来源于大气降水，所以它在很大程度上受大气降水的同位素分布规律所支配，同大气降水一样，湖水的同位素组成存在季节性效应、纬度效应、大陆效应和高度效应。但是，实际湖水的同位素组成并不完全等于原始补给水的同位素组成，由于受蒸发作用的影响，它在一定程度上相对富集重同位素，这一现象尤其在纬度低的干旱地带的内陆湖泊中最为突出。在 δD-$\delta^{18}O$ 图中大多数湖泊水的同位素组成落在“蒸发线”上。部分蒸发的湖水不仅 δ 值比补给水的要高些，而且以低的氘过量参数 $d(d=\delta D-8\delta^{18}O)$ 为特点。

在一些大而深的湖泊中，由于缺乏混合，同位素组成不仅在湖的表层水中不均匀，而且在垂直带上常常呈季节性或永久性的成层分布现象。

四、地下水

现代地下水圈中的地下水，按其成因可划分为外生水和内生水两大基本成因类型。前者又可分为渗入水和沉积水；后者分为变质水和岩浆水。各种成因地下水在地质及水文循环过程中相互联系与转化，其分布与埋藏条件十分复杂。鉴别地下水基本成因类型，查明其形成条件及分布规律是水文地质学所探讨的基本课题之一。近年来，通过对地下水同位素的研究，为这一基本课题提供了新的思路。

1. 渗入水

渗入水是大气降水渗入补给的地下水，其同位素组成明显接近补给区大气降水的平均同位素组成。这是一种较为普遍的现象。

但是，两种情况值得注意：一是在干旱地区，由于浅层蒸发作用，使得地下水相对富集重同位素，并以其同位素组成落在“蒸发线”上为特征；二是季节性的选择补给。倘若地下水的补给选择夏季的降水，则可能出现高于当地降水平均同位素组成的情况，它的特点是，水的同位素组成只落在当地大气雨水线上，而不是“蒸发线”上。如果季节性的补给选择冬季降水或夏季高山冰雪的融水，其结果则是地下水与降水的平均同位素组成相比相对贫重同位素。

当补给区的环境因素相当稳定时，地下水的同位素组成的平均值也是稳定的。在这种情况下，大气降水成因的浅层地下水的平均同位素组成和大气降水的平均同位素组成存在某种关系，并可借此确定浅层地下水补给源的位置和高度，甚至可以反映出不同气候类型降水补给特征。

大部分浅层含水层中的古渗入水的氘、氧同位素的含量和氘过量参数都低于当地的现代大气降水，这一同位素组成特征常常归因于第四纪冰期和间冰期寒冷气候条件下的大气降水入渗。由于近代水的混入及不同高程降水入渗的混合，在某些含水层中古渗入水的这一同位素特征并不明显。

2. 沉积水

沉积水是沉积盆地中的沉积物在沉积过程中或沉积之后进入其中的古地下水，它们被埋存于比较封闭的构造中，常与油田共生。由于这种水的含盐量很高，长期以来人们把这种油田水看作是典型海水成因的沉积水，但近年来同位素的研究表明，沉积水的成因是比较复杂的，Clayton 等(1966)研究了北美 4 个重要含油盆地的油田水后发现，这些水的 δD 值较海水的要低很多，并有如下一些特征(图 4-13)。

(1)每个含油盆地油田水的 δ 值都限定在一条最佳的拟合线附近，该线不是向着海水同位素组成位置靠近，而是与降水线相交，交点处的 δ 值接近于当地降水的平均 δ 值。说明油田水不是海水成因，而是主要来自大气降水。至于油田水的含盐量高，或是由于蒸发岩的溶

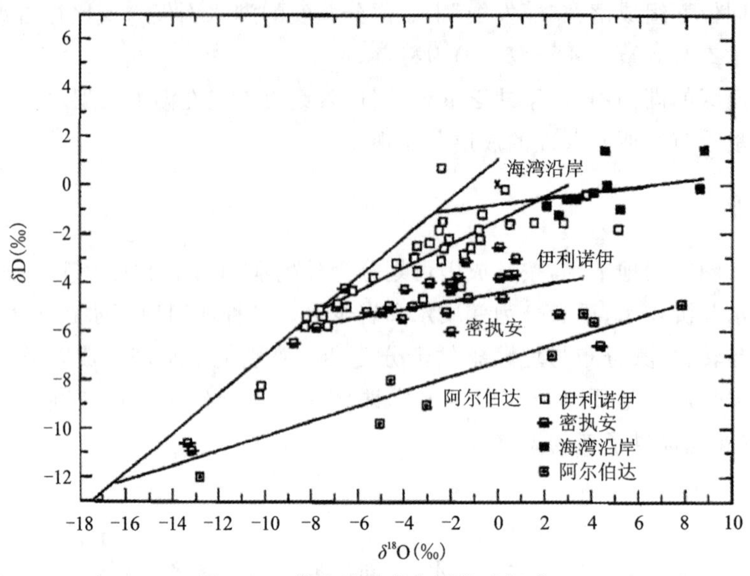

图 4-13 某些油田卤水同位素组成

解，或是由于页岩和致密黏土产生的半渗透膜效应。

(2)各含油盆地油田水氢氧同位素组成的空间分布同大气降水一样具有纬度效应。例如位于南部的海湾沿岸油田水比位于北部的阿尔伯达盆地油田水具有较高的 δ 值。

(3)在同一含油盆地内，油田水最高 $\delta^{18}O$ 值往往出现在水温和盐度都高的地方。而 δD 值略有增高可能和水与 H_2S、碳氢化合物以及含水矿物(石膏、黏土)发生氘同位素交换有关。

应指出的是，对于上述用大气降水起源来解释油田水 δD 值低于海水 δD 值的见解尚存有不同意见。

据王东升研究，我国四川盆地的黑卤水，$\delta D=-49‰\sim25‰$，$\delta^{18}O=4‰\sim6‰$，是起源于析出石盐后的残余海水与后期从石膏中脱出来并溶滤地层中岩盐和结晶水的混合，为海相沉积-变质卤水。而位于上部的黄卤水，$\delta D=-62.25‰\sim22.4‰$，$\delta^{18}O=-6.72‰\sim+6.02‰$，是大气起源的陆地水溶滤下伏岩层盐类形成的。

又据弗吕斯切和哥德贝格(1977)研究，以色列南部海岸平原的深部卤水是海相潟湖成因的。

3. 变质水

变质水系在300～600℃温度下与遭受脱水作用的变质岩达到同位素平衡，其同位素组成发生变化了的水。它的 δ 值的变化范围为：$\delta D=-70‰\sim0$，$\delta^{18}O=3‰\sim20‰$。不同地区变质水的同位素组成很不一致，主要取决于原岩类型。

4. 岩浆水及初生水

岩浆水是从岩浆熔融体中分离出来的水或是在岩浆温度下(700～1100℃)与岩浆系统或火成岩保持化学和同位素平衡的一种溶液。它可以源于初生水，也可能来自重熔的沉积岩和火成岩。岩浆水的典型值为：$\delta D=-75‰\sim-30‰$，$\delta^{18}O=7‰\sim13‰$(Hornoto，1985)。初生水来源于地幔，是以温度在 1200℃左右时与正常铁镁质岩浆[δD=(−75±10)‰，δ^{18}O=(6±0.5)‰；Taglay，1979]处于同位素平衡的水而定义的。初生水的估计值为 δD=(−65±20)‰，δ^{18}O=(6±1)‰。

五、水文循环中的同位素组成变化

形成水分子的化学元素氧和氢的同位素比率(^{18}O/^{16}O 和 ^{2}H/^{1}H)是研究水文、水文气象和水文地球化学逻辑的有力工具(图 4-14)。这些研究需要很好地了解控制水文系统中不同水体，如极地和高山地区的蒸汽、降水、地表水、地下水和冰川冰的同位素组成过程中的同位素分馏和混合。

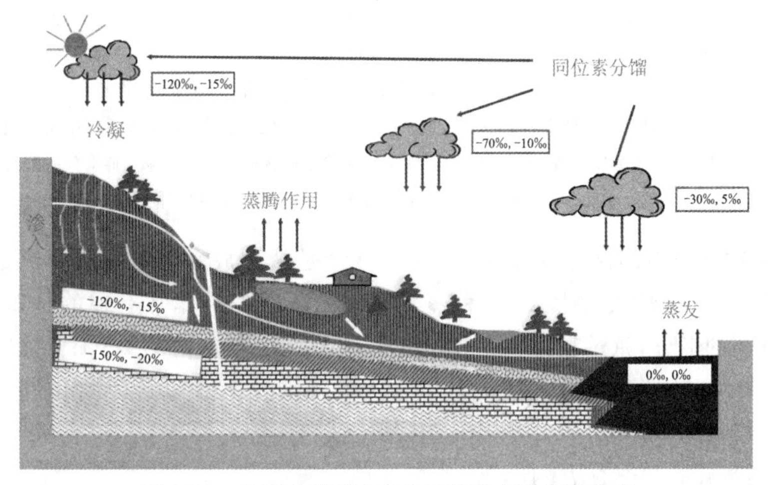

图 4-14　自然水循环中水分子的稳定同位素分馏

从全球大气降水线(GMWL)发现以来，δ^{2}H-δ^{18}O 图常被用来识别水的来源是否来自降水以及它经历了哪些大气过程。后来，发现了其他几种大气过程，如水体开放表面的蒸发、不同水团的混合、各种成岩水-岩相互作用(由矿物蚀变引起的与矿物的同位素交换)，这些过程通常与 GMWL 一起显示在 δ^{2}H-δ^{18}O 图中。庞忠和(2017)综合自然水循环中主要过程类型的同位素变化以及控制水分子稳定同位素组成的水-岩石相互作用，并将它们全部显示在单一的 δ^{2}H-δ^{18}O 图中，发现它在学习(和教学)中有用，甚至在稳定同位素的实际应用中更有用。

δ^{2}H-δ^{18}O 图(图 4-15)共有 13 条趋势线，用于说明水分子中的稳定同位素，以供水文研究之用。它可以用来研究一个地区的平均大气降水的同位素演变，将地表水和地下水系统的演变作为水文循环的一部分。它们有助于追溯水源，揭示各种过程，如水文、水文气象和水文地球化学过程，并量化不同水源的混合。庞忠和建立的 δ^{2}H-δ^{18}O 图可作为稳定同位素实际应用和教学的基本参考。

1. 大气降水系统

①②⑩和⑪号线通常用于大气降水系统。其中，①号线是全球大气降水线(GMWL)，这是所有水文研究的基本参考线。②号线是水汽再循环线。虽然大部分大气水都绘制在 GMWL 上，但也有些绘制在这条线上。作为一项后续研究，根据水分循环过程中的同位素分

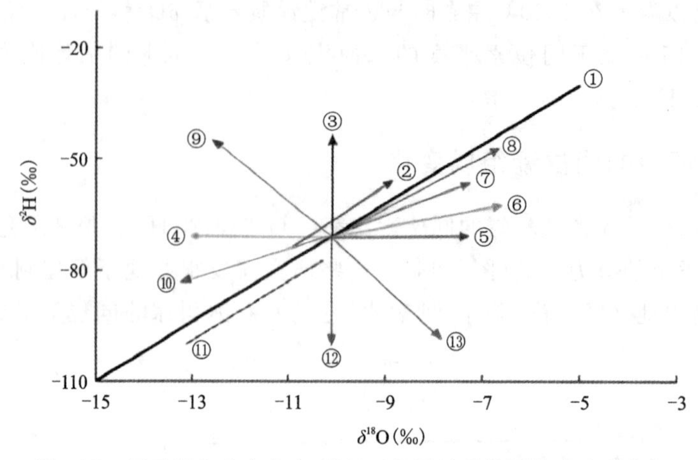

图 4-15 用于研究水文和水-岩相互作用过程的同位素地质指标

①GMWL；②水汽再循环；③与 H_2S 的同位素交换；④与 CO_2 的同位素交换；⑤地热系统中水-岩相互作用；⑥与安山岩水混合；⑦蒸发过程；⑧与海水混合；⑨与硅酸盐矿物的同位素交换；⑩水分的凝结过程；⑪古大气降水；⑫与碳氢化合物的同位素交换；⑬与黏土矿物的同位素交换。

馏，估算出乌鲁木齐盆地的循环分数为 8%。⑩号线是从开放水体蒸发的蒸汽的冷凝线。此外，在下落过程中，还可能发生蒸发，这种蒸发称为云下蒸发。非常有趣的是，在湿润和干旱地区，每蒸发 1%的馏分，氘过量($d=\delta^2H-8\delta^{18}O$)在数值上会在 1.1～1.2 之间变化。⑪号线是在末次冰期发生的降水中同位素贫化的古大气降水线。

①号线：$\delta^2H=8\delta^{18}O+10$

②号线：$\delta^2H=8\delta^{18}O+d(d>10)$

⑩号线：$\delta^2H=n\delta^{18}O+d(n<8,\delta^{18}O<\delta^{18}O_{GWML})$

⑪号线：$\delta^2H=8\delta^{18}O+d(d<10)$

2. 地表水系统

⑦号线是蒸发线，它有不同的斜率，但总是比 GMWL 的斜率小。⑦号线典型的斜率是 4～6，取决于相关地区的温度和相对湿度。与地表水蒸发相比，土壤蒸发的斜率总是小得多。

⑦号线：$\delta^2H=m\delta^{18}O+d(m<8,\delta^{18}O>\delta^{18}O_{GWML})$

⑥号线是火山蒸汽的混合线，以安山岩水为例。这些水主要存在于与岛弧火山作用有关的地热系统中，例如环太平洋地热带。如果地热水是由深安山岩水和大气降水混合而成，则沿着这条线绘制。在极端情况下，安山岩水端的混合比可高达 25%。

⑥号线：$\delta^2H_{安山岩水}=(-20\pm10)‰,\delta^{18}O_{安山岩水}=(-10\pm2)‰$

⑧号线为与海水的混合线。沿着这条线绘制靠近海岸的海水，与在受海水入侵影响的沿海含水层中发现的地下水相同。

⑧号线：$\delta^2H_{海水}=0,\delta^{18}O_{海水}=0$

3. 地下水系统

水-岩相互作用过程在地下水中很常见。③④号线分别为与 H_2S、CO_2 同位素交换的线。

H_2S(③号线)可以在地下水中产生,在那里有机碳基质是可利用的,支持细菌硫酸盐还原,并由于与 H_2S 的交换而导致地下水中 ^2H 的富集。在 CO_2 与水比值较高的系统中,尤其是在 CO_2 地质封存中,$\delta^{18}O$(④号线)有望出现负向偏移。⑤⑨⑬号线分别是在高温下与矿物、硅酸盐和黏土矿物相互作用的线。水和硅酸盐之间的交换可以使地下水的 δ^2H 值升高、$\delta^{18}O$ 值降低(⑨号线)。⑫号线是与碳氢化合物进行同位素交换的线。在煤层中,由于氢与碳氢化合物的交换,可以找到⑫号线。各种地下过程可能会改变地下水的同位素组成,从而揭示地下水的地下演化历史和地下水与岩石的地球化学反应。地热水显示不同程度的正 $\delta^{18}O$ 偏移(⑤号线),这归因于在高温下的水-岩相互作用。最近,在沉积盆地的低温地热水中发现了显著的氧漂移,由于大多数造岩矿物中缺乏氢,对 δ^2H 没有明显的影响。在黏土层中,因水同位素交换作用的脱水作用从而产生⑬号线。

③号线:$10^3\ln\alpha^2H_{H_2O-H_2S}=(10^6/T_K^2)+290.498\times(10^3/T_K)-127.9$

$\delta^2H_{H_2O}=\delta^2H_{H_2S}+10^3\ln\alpha^2H_{H_2O-H_2S}$

④号线:$10^3\ln\alpha^{18}O_{CO_2(g)-H_2O}=-0.0206\times(10^6/T_K^2)+17.9942\times(10^3/T_K)-19.97$

$\delta^{18}O_{H_2O}=\delta^{18}O_{CO_2(g)}-10^3\ln\alpha^{18}O_{CO_2(g)-H_2O}$

第五章　碳硫稳定同位素

第一节　概　述

一、碳硫的主要地球化学性质

1.碳

碳元素的原子序数为6，原子量为12.011，在地壳中的丰度为0.02%，属微量元素，但分布广泛。自然界的碳包括有机碳和无机碳两大类。碳是生物圈中最重要的元素，在有机体中含量达20%，是地球上生命赖以生存的基础。碳广泛存在于地壳浅表层圈、水圈和大气圈中，也能存在于地幔中。碳有多种存在形式：以氧化形式存在的有CO_2、CO、H_2CO_3、HCO_3^-、CO_3^{2-}及各种碳酸盐矿物；以还原形式存在的碳除CH_4外，主要存在于有机化合物和矿物燃料(石油、煤等)中；在某些矿物中还可呈自然元素形式(金刚石、石墨)存在。

地球上有四大碳储存库：大气圈、水圈、生物圈和岩石圈。各种不同形式的碳在其间进行着无机过程和有机过程的碳交换循环(图5-1)。

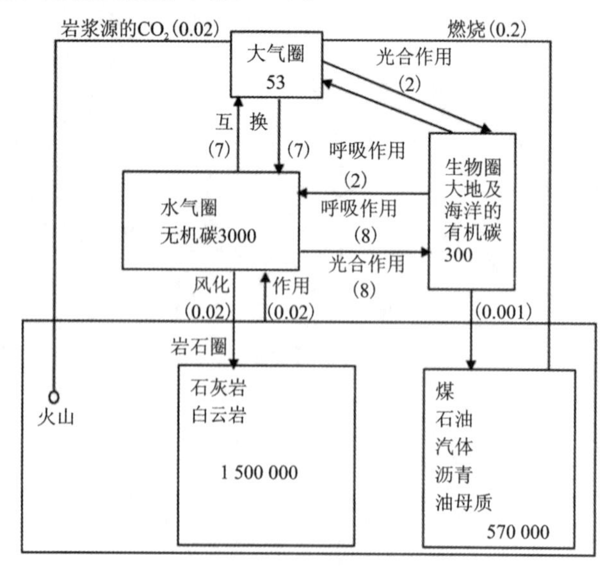

图5-1　碳在自然界的交换循环(碳储量单位：Gt)

碳的稳定同位素有两种：^{13}C 和 ^{12}C，它们的同位素相对丰度分别为1.108%和98.892%。

碳在天然循环过程中，同位素组成的变化范围超过10%。碳是一种变价元素，在不同环境条件下可形成不同价态的化合物，它们之间存在着明显的同位素分馏。碳酸盐的 $\delta^{13}C$ 值变化达10‰，甲烷的 $\delta^{13}C$ 值变化超过90‰。各种主要天然物质的碳同位素组成见图5-2。

碳在地下水中以游离 CO_2、溶解 $CO_2+H_2CO_3$、HCO_3^-、CO_3^{2-} 等形式存在，它们的总和称为溶解无机碳总量(ΣC)。地下水碳同位素组成是指总溶解无机碳的同位素组成。

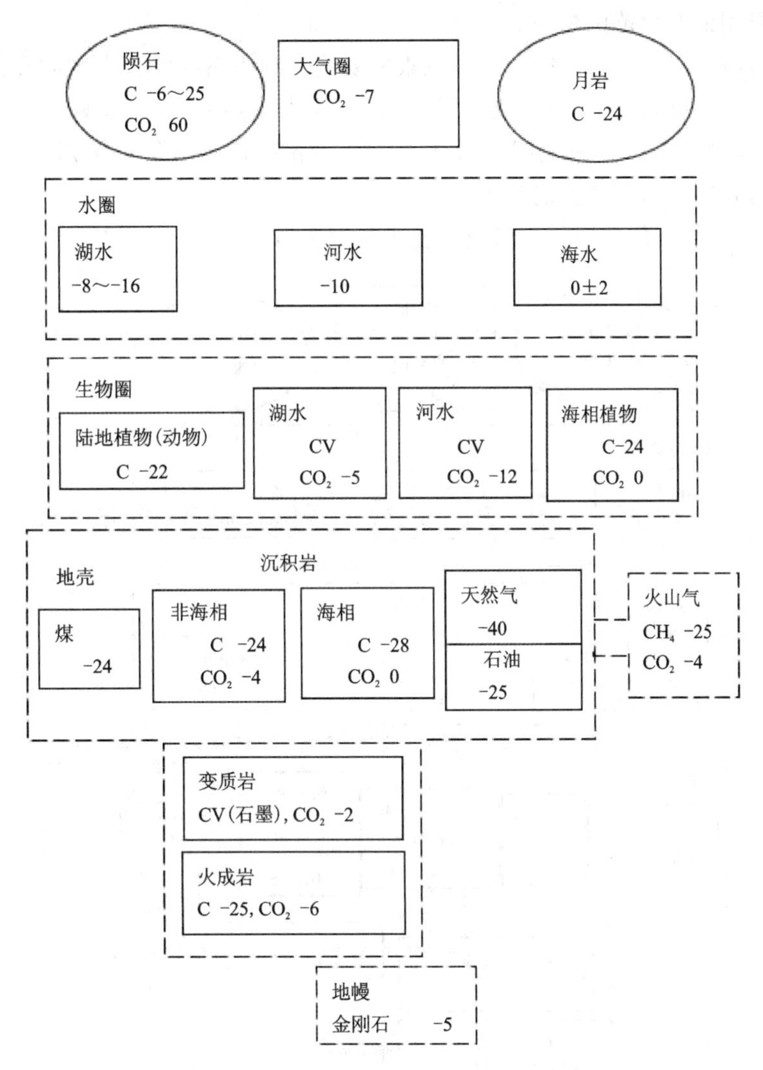

图5-2　地球各种物质碳同位素组成的变化范围(以 $\delta^{13}C$ 表示)

2. 硫

硫元素的原子序数为16，原子量为32.06。硫有4种稳定同位素，其相对丰度(Holden，1980)为：

^{32}S　95.02%

^{33}S　0.75%

^{34}S　4.21%

^{36}S　0.02%

在这4种稳定同位素中，以^{32}S和^{34}S最为丰富。尽管$^{36}S/^{32}S$的值可以出现较大的变化，但^{34}S的丰度远远高于^{36}S，在测量$^{34}S/^{32}S$时可以得到很高的精度，所以在同位素地球化学的研究中，一般采用$^{34}S/^{32}S$的值。

地球物质的硫同位素的变化范围高达150%，但在98%的样品中$\delta^{34}S$值落在−40‰～+40‰之间，典型的变化范围为80‰。

硫同位素这样大的变化范围，与硫同位素的质量差和一系列的化学性质有关。硫是一种变价元素，在不同环境条件下，可形成不同价态的化合物，这些不同价态硫的化合物之间存在明显的同位素分馏。此外，各种硫化合物的稳定性和溶解度也有很大区别，在水的作用下发生溶解和沉淀，并导致同位素分馏。

各种主要天然物质的硫同位素组成的变化范围见图5-3。

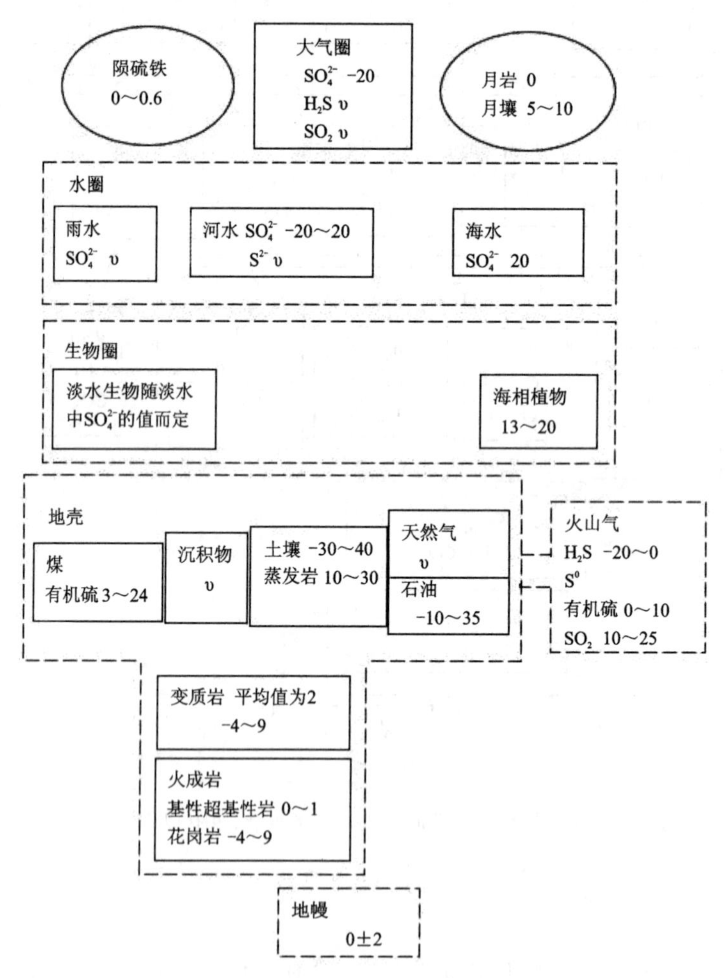

图5-3　各种天然物质的硫同位素组成变化范围(以$\delta^{34}S$表示)

硫在地下水中的存在形式有SO_4^{2-}、HSO_4^-、H_2S、HS^-等。在某一含水系统的地下水中，它究竟以何种形式存在以及各种形式硫之间的含量关系，主要取决于环境的水文地球化学条件(水的温度、pH 值和 Eh 值等)。对多数地下水来说,硫主要以 SO_4^{2-} 和 H_2S 形式存在。为了研究水中硫的不同化学组分的同位素组成,在野外现场取水样时要分别提取 SO_4^{2-} 和 H_2S。

二、物质中碳硫同位素组成表示方法和标准

1. 碳硫同位素组成表示方法

碳硫同位素组成分别用 $\delta^{13}C$ 和 $\delta^{34}S$ 值表示,即某样品与标准样品的比值减 1,即

$$\delta^{13}C=\left[\frac{(^{13}C/^{12}C)m}{(^{13}C/^{12}C)s}-1\right]\times 1000‰ \tag{5-1}$$

$$\delta^{34}S=\left[\frac{(^{34}S/^{32}S)m}{(^{34}S/^{32}S)s}-1\right]\times 1000‰ \tag{5-2}$$

2. 碳硫同位素的标准

稳定碳同位素的国际标准样品是 PDB,它是美国南卡罗莱州白垩系皮狄组拟箭石。因为该样品已经用完,目前采用美国标准局(NBS)制定的其他参考标准,如表 5-1 所列。

表 5-1　碳同位素标准

标样符号	标准名称	相对某标准测定	$\delta^{13}C$(‰)
PDB	南卡罗莱州白垩系皮狄组拟箭石		0
NBS-18	国际原子能机构(IAEA)分发的 KAISORSTUHL 碳酸盐岩	PDB	−5.00
NBS-19	NBS 分发的大理岩	PDB	+1.92
NBS-20	NBS 分发的德国 Bavaria 州 Solnhofen 石灰岩	PDB	−1.06
NBS-21	NBS 分发的光谱纯石墨	PDB	−28.10
NBS-22	NBS 分发的石油标准	PDB	−29.63

稳定硫同位素的国际标准是 CDT,它是迪亚布洛峡谷铁陨石中陨硫铁的硫,$^{34}S/^{32}S=0.045\,004\,5$,$\delta^{34}S=0$。陨硫铁的硫同位素组成相当于整个地球的平均硫同位素组成。故样品的 $\delta^{34}S$ 值可以直接看成样品相对于地球平均值的偏离程度。

第二节　碳硫同位素分馏

一、碳硫同位素的动力分馏

(一)碳同位素的动力分馏

1. 光合作用中的碳同位素分馏

光合作用是指绿色植物吸收阳光能量、二氧化碳和水制造有机物质放出氧气的一种作用。

通过光合作用大气中的二氧化碳进入植物机体的过程较为复杂，通常可用如下反应式表示：

$$6CO_2+6H_2O \longrightarrow C_6H_{12}O_6+6O_2$$

由于轻同位素分子的化学键较之重同位素分子的化学键易被破坏，因而光合作用结果使有机体相对富集轻同位素(^{12}C)，而残留二氧化碳中相对富集重同位素(^{13}C)。

Baertschi(1953)通过实验测得原始 CO_2 和光合作用形成的植物之间的分馏系数为1.026。他认为，叶子表面对两种二氧化碳($^{12}CO_2$ 和 $^{13}CO_2$)同位素分子吸收速度上的差异是造成这一分馏的原因。

Park(1960)和 Epstein(1960,1961)首先提出了光合作用中碳同位素的分馏模型。他们认为，分馏分为两步：第一步，在光合作用期间，植物优先从大气中吸取 $^{12}CO_2$，第二步，植物优先溶解含 ^{12}C 的 CO_2，并把它转换为碘酸甘油酸。据估计，第一步分馏平均为－7‰。如果吸收的 CO_2 在第一步就全部转变为光合作用的产物，将不产生进一步的分馏。如果吸收的 CO_2 仅有部分被结合到植物中，那么，它们之间的分馏可达－17%，其分馏的程度依赖于 CO_2 的利用率。这样，两步的总分馏可达－24‰左右。根据这一分馏模型，可以解释大气 CO_2 和植物碳之间同位素组成的差别以及自然界植物中 ^{13}C 的变化。

2. 生物或细菌氧化还原作用过程中的碳同位素分馏

生物或细菌氧化还原作用对碳同位素分馏的影响较大。湖泊、沼泽及滨海底部淤泥中厌氧菌还原有机物生成的 CH_4 的 $\delta^{13}C$ 值很低。据 Rosenfielcl 等(1959)资料，当原始有机物的 $\delta^{13}C$ 为－25‰，温度低于100℃时，细菌还原广生的 CH_4 的 $\delta^{13}C$ 值为－80‰～－60‰，分馏值 ε 达35‰～55‰。海洋浮游生物的固碳作用比海水 HCO_3^- 的 $\delta^{13}C$ 值要低17‰～130‰，环境温度越低，其 $\delta^{13}C$ 值越小。

细菌的氧化作用同样可使 CH_4 的 $\delta^{13}C$ 值发生变化，反应产物 CO_2 优先富集 ^{12}C，而且温度升高，分馏的程度增大。

3. 水溶液中 $CaCO_3$ 的沉淀速度对碳同位素分馏的影响

在常温下，HCO_3^- 和 $CaCO_3$ 之间的碳同位素的平衡分馏值为(－2.8±0.5)‰。但实验中发现 $CaCO_3$ 的沉淀速度对碳同位素分馏的影响很大。图5-4为 Turner(1982)的实验结果，当 $CaCO_3$ 的沉淀速度小于40mol/min时，HCO_3^--$CaCO_3$ 之间的分馏非常明显；当 $CaCO_3$ 沉淀速度大于40mol/min时，它们之间的同位素分馏不明显。

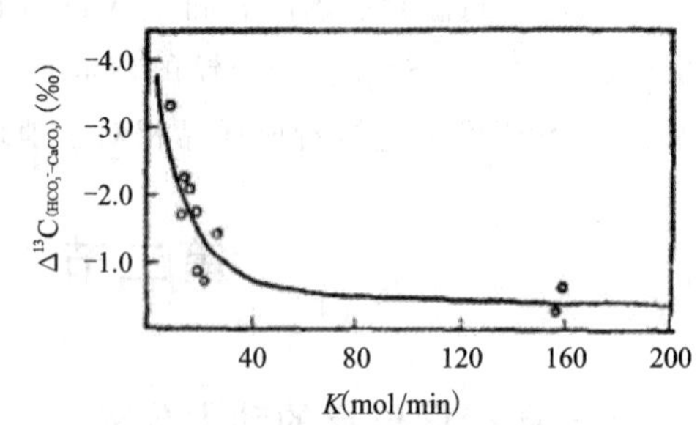

图5-4 HCO_3^--$CaCO_3$ 系统中碳同位素的分馏与沉淀速度的关系

4. 油-气-水系统中的碳同位素动力分馏

在油-气-水系统中，常常存在物理过程中的同位素动力分馏。例如油经热裂解生成的 CH_4 常常富轻同位素，但 $^{12}CH_4$ 和 $^{13}CH_4$ 在水中的溶解度不同，又使水中溶解的 CH_4 进一步富 $^{12}CH_4$，这样就使水中溶解的 CH_4 和原油之间产生了较大的同位素分馏。

（二）硫同位素的动力分馏

1. 硫化物氧化过程中同位素的动力分馏

在氧化反应中，含轻同位素的硫化物的分子反应速度较快，生成的产物相对富 ^{32}S。但是，这一过程的同位素分馏程度很小，一般生成物和反应物的 $\delta^{34}S$ 值很接近。例如，在矿石硫化物和矿坑水硫酸盐离子之间；某些温泉水的硫化氢与硫酸盐离子之间以及表生硫酸盐和内生硫化物之间的 $\delta^{34}S$ 值十分相近。因此，一般可以根据表生硫酸盐与内生硫化物的 $\delta^{34}S$ 值相近，而内生硫酸盐比内生硫化物的 $\delta^{34}S$ 值大得多来区分是表生硫酸盐还是内生硫酸盐。

2. 硫酸盐无机还原过程中同位素的动力分馏

硫酸盐的无机还原需要较高的活化能，温度一般要在 250℃以上。由于 ^{34}S-O 键和 ^{32}S-O 键的破裂所需能量不同；$^{32}SO_4^{2-} \rightarrow H_2{}^{32}S$ 和 $^{34}SO_4^{2-} \rightarrow H_2{}^{34}S$ 的反应速度也不一样（$K_1/K_2=1.022$）因而导致同位素分馏。

3. 硫酸盐细菌还原过程中同位素的动力分馏

细菌还原硫酸盐是一种重复的硫同位素动力分馏产物。在不同条件下（温度、电子供体、硫酸盐的浓度、细菌总密度等），硫酸盐和硫化氢之间的分馏可达 50‰。

厌氧细菌对硫酸盐的还原作用如图 5-5 所示（Goldhaber and Kaplan，1971）。

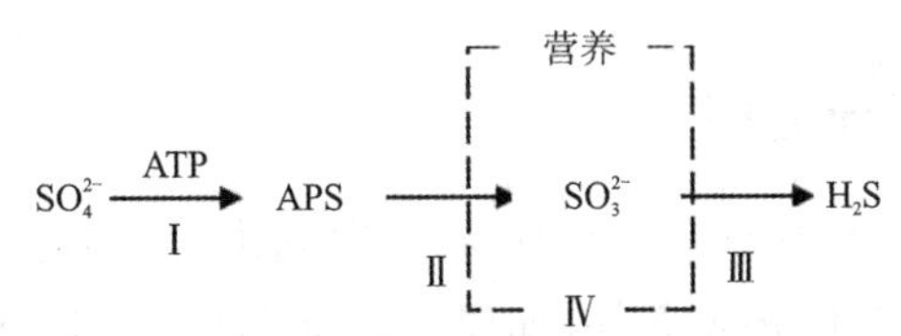

图 5-5　硫酸盐细菌还原过程的动力分馏

ATP. 脱氧酶三磷酸盐；APS. 脱氨酶磷酸盐

SO_4^{2-} 经 ATP 作用而活化，形成 APS（反应Ⅰ），APS 直接还原为亚硫酸盐（SO_3^{2-}）（反应Ⅱ），SO_3^{2-} 作为厌气细菌的"营养"最终还原为 H_2S（反应Ⅲ）。在正常条件下，反应Ⅰ是控制轻、重同位素反应速度的重要环节，尤其在涉及 S-O 键破裂、在极低的 SO_4^{2-} 浓度或营养供给特别丰富的情况下，其轻、重同位素反应速度差别很小，这时的净分馏接近零。天然环境中的细菌活度以相当慢的生长速度为特征，此时，酶键含硫类间的逆反应（反应Ⅳ）可能变得较突出。

天然硫酸盐还原成硫化物，有以下两种代表性的环境模式。

（1）开放系统。系统对 SO_4^{2-} 是开放的，例如，在含有丰富硫酸盐的地下水中，由于垂直混合不充分，导致水体缺氧。起初，硫酸盐的还原细菌生长很快，但产生的 H_2S 会很快超过这种细菌安全生存的限量，从而抑制细菌的繁殖速度，减慢还原速度，造成反应物和生成物之间明显的同位素分馏。例如，在黑海和部分海洋深部，SO_4^{2-} 还原速度缓慢，又从海水中得到补充

(对 SO_4^{2-} 开放),结果生成物 H_2S 极端贫 ^{34}S。

(2)封闭系统。当系统对 SO_4^{2-} 是封闭时,有两种情况:一种是对生成物 H_2S 开放。例如,H_2S 的去气或金属硫化物的沉淀。反应产物 H_2S 开始时会最大地富 ^{32}S,随着反应的进行,$\delta^{34}S$ 值逐渐增大,到还原过程结束时,反应产物的 $\delta^{34}S$ 值就会大大超过硫酸盐的原始 $\delta^{34}S$ 值,如图 5-6 中的曲线 2 和曲线 3。

另一种是对 H_2S(或 HS)的封闭系统,也就是反应产物生成后在系统中不断积累。在这一过程中,刚开始时,生成的 H_2S 贫 ^{34}S,随后逐渐增高,反应结束时,H_2S 的 $\delta^{34}S$ 值接近于硫酸盐的原始 $\delta^{34}S$ 值,如图 5-6 中的曲线 1。

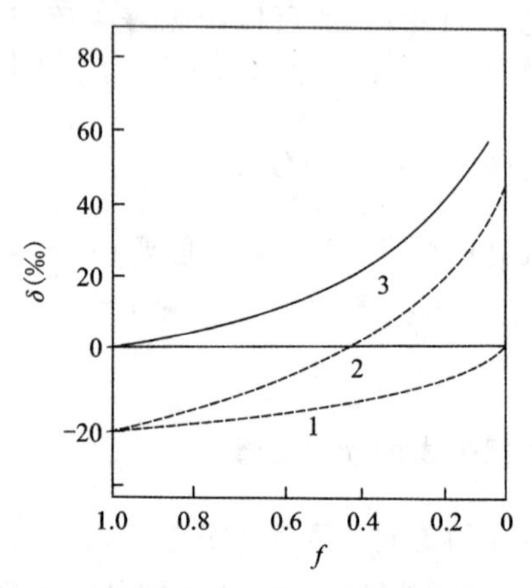

图 5-6 反应进行(f)时反应生成物和残余反应物的 $\delta^{34}S$ 值的变化

1. 总反应生成物 H_2S;2. 瞬时生成物 H_2S;3. 残余的反应物 SO_4^{2-}

二、碳硫同位素的平衡分馏

在同一体系中,不同的碳或硫化合物之间存在着同位素交换。由于各化合物的物理化学性质上的差异、不同体系所处的环境条件(如温度、pH 值等)和状态(均质或非均质)的不同,其交换程度差别很大。因而,在有的体系中容易实现同位素交换平衡,而有的体系中却不能。温度高的均质体系,一般比非均质体系更容易达到同位素交换平衡。

碳和硫都是变价元素,它们以不同价态的化合物存在。在同一体系中,当同位素达到平衡时,较高氧化态的化合物趋向于富集重同位素,其富集序列为:

$$\delta^{13}C_{C^{4+}} > \delta^{13}C_{C^{0}} > \delta^{13}C_{C^{2-}} > \delta^{13}C_{C^{4-}}$$

$$\delta^{34}S_{S^{6+}} > \delta^{34}S_{S^{4+}} > \delta^{34}S_{S^{0}} > \delta^{34}S_{S^{2-}}$$

在同一价态的化合物中,同位素的富集随着与金属离子形成的化学键的强弱顺序而变化,键强的化合物富重同位素。例如,$\delta^{34}S_{黄铁矿} > \delta^{34}S_{闪锌矿} > \delta^{34}S_{黄铜矿} > \delta^{34}S_{方铅矿}$。

当一个体系中的碳或硫同位素达到平衡时,根据碳和硫的交换 β 值(表 5-2、表 5-3)及公式:

$$\beta_C = (^{12}C/^{13}C)_{化合物} / (^{12}C/^{13}C)_C \tag{5-3}$$

$$\beta_S = (^{34}S/^{32}S)_{化合物} / (^{34}S/^{32}S)_S \tag{5-4}$$

$$\alpha_{A-B} = \beta_A / \beta_B \tag{5-5}$$

可以计算任何化合物在任意温度下的同位素平衡分馏系数。

表 5-2　碳同位素交换的 β 值

T(℃)	化合物		
	CO_2	CH_4	CO
0	1.217 1	1.126 2	1.109 5
10	1.206 0	1.120 4	1.104 5
20	1.195 8	1.115 0	1.099 9
30	1.186 4	1.110 0	1.095 7
40	1.177 7	1.105 3	1.091 7
50	1.169 7	1.100 9	1.088 0
75	1.151 9	1.091 2	1.079 6
100	1.137 0	1.082 9	1.072 5
125	1.124 3	1.075 8	1.060 3
150	1.113 3	1.069 6	1.060 9
175	1.103 8	1.064 1	1.056 1
200	1.095 4	1.059 3	1.051 9
250	1.081 5	1.051 2	1.044 7
300	1.070 5	1.044 6	1.038 9
350	1.061 5	1.039 3	1.034 1
400	1.054 1	1.034 8	1.030 2
450	1.048 0	1.031 1	1.026 8
500	1.042 8	1.027 9	1.024 0
600	1.034 6	1.022 8	1.019 5
700	1.028 5	1.019 0	1.016 1
800	1.023 8	1.016 0	1.013 5
900	1.020 2	1.013 7	1.011 4
1100	1.015 0	1.010 3	1.008 5
1300	1.011 5	1.007 9	1.006 6

表 5-3 硫同位素交换的 β 值

T(℃)	化合物				
	SO_3^{2-}	SO_2	S_2	H_2S	SCO
0	1.092 8	1.050 7	1.014 7	1.012 5	1.021 1
10	1.087 9	1.048 0	1.013 8	1.011 9	1.019 9
20	1.083 4	1.045 6	1.013 0	1.011 4	1.018 8
30	1.079 3	1.043 4	1.012 2	1.011 0	1.017 8
40	1.075 4	1.041 3	1.011 6	1.010 5	1.016 9
50	1.071 8	1.039 3	1.010 9	1.010 1	1.016 0
75	1.064 0	1.035 0	1.009 6	1.009 2	1.014 1
100	1.057 3	1.031 4	1.008 5	1.008 4	1.012 5
125	1.051 6	1.028 3	1.007 5	1.007 7	1.011 2
150	1.046 7	1.025 6	1.006 7	1.007 1	1.010 0
175	1.042 5	1.023 3	1.006 0	1.006 6	1.009 1
200	1.038 8	1.021 2	1.005 4	1.006 1	1.008 2
250	1.032 7	1.017 9	1.004 5	1.005 3	1.006 9
300	1.027 9	1.015 2	1.003 8	1.004 7	1.005 8
350	1.024 1	1.013 1	1.003 2	1.004 1	1.005 0
400	1.021 0	1.011 4	1.002 8	1.003 7	1.004 3
450	1.018 5	1.010 0	1.002 4	1.003 3	1.003 7
500	1.016 4	1.008 8	1.002 1	1.003 0	1.003 3
600	1.013 2	1.007 0	1.001 7	1.002 4	1.002 6
700	1.010 8	1.005 7	1.001 3	1.002 0	1.002 1
800	1.009 1	1.004 7	1.001 1	1.001 7	1.001 8
900	1.007 7	1.003 9	1.000 9	1.001 5	1.001 5
1100	1.005 9	1.002 9	1.000 7	1.001 1	1.001 1
1300	1.004 7	1.002 2	1.000 5	1.000 9	1.000 8

第三节 天然水中碳硫同位素组成及分布特征

碳和硫是天然水中最重要的化学组分，它们的来源较复杂，可以源于大气圈、生物圈、岩石圈和海洋等，甚至也可以来源于地幔。在一种天然水体中，碳和硫可以是单一源，也可以是多源混合，主要取决于水体的成因、运移途径和赋存的环境条件。研究天然水中碳、硫的同位素组成及其变化规律，不仅有助于查明水中碳、硫的来源及其形成过程，还可以提供有关地下水形成过程等重要信息。

一、天然水中碳同位素组成及分布特征

有关天然水中碳同位素组成及分布特征的研究，大多数工作集中在海洋、湖泊和地下水中，而对大气降水和河水则研究很少。

1. 海洋水

海洋水中溶解无机碳的碳同位素组成的分布具有以下一些特征：表层海水的 $\delta^{13}C$ 值变化大，最表层水的 $\delta^{13}C$ 值最高，往下随深度加大而变小，直至深 1km 处为 $\delta^{13}C$ 值的最低点；1km 处以下的深部海水，有 $\delta^{13}C$ 值随深度缓慢增长的趋势，但增长幅度很小，见图 5-7。

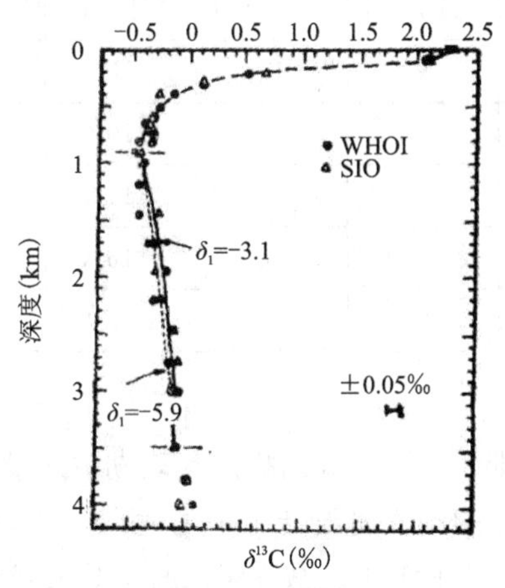

图 5-7　Geosecs 深水剖面无机碳同位素组成的变化

Krooganfck(1974)的调查表明：表层水总碳的 $\delta^{13}C$ 值为 1.39‰～2.24‰。从赤道到中纬度区，$\delta^{13}C$ 值为 2.0‰～2.2‰，变化较小，但到高纬度区 $\delta^{13}C$ 值明显减小。深度大于 3km 的水中总碳的 $\delta^{13}C$ 值为－0.10‰～1.17‰。

Deuser 和 Hunt(1969)、Graig(1976)等也相继对海水碳的同位素组成做过研究，所得结论与 Krooganfck 的相似。

海水碳同位素组成的变化可以归于两方面原因：大气 CO_2 和海水溶解无机碳之间的同位素交换；海洋底部细菌还原(例如，生成 CH_4)的同位素分馏。前者常常导致海水无机碳中富 $\delta^{13}C$，越靠近海水表层，交换程度越高，$\delta^{13}C$ 含量也越高；而后者常常使海水中残留物相对富 $\delta^{13}C$，但分馏的程度较小。

海洋水中溶解的有机碳的 $\delta^{13}C$ 值比较稳定，平均值为－21.8％(Eadie et al.,1978)。在寒冷的北极水中，溶解有机质与微粒有机质的 $\delta^{13}C$ 值相差 5％。微粒有机质的 $\delta^{13}C$ 值在－27‰左右，接近于现代浮游生物。

2. 湖水

湖水中溶解碳有两种主要来源：一种是通过河流或沿湖岸线以剥蚀的方式把大量的大陆

有机碳和无机碳带入湖泊中;另一种则是通过地下水径流把周围岩石中的无机碳类注入湖泊中。所以湖水中溶解碳的同位素组成反映当地的大陆和周围岩石含碳物质的碳同位素组成的特征。

此外,湖水中溶解碳的同位素组成还受两方面的影响:一是受湖水和湖泊沉积物内生物(主要是细菌作用)活动产生的CO_2的影响;其次是受地下水带入的无机碳与大气CO_2的同位素交换的影响。这两种影响常常造成$\delta^{13}C$的含量成层分布。

表5-4是Killeg等(1977)对加拿大Perch湖的调查资料,湖水$\delta^{13}C$值显示出季节性变化和成层分布的特征。

表5-4 Perch湖水溶碳的$\delta^{13}C$值①

深度(m)	1975年					1976年		
	5月11日	5月30日	6月26日	7月20日	8月9日	1月29日	3月31日	4月21日
0		−9.3	−9.7	−11.5	−10.4	冰	−13.7	−15.9
1.1～1.5		−9.5	−10.3	−11.4	−10.0	−14.3	−14.6	−16.5
2.4	−5.7				−11.6	−16.9		
3	−7.2	−18.5	−16.6	−15.9	−16.7	−16.5	−18.4	−17.3
3.4				20.0				

注:①$\delta^{13}C$值以PDB为标准。

分析上述资料,很有可能是:5月11日的样品代表湖泊水缺氧时期,贫^{13}C的CH_4和富^{13}C的CO_2同时由$\delta^{13}C$为−30.6‰的湖底腐泥产生出来,由于CO_2易溶于水,因而导致湖水$\delta^{13}C$值变高。5月底以后,湖底的还原环境改变,故而湖水的$\delta^{13}C$又降至−15.9‰～−18.5‰的范围。底部水的$\delta^{13}C$低、表层水的$\delta^{13}C$值增高的分层现象,明显反映了大气CO_2与湖水碳同位素交换的影响。

3. 地下水

地下水碳同位素组成受地下水本身形成、迁移及赋存环境的影响。

地下水中碳的来源主要有:①大气CO_2,在通常条件下其$\delta^{13}C$值一般为−7‰;②土壤CO_2和现代生物碳,其$\delta^{13}C$值一般为−25‰;③海相石灰岩,其$\delta^{13}C$值为(0±1)‰;④淡水灰岩,其$\delta^{13}C$值为负值,变化范围大。

大多数情况下,地下水碳的来源是多源混合,它的碳同位素组成显然要受到各种来源混合比的影响。同时在水迁移和赋存过程中,碳的溶解作用及同位素分馏效应均可使地下水中的碳同位素组成发生变化。因此,为了排除其成因信息上的多解性,必须结合与碳来源有关的具体条件加以分析和判断。

油田卤水中碳同位素组成的变化更为复杂,例如,温度低于80℃的美国加州油田卤水的$\delta^{13}C$值为−27.6‰～−19.9‰。得克萨斯州4个油田卤水中,温度低的卤水$\delta^{13}C$值为−10.8‰～−0.8‰,温度高于80℃的深部卤水$\delta^{13}C$值为−12.3‰～−4.8‰。

油田卤水的$\delta^{13}C$值变化大,除上面提及影响地下水中的$\delta^{13}C$值的原因外,碳类物质的氧化还原反应、有机质的热变质作用及热裂解方式均会对其产生较大的影响。

二、天然水中硫同位素组成及分布特征

1. 海洋水

在海洋水中，硫主要以溶解硫酸盐的形式存在。因为海洋水混合快，因此海洋水硫酸盐的浓度相当均一，且恒定在0.264 8%。海洋水中硫的总量约为1.23×10^{15}t。

现代各大洋中硫的同位素组成相对一致，其$\delta^{34}S$值为(20.1±0.8)‰。Ault和Kulp(1959)等先后调查了太平洋、大西洋和北冰洋的海水硫酸盐的硫同位素组成，在不同采样地点和不同深度没有发现$\delta^{34}S$的明显变化。

海水硫酸盐主要是由河流和地幔喷气带入的。这些含硫的组分经受细菌还原的同位素分馏作用，生成的硫化物富含^{32}S，而硫酸盐相对富集^{34}S。加之海洋硫的带入速度较为恒定，所以海水硫酸盐的$\delta^{34}S$较高且变化很小。

在内海和海湾的海水中，硫酸盐的硫同位素组成的变化较大(表5-5)，这主要是河流带入硫组分的速度有变化及细菌还原的程度不一，没有混合均匀造成的。

地质时期海水硫酸盐的硫同位素组成是变化的(图5-8)，从前寒武纪(650Ma)的$\delta^{34}S$=17‰左右迅速上升到31‰(约550Ma)，到早泥盆世时又降到17‰，二叠纪时$\delta^{34}S$继续下降到10.5‰左右，中生代早期又回升到25‰，随后又发生轻微的下降，从白垩纪至今，$\delta^{34}S$值在20‰左右波动。

表5-5 内海和海湾海水中硫酸盐的硫同位素组成

采样点	层位	$\delta^{34}S$(‰)	文献来源
红海	底层水	+20.3	哈特曼和尼尔逊(1968)
康涅狄格州长岛海峡	底层水	+20.5	中井和詹森(1964)
布兰福德海湾	底层水	+20.3	中井和詹森(1964)
东京湾	表面水	+14.0	酒井(1957)
不列颠哥伦比亚，萨尼奇峡湾	100m	+19.0	索德等(1961)
里海	表面水	+8.6	埃雷门科和潘金纳(1971)
卡拉博加斯戈尔湾	表面水	+7.7	埃雷门科和潘金纳(1971)
亚速海	表面水	+17.8	埃雷门科和潘金纳(1971)
波罗的海	表面水	+18.3	埃雷门科和潘金纳(1971)
白海	表面水	+19.1	埃雷门科和潘金纳(1971)
叶尔莫里夫海湾	表面水	+16.8	埃雷门科和潘金纳(1971)
黑海	表面水	+18.9	维诺格拉多夫等(1962)

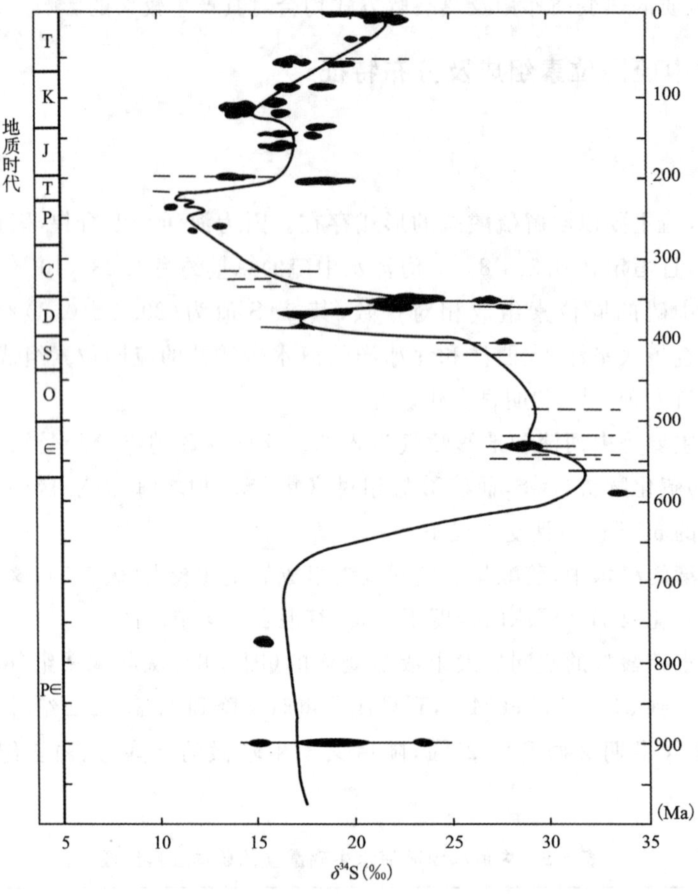

图 5-8　海水硫酸盐的 $\delta^{34}S$ 的年龄曲线

2. 大气降水

大气中的硫主要以 SO_2、SO_4^{2-} 和 H_2S 等形式存在，SO_2 和 H_2S 在大气中很快氧化为硫酸盐，因此雨水中的硫主要是硫酸盐。大气中硫的来源很复杂，有蒸发的海水中所含有的 S、生物成因的 H_2S、工业生产排放的 SO_2 以及火山喷发的硫气体组分等，因而不同地区雨水中的 $\delta^{34}S$ 变化很大。

在靠近海洋的地区，大气降水的 $\delta^{34}S$ 值接近于正常海水硫酸盐。法国巴黎、意大利的降水中 $\delta^{34}S$ 值为 20‰～22‰，被认为是来自海喷雾的硫酸盐(Cortecci and Longinelei，1970)。

非工业区 $\delta^{34}S$ 值在 3.2‰～8.2‰范围内变化，工业区其值高达 15.6‰，这一高值与燃烧煤的硫同位素组成相一致。在某些地区，尤其是干旱区，雨水中的硫酸盐也可以来自陆相蒸发岩，或者干盐湖和土壤中的硫酸盐矿物经风化被风吹扬进入空气中。由此可见，雨水中的 $\delta^{34}S$ 值大体可以反映硫源的情况，但这些硫源的变化程度是不确定的。

3. 河水

河流水系中，水溶硫的同位素组成基本上取决于河流盆地的物理化学背景和硫的来源。

Hitchon 和 Krouse(1972)调查过加拿大西北部 Mc kenzie 水系小溪水中硫酸盐的硫同位素组成，其 $\delta^{34}S$ 值变化范围为－20‰～20‰，并且发现其同位素组成和盆地岩性有关，特别是流过深部有蒸发岩的古生代地层后排出的河水，其 $\delta^{34}S$ 值都为正值，而流过下伏海相白垩系的盆地后排出的溪水却具有负的 $\delta^{34}S$ 值，这种具负值的硫酸盐显示是硫化物矿物系被氧化形成的。同样的情况在苏联的库马河也有发现，此河的上游在流经含蒸发岩的白垩系和侏罗系的岩层后，水中硫酸盐的 $\delta^{34}S$ 值在 8‰～14‰的范围内变化，而下游河水硫酸盐的 $\delta^{34}S$ 值减少到－5‰，推测这是由河谷内的黄铁矿氧化形成的(Chukhrow et al.，1975)。

意大利中部的 Tuscang 河，从源头到排泄口，硫酸盐的浓度和硫同位素组成都同时增长。在上游，硫酸盐的浓度均小于 10mg/L，$\delta^{34}S$ 值为－12‰～－3‰，下游入海口处硫酸盐浓度都大于 10mg/L，其 $\delta^{34}S$ 值也增为 3‰～12‰，但仍然低于正常海水的 $\delta^{34}S$ 值(Longinelli and Gortecci，1970)。

在一些流经面积很广的大河系中，不同来源的硫组分大都混合均一，以至于下游河水中的硫酸盐含量接近于该水系区域岩石中硫的平均值，这一情况在苏联伏尔加河流域的调查中得到了证实(BeceIoBCKH et al.，1964)。

4. 湖泊水

湖泊中水溶硫的 $\delta^{34}S$ 值变化很大，一般在－5.5‰～27‰之间。影响湖水硫同位素组成变化的主要原因是硫的来源和湖泊底部硫酸盐的还原作用。

浅湖或硫酸盐细菌还原作用不强烈的湖泊水中，利用硫同位素组成可以追溯硫的来源，或估计土壤水对湖水贡献的程度。

滞留湖水中的硫酸盐的 $\delta^{34}S$ 值的变化主要受细菌还原作用的影响。在一些较深的湖泊中，湖水底层尤为明显，此外，还受到季节变化的影响。在 Linsley 和 Connecticut 两个湖中，除每年夏末外，湖水几乎完全混合，水溶硫酸盐的 $\delta^{34}S$ 值常在 7‰左右。在秋季，湖水成层期趋向结束，底部水的硫酸盐浓度减少，而 $\delta^{34}S$ 增至 13%(Deevey and Nakai，1962)。

在永久性成层的 Green 湖的底部水中，水溶硫酸盐和底部淤泥的硫化物之间的硫同位素分馏高达 55‰。这一情况，在英格兰南部和苏联阿尔汉格尔斯克地区的湖泊水中也有发现。一般认为，湖泊水和淤泥中出现的高硫同位素分馏效应，直接与细菌的还原作用有关。

5. 地下水

地下水中的硫化合物主要以 SO_4^{2-}、H_2S 和 HS^- 的形式存在，它们的同位素组成的变化主要取决于硫的来源以及地下水赋存环境条件所引起的同位素分馏的程度。根据统计，SO_4^{2-} 的 $\delta^{34}S$ 变化范围为－13%～41%，H_2S 的 $\delta^{34}S$ 值变化范围为－38‰～21‰。

地下水中硫化物的来源可以是多方面的。它不仅汇集各种补给水所带入的水溶硫组分，而且当这些水流经各种含硫化合物的地层时，又溶解带入新的水溶硫组分。因此，地下水的硫同位素组成的变化相应复杂得多。

Rightomire 等(1974)在研究美国佛罗里达含水层和爱德华含水层的硫同位素组成时发现，佛罗里达含水层补给区的低硫酸盐浓度的水，其 $\delta^{34}S$ 值为 8‰～15‰，反映了海岸雨水硫同位素组成的特点。硫酸盐浓度高的样品都含有 H_2S，其 $\delta^{34}S$ 值都大于＋20.7‰，而且大半都在24‰的范围内，其中许多水样的$\delta^{34}S$值与现代海水或始新世蒸发岩矿物的$\delta^{34}S$值相一致，反映了它们之间的成因关系；而高于海水或蒸发岩$\delta^{34}S$值的样品，则是由于含水层中存在还原反应引起硫同位素分馏的结果。爱德华含水层的情况要复杂得多。含水层中无硫化物水带的SO_4^{2-}浓度为7.8～8.3mg/L，$\delta^{34}S(SO_4^{2-})$值为8.3‰～14.9‰；而硫化物水中SO_4^{2-}浓度高达2000mg/L，$\delta^{34}S(SO_4^{2-})$值为20‰～22‰。经研究，前者是风从研究区西部二叠系蒸发岩（典型$\delta^{34}S$值为+11‰）出露区携带来的蒸发岩尘埃落到地面，被地表径流溶解后进入含水层形成的。而后者是这种无硫化物水流进硫化物水带后又溶解了岩层中残留石膏（典型$\delta^{34}S$值为22‰）形成的。另外，爱德华含水层硫化物水带SO_4^{2-}-H_2S之间的硫同位素分馏值（ε=30‰～50‰）较佛罗里达含水层的分馏值（达66‰）低，说明硫化物是在硫酸盐快速还原条件下生成的。

第六章　氮稳定同位素

第一节　概　述

一、氮的主要地球化学性质

氮是元素周期表中第二周期第五族的第一个元素，其化学符号为N。氮，相对原子量为14.006 7。1772年由瑞典药剂师舍勒和英国化学家卢瑟福同时发现，后由法国科学家拉瓦锡确定是一种元素。在自然界中氮单质最普遍的形态是氮气，这是一种在标准状态下无色无味无臭的双原子气体分子，由于化学性质稳定而不容易发生化学反应。氮在地壳中的含量为0.004 6%，近地表环境中约99%的氮以N_2形式存在于大气中和溶解在海水中。氮的最重要的矿物是硝酸盐。生物圈中氮的含量非常少，但它对生命过程却起着极其重要的作用。在地表条件下，氮可以以气态、液态或固态形式存在，其价态由+5变化到-3，存在形式为NO_3^-、NO_2^-、NH_4^+、NH_3、NO_2、NO、N_2O和氨基酸等有机氮等。

含氮矿物非常少见，主要有钠硝石($NaNO_3$)、硝石(KNO_3)、鸟粪($NH_4MgPO_4 \cdot 6H_2O$)、磷酸镁钠石($NH_4MgPO_4 \cdot H_2O$)。地球火成岩及其中造岩矿物以及大部分陨石和月岩含氮量为1×10^{-6}～100×10^{-6}。火成岩和变质岩中，氮常富集在黑云母中，含NH_4^+量大于250×10^{-6}。现代海洋沉积物含氮达2000×10^{-6}，煤、原油和天然气中含氮分别可达$30\ 000\times10^{-6}$、$20\ 000\times10^{-6}$和几乎100%(体积百分比)。

海洋中的氮除溶解N_2外，主要是NH_4，它与大气N_2平衡。随温度下降，盐度升高，氮的溶解度增加。大洋中NH_3、NO_5和NO_2浓度由生物活动所控制，所以随地域、季节和深度而变化。NO_5含量随水深而增加，大西洋和太平洋深层水中其含量分别为1.2mg/L和2.5mg/L。河湖水中氮可呈NH_4^+、蛋白质、氨基酸、NO_3^-等状态存在。在厌氧条件下，NO_3^-减少，以NH_4^+为主。地表水中NO_3^-平均含量比地下水高，且变化大。饮水标准为$[NO_3^-]<10\times10^{-6}$，但由于使用含氮肥料、地热区热泉涌出等许多人为和天然原因，许多地方NO_3^-超过了标准值。大气中还有氧化态氮和NH_4^+，NO_2和N_2O是主要工业污染物。雨水中NO_3^-含量与年降水量成反比，如美国东海岸的雨水含NO_3^-为0.2mg/L，落基山脉地区含NO_3^-为1.8mg/L。此外，天然气中也常含氮。

二、物质中氮同位素组成表示方法和标准

氮同位素是指质子数为7，而中子数不同的各种氮原子。每一种氮同位素的质子数加上

中子数等于该同位素的质量数。因此，氮同位素也可以看作是质量数不同的氮原子。氮原子的质量数有7种(表6-1)。氮有两种天然同位素为^{14}N和^{15}N，其中^{14}N的丰度为99.613%，其余的同位素为放射性同位素。由于氮的放射性同位素周期很短(11μs～10min)，它们在环境中的应用受到限制。相反，氮的稳定同位素^{14}N和^{15}N因具有示踪作用而被广泛地应用在医学、农学以及地球科学领域。氮同位素的研究和应用也主要针对这两种稳定同位素。

表6-1　自然环境中存在的氮同位素(据Rene letolle，1980)

氮同位素	质子数	中子数	质量数	类型	半衰期	大气中的丰度
^{14}N	7	7	14	稳定	—	99.613%
^{15}N	7	8	15	稳定	—	0.366%
^{12}N	7	5	12	放射性	11μs	微量
^{13}N	7	6	13	放射性	10min	微量
^{16}N	7	9	16	放射性	7.1s	微量
^{17}N	7	10	17	放射性	4.16s	微量
^{18}N	7	11	18	放射性	0.63s	微量

一般认为，元素的化学性质取决于原子核外的电子数和电子结构。氮同位素^{14}N和^{15}N具有相同的电子数和电子结构，因而它们具有极为相似的化学性质，但是这种相似性却是有限的。^{14}N和^{15}N的质量差异可在一定程度上使氮元素的物理化学性质发生变化。在氮转化的物理、化学和生物化学反应过程中，^{15}N和^{14}N的质量差异，不会改变氮的物理化学作用方向或化学、生物化学反应类型，但会影响分子扩散速率和化学反应速度，轻同位素^{14}N较重同位素^{15}N运动快，导致^{15}N与^{14}N分离，从而使不同物质^{15}N含量不同。物质中的^{15}N含量通常用氮同位素组成表示，即氮元素的各种同位素在物质中的相对含量，并以各同位素原子的个数为计量单位。样品的氮同位素组成通常采用氮的相对同位素比值$\delta^{15}N$来表示，即待测样品的同位素比值$(^{15}N/^{14}N)_{样}$相对于标准物质空气的同位素比值$(^{15}N/^{14}N)_{air}$的千分偏差：

$$\delta^{15}N_{air}(‰)=\left[\frac{(^{15}N/^{14}N)_{样}}{(^{15}N/^{14}N)_{air}}-1\right]\times 1000 \tag{6-1}$$

式中：$\delta^{15}N_{air}$值为正，说明样品较空气富重同位素^{15}N；反之，则说明样品较空气贫重同位素^{15}N。

第二节　氮同位素分馏

氮同位素分馏是指氮同位素在任意两种氮素或两种物相间的不均匀分配现象。分馏程度通常用分馏系数表示。根据体系所处的最终状态可把氮同位素分馏分为平衡分馏和动力分馏两大类，相应的分馏系数称为氮同位素平衡分馏系数α和氮同位素动力分馏系数α^{k}。

一、氮同位素的动力分馏

物理、化学和生物化学作用可看作是可逆平衡反应，或者是不可逆单向的动力学反应。

氮元素价态的变化有利于同位素分馏，其反应过程都会发生显著的同位素分馏。分馏的过程通常用瑞利方程来模拟。

通常，动力学同位素分馏程度大于同位素平衡分馏程度，且动力学同位素分馏的结果总是使产物贫重同位素，残余反应物富重同位素，而平衡分馏生成的产物较反应物或贫或富重同位素。α^k 是同位素动力分馏系数，也是非平衡分馏系数或瞬时分馏系数，动力分馏因子采用反应物 p 和生成物 s 的符号标注下标，表示此系数代表单向反应，是非平衡分馏系数，以区别平衡分馏系数 $\alpha_{A\text{-}B}$。

$$\alpha^k = R_p / R_s \tag{6-2}$$

动力学同位素富集系数 ε^k 定义如下：

$$\varepsilon^k = (\alpha^k - 1) \times 1000 \tag{6-3}$$

如果反应物浓度很大，而分馏很小，则可用 δ 值近似表示 ε^k。

$$\varepsilon^k \approx \delta_p - \delta_s \tag{6-4}$$

在氮转化过程中，绝大部分反应都是单向的生物化学反应，如生物固氮、矿化、硝化和反硝化等过程所发生的反应。而氨挥发、水中分子 N_2 的离解和 NO_3^- 的扩散 、吸附和解吸属物理化学反应，在未达到平衡之前也属于单向的化学反应。动力学同位素分馏的大小取决于反应路径、反应速率以及同位素分子结合键能的大小。生物参与的同位素动力分馏程度的变化很大，取决于反应速率、产物和反应物的浓度、反应条件和微生物的种类等，因而具有更大的不稳定性和复杂性，但对于一定的体系来说，分馏的方向通常不会因上述条件的变化而变化。例如，在反硝化过程中，反硝化产物 N_2 总是优先富集 ^{14}N，而残留的硝酸盐则相对富集 ^{15}N，这一点不会改变，所以硝酸盐与反硝化产物 N_2 之间的分馏系数总是大于 1，即

$$\alpha^k = \frac{R_{NO_3^-}}{R_{N_2}} = \frac{(^{15}N/^{14}N)_{NO_3^-}}{(^{15}N/^{14}N)_{N_2}} > 1 \tag{6-5}$$

发生在水土环境中的氮同位素分馏主要是动力分馏。从产生分馏的机理看动力分馏可分为两类：一类与生物地球化学过程有关，如固氮、同化、铵化、硝化和反硝化作用；另一类与无机物理化学过程有关，包括氨的挥发和土壤的离子交换、吸附作用。由上述过程引起的氮同位素分馏多数情况下是与氨转化过程相伴随的。

1. 固氮作用

固氮作用是生物圈氮循环的重要过程，它使大气 N_2 进入生物体转化为有机氮。当生物死亡腐烂后，有机氮转入土壤或地下水，若进一步转化将变成 NO-N。因此，研究固氮作用引起的氮同位素分馏将有助于了解 NO_3^--N 的同位素组成特征。国外学者研究表明，豆科植物和固氮菌所固定的氮与大气 N_2 之间只存在微小的氮同位素分馏，固定氮的 $\delta^{15}N$ 只比大气 N_2 的平均值低 0.72‰，说明由固氮作用引起的分馏是很小的。

2. 同化作用

同化作用是生物利用土壤和水中营养氮的重要过程，也是无机氮向有机氮转化的主要形式。同化作用引起的氮同位素分馏与固氮作用相似，也是很小的，但微生物和高等植物的情况有所不同，微生物中同化作用引起的分馏较大，而高等植物中同化作用引起的分馏则很小。

从总体来说，因同化作用而进入微生物或高等植物中的无机营养氮是贫^{15}N的。

3. 矿化作用

矿化作用是指有机氮化合物的降解或无机化过程。由于降解的最终产物通常是NH_4^+，所以又称为铵化作用。铵化作用形成的NH_4^+将比原来的有机氮贫^{15}N。从有机氨向NH_4^+的转化过程中，产物NH_4^+的$\delta^{15}N$将降低5%～10%，而残留有机氨则相对富集^{15}N。

4. 硝化作用

硝化作用是使NH_4^+-N通过自养型微生物氧化为NO_3^--N的过程。反应可分为两步进行：

$$NH_4^+ + 1.5O_2 \xrightarrow{\text{亚硝化杆菌}} NO_2^- + H_2O + H^+ + \text{能量}$$

$$NO_2^- + 0.5O_2 \xrightarrow{\text{硝化杆菌}} NO_3^- + \text{能量}$$

这两个过程导致硝化产物NO_3^-中^{15}N的贫化，常温下的贫化程度为18‰左右。

在地表和土壤环境中，硝化作用是经常发生的，土壤中NO_3^-积累和地下水中NO_3^-的污染都直接或间接地受到硝化作用的控制。土壤和地下水中NO_3^--N的同位素组成特征在很大程度上也受控于由硝化作用引起的氮同位素分馏。由于NO_3^-所处环境的物理化学条件不同，NO_3^--N的$\delta^{15}N$值可能存在较大的分布范围。因此，在分析研究具体问题时要充分考虑环境的物理化学条件。

5. 反硝化作用

反硝化作用主要是指使NO_3^--N通过微生物还原为气态氮(N_2、N_2O)的过程。参加反硝化作用的微生物通常以异养型细菌为主，故其细胞合成需要有机碳作为能源。反硝化作用对于自然界的氨循环和氨平衡过程具有重要影响。研究结果表明，地表的氮气通过固氨、同化、矿化和硝化等一系列物理化学及生物地球化学作用转变成有机氮及各种无机氨氮化合物。据已知的固氮速率估算，假如自然界中没有反硝化作用将NO_2^-/NO_3^-重新转变成N_2的话，大气圈中的氮到不了一百万年就会消耗殆尽，可见反硝化作用对于保持自然界的氮平衡是多么重要。在水土环境中，反硝化作用对减轻土壤中NO_3^-的积累和地下水中NO_3^-的污染起着重要作用。

反硝化作用的氮同位素分馏非常显著，残留的NO_3^-比反硝化产物N_2/N_2O明显富集^{15}N。但不同研究者在不同条件下得到的分馏系数也存在很大差异。这种现象表明，在反硝化过程中，氮同位素分馏是非常复杂的，影响因素很多，其分馏系数的大小可能受体系的NO_3^-浓度、氧化压、温度以及还原细菌的数量等许多因素制约。反硝化作用必然使体系中的硝酸盐含量降低，与此同时残留在体系中的硝酸盐则相对富集^{15}N。

6. 离子交换反应

自然界中与氮有关的离子交换反应主要发生在NH_4、NO_2^-、NO_3^-等离子和土壤或黏土之间，其中以NH_4与土壤或黏土的交换最为容易。许多研究结果表明，交换后的NH_4^+是富集^{15}N的。

7. 氨的挥发作用

在含有 NH_4^+ 的体系中，NH_3 的挥发将导致 NH_4^+ 明显富集 ^{15}N。如果体系的气、液相之间发生同位素交换反应：$NH_4^+(ag) + {}^{15}NH_3(g) \rightarrow {}^{15}NH_4^+(ag) + {}^{14}NH_3(g)$ 且达到平衡，通过理论计算得到常温(25°C)下的分馏系数为 1.034，说明在平衡状态下发生 NH_3 挥发将使 NH_4^+ 富集 34%的 ^{15}N，而且在常温下是个常数，这在理论上是成立的。但在自然环境中氨的挥发常常不是平衡过程，而是极为复杂的动力学过程，所以体系中残留 NH_4^+ 的 $\delta^{15}N$ 也就越高。

二、氮同位素的平衡分馏

平衡分馏系数 α 的大小通常只是温度的函数，造成平衡分馏的主要机理是氮同位素交换。平衡交换反应(*A*-*B*)的分馏因子 α 和富集因子 ε 定义如下：

$$\alpha_{B\text{-}A} = R_B / R_A \tag{6-6}$$

$$\varepsilon_{B\text{-}A} = (\alpha_{B\text{-}A} - 1) \times 1000 \tag{6-7}$$

式中：R 为氮同位素 $^{15}N/^{14}N$ 的值，A、B 分别表示两种氮素或两种物相。这种反应在与大气有关反应中同位素分馏程度高。如水圈中重要的一个反应是 NH_3 溶解于水，与水中 NH_4^+ 之间的同位素交换平衡反应为：

$$NH_3(g) \Longleftrightarrow NH_4^+(aq)$$

同位素富集因子 $\varepsilon_{B\text{-}A} = 25‰ \sim 35‰$。

自然界只有少数几种重要的氮同位素交换反应的分馏系数经过了理论计算和实验测定。不同作者的结果分歧很大，Letolle(1980)汇编了若干重要含氮化合物的平衡分馏系数，其中以 Richet 等(1977)的理论计算值较好(表 6-2)。根据此结果，从 $NO \rightarrow NH_3 \rightarrow N_2 \rightarrow N_2O \rightarrow NO_2$，$^{15}N$ 依次富集。此外当 NH_3(气体)转化为 NH_4^+(溶液)时有较大分馏：250℃时，α = 1.014 3；500℃时，α = 1.012 6(Stiehl，1985)。当 N_2(g)进入溶液成为 N_2(aq)时，也有一定的分馏。

表 6-2　不同含氮气体原子团之间的氮同位素分馏系数(据 Letolle，1980)

气体种类	富集 ^{15}N 的原子团			
	NO_2	N_2O	N_2	NH_3
NO_2	1.044 7(0℃)	1.043 5(0℃)	1.014 8(0℃)	1.003 3(0℃)
	1.039 0(25℃)	1.038 4(25℃)	1.013 7(25℃)	1.003 3(25℃)
N_2O	1.000 98(0℃)			
	1.000 63(25℃)			
N_2	1.029 5(0℃)	1.028 5(0℃)		
	1.025 0(25℃)	1.024 3(25℃)		
NH_3	1.041 4(0℃)	1.031 8(0℃)	1.011 5(0℃)	
	1.035 5(25℃)	1.034 9(25℃)	1.010 3(25℃)	

第三节　天然水中氮同位素组成及分布特征

在氮循环过程中均会发生氮同位素分馏，但是每一种作用的分馏程度不同，从而直接影响物质的氮同位素组成。自然界中物质的氮同位素组成见图6-1，天然水主要包括海水、陆地淡水、地下水等。

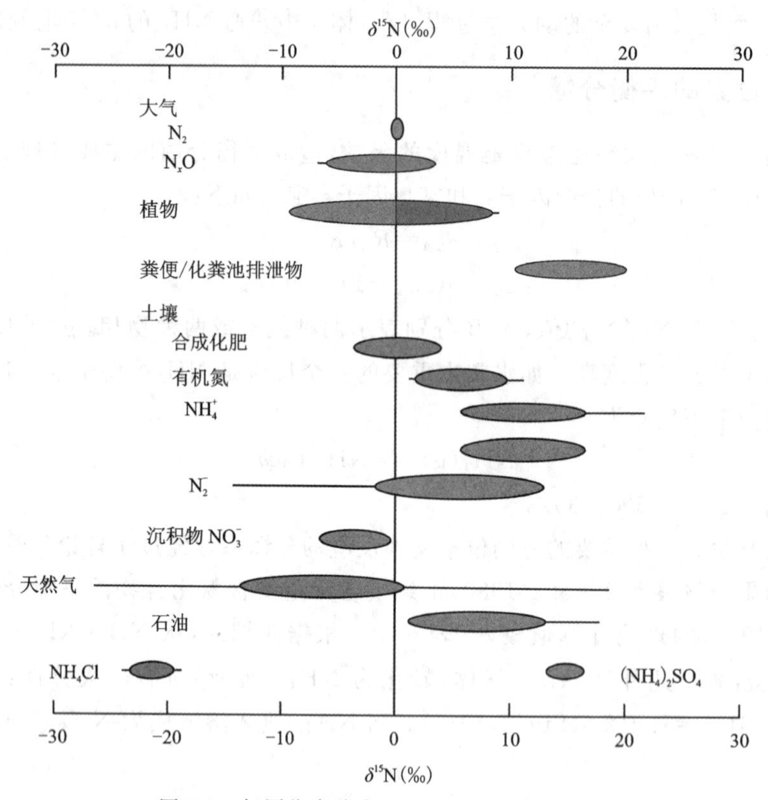

图6-1　氮同位素分布(据Clark and Fritz，1997)

一、地表水氮同位素

地表水中氮稳定同位素主要用于判断地表水氮污染物的源头与汇集，分析其氮循环机制等。河流、河口及湖泊中的氨污染来源包括大气沉降、城市生活垃圾、工业和生活污水、化肥农药、牲畜排泄物和植物腐殖体以及工业合成的含氮物质等。许多学者利用氮稳定同位素研究了我国不同地区地表水氮污染和氮在水体中的迁移特征，指出通过研究地表水氮浓度、$\delta^{15}N\text{-}NO_3^-$值、$\delta^{15}N\text{-}NH_4^+$值的时空分布特点和成因，能定性判别地表水氮污染的来源和氮循环机制。

为了直观表示地表水中氮同位素的时空变化，通常绘制$\delta^{15}N$值与采样点和采样时间的二维平面关系图。例如，Kendall等(2014)绘制了美国圣华金河35条主河道中颗粒有机氮(PON)的$\delta^{15}N$值在2005年3月至2007年12月间的时空变化(图6-2)。研究发现，PON(＞75%)主要来源于藻类；PON冬天(12月)含量降低，这是由于发源于内华达山脉的主要支流在12月带来大量的陆生物质，而夏天（6月）上游支流大量藻类繁殖，水中生产力提高，PON含量升高；由于2007年比2006年干旱，该流域$\delta^{15}N$在2007年显著升高。

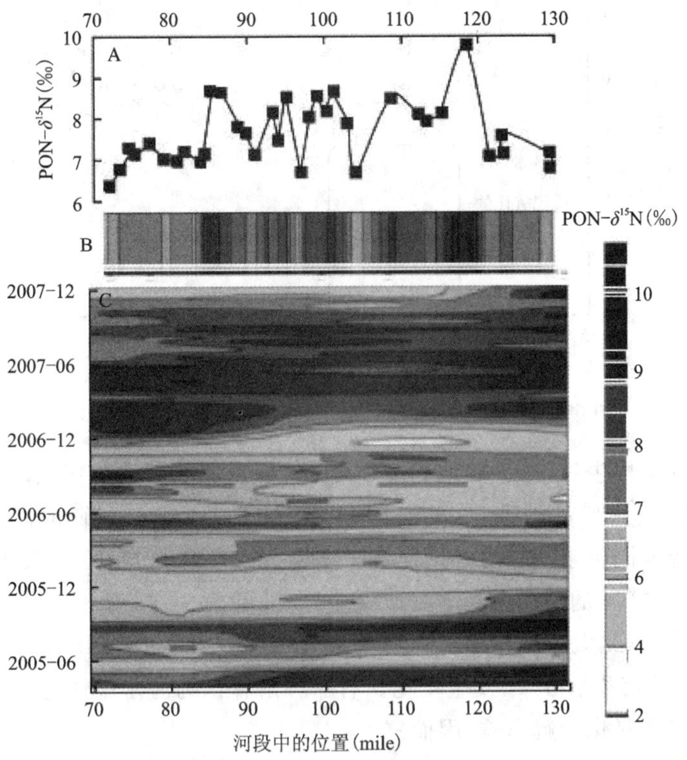

图6-2 美国圣华金河中$\delta^{15}N$-PON时空变化的3种不同表示方式

（1mile≈1609m）

由于不同氮污染源的$\delta^{15}N$值有重合，因此可联合利用硝酸盐中的氮氧同位素值来综合判别硝酸盐的来源，并识别反硝化作用（图6-3）。用残余的NO_3^-富集^{15}N和^{18}O，其中^{15}N较^{18}O富集1.3～2.1倍，在$\delta^{15}N$-$\delta^{18}O$关系图上，氮氧同位素数据点沿一定斜率（1∶2.1～1∶1.3）直线方向演化。此外，还可根据水体中硝酸盐的浓度、有机碳含量、氧浓度、pH等因素来进一步判别反硝化作用是否发生以及其强度。需要指出的是，虽然许多学者采用该方法对水中氮污染来源及研究区反硝化作用是否发生进行了判断，但植被和土壤类型等自然条件、农业发展状况的地区性差异、水中不同来源氮污染的混合程度以及氮循环中复杂的物理、化学、生物转化过程等都可导致相同成因的硝酸盐氮氧同位素值存在差异，对NO_3^-污染来源的判断造成一定干扰。

二、海水氮同位素

大洋深层水中溶解硝酸盐的$\delta^{15}N$值为6%～8%，脱氮反应是保持大洋水中$\delta^{15}N$值高于大气中该值的主要机理。海洋颗粒有机物（paticulate organic matter，POM）的$\delta^{15}N$值为3‰～13‰，而陆地来源颗粒有机物则为－6.6‰～5.2‰（平均为2.5‰），相对贫$\delta^{15}N$。据此可以研究近海区域水体的混合，如1974年4月所测荷兰须德海某河口湾的POM的$\delta^{15}N$（图6-4）表明，内陆80km处$\delta^{15}N$=（1.5±0.2）%，向北海变为（8.0±1.8）%，有增加趋势。

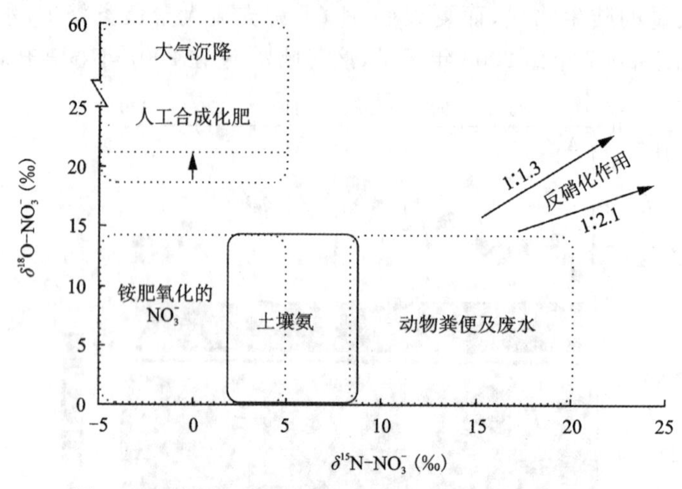

图 6-3　不同来源的硝酸盐中 $\delta^{18}O$ 和 $\delta^{15}N$ 的变化范围

但由于有机物的季节性生长，无论陆地和海洋 POM 都有明显的季节变化。春天和初夏，生物繁盛时，$\delta^{15}N$ 低，而夏秋则 $\delta^{15}N$ 高，在北海达 11.5%。POM 中 $\delta^{15}N$ 随时间会发生变化，因此在应用海洋和陆源氮同位素示踪时必须谨慎。缓慢沉入洋底的 POM 进入洋底沉积物。因此判断洋底沉积物的 $\delta^{15}N$ 的值应与悬浮 POM 中 $\delta^{15}N$ 的值一样，为 8‰～13‰。但实测值较低，为(6.8±4.1)‰。北太平洋洋底沉积物的 $\delta^{15}N$ 低达(2.9～4.4)‰。其原因不外乎有其他氮源存在或 POM 沉积后 $\delta^{15}N$ 发生变化。有一种解释认为海水中还有一种快速沉降颗粒，因沉降快所以未受到氧化分解影响，因而富 ^{14}N。

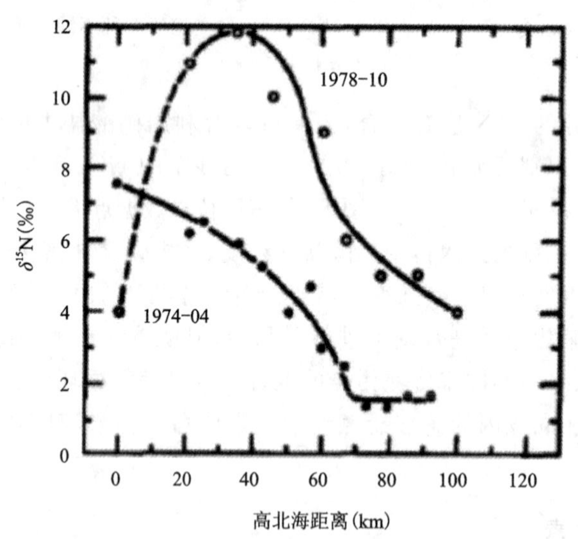

图 6-4　荷兰须德海某河口湾悬浮有机物的 $\delta^{15}N$ 的变异

(据 Mariotti et al.，1984)

三、地下水氮同位素

天然氮循环条件下，地下水中的硝酸盐浓度通常很低。而经人工活动后，地下水硝酸盐浓度会升高。地下水中硝酸盐的潜在污染源主要有4种类型，并且有各自特征的氮同位素组成。它们在进入地下水之前，多数情况下都要经过土壤环境，并在土壤中留下氮同位素标记。因此，比较土壤与地下水中硝酸盐之间氮同位素组成的差异是鉴别地下水中硝酸盐来源的主要依据。但由于地下水是流动介质，其环境的物理化学条件与土壤不同，当土壤硝酸盐通过淋滤或入渗输入地下水后，水体的氮化学组成将会改变，与此同时水中硝酸盐的氮同位素组成也可能发生变化。

1. 氮同位素组成的继承性

通常所说的氮同位素组成是指^{15}N和^{14}N的原子比值，或其比值相对于标准大气的千分差值$\delta^{15}N$。当其中氮素物质从一种环境向另一种环境迁移时，如果不发生物相或化学转变，其同位素组成不会因环境的改变而变化，因而具有继承性。这是由^{15}N和^{14}N原子核的稳定性决定的。

在水土系统中，土壤或其他来源的硝酸盐进入地下水以后，如不发生反硝化作用，它们将继承土壤或其他来源硝酸盐的同位素组成特征。Kreitler(1974)首先发现美国得克萨斯州某地一些牛圈和化粪池中的土壤的硝酸盐与附近浅层地下水中的硝酸盐具有相似的$\delta^{15}N$值。美国密苏里、纽约长岛和中国北京等地也有类似现象。如邵益生等(1992)测得北京一亩园污灌区土壤中硝酸盐的$\delta^{15}N$值为10.2‰～11.9‰，与附近浅井(上层滞水)中硝酸盐的$\delta^{15}N$值(10.9%～11.4%)也很接近。显然继承性是普遍存在的，它是地下水中硝酸盐氮同位素组成的最基本特征，也是氮同位素示踪的基本依据。

例如，地下水中氮污染的每种来源都有一定的$\delta^{15}N$和$\delta^{18}O$值分布，因此可根据地下水的氮氧同位素值来示踪水中氮污染源和识别硝酸盐衰减机制。然而，地下水中氮氧同位素值只有在没经历物理、生物化学作用改变的情况下才可示踪氮污染源。因此，在分析地下水氮污染源时，应将水样的$\delta^{15}N\text{-}NO_3^-$、$\delta^{15}N\text{-}NH_4^+$、$\delta^{18}O\text{-}NO_3^-$的值与研究区土地利用类型、污染源分布及污染特征、水化学特征、季节变化、水量变化以及氮循环过程中的物理、生物化学作用等多方面结合起来进行研究。

张翠云等(2004)根据地下水及其潜在补给源的氮同位素和水化学特征识别出石家庄市地下水NO_3^-主要来自动物粪便或污水。Mariotti等(1988)根据法国南部白垩纪含水层地下水的$\delta^{15}N$值和NO_3^-浓度的变化规律，提出沿着水流方向硝酸盐浓度减小的两种衰减机制：反硝化作用和稀释作用，这两种机制均能表现出随着NO_3^-浓度降低$\delta^{15}N\text{-}NO_3^-$值有减小的趋势(图6-5)，稀释作用在$\delta^{15}N\text{-}NO_3^-$与$1/NO_3^-$关系图上为一条直线。而反硝化作用在$\delta^{15}N\text{-}NO_3^-$和$\delta^{18}O\text{-}NO_3^-$与$\ln(NO_3^-\text{-}N)$关系图上也为一条直线(图6-5)，这两种机制仅适用于特定的环境条件，在某些情况下，这两种机制可以同时发生。

2. 氮同位素组成的混合特征

地下水是流动介质，不同来源或不同时期入渗的地下水常常发生混合，溶解于地下水中的硝酸盐与其他化学物质一样，自然也会发生混合。由于不同来源的硝酸盐在氮同位素组成上可能存在差异，因此地下水中硝酸盐的氮同位素组成也将发生混合并改变其原来的特征。假如混合过程不伴随体系的氮化学转化，混合后氮同位素组成的变化应服从简单混合规则。

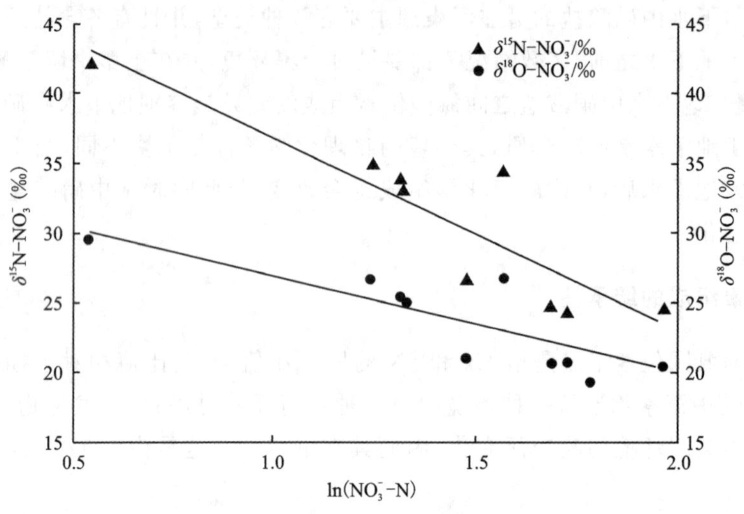

图 6-5　地下水中硝酸根氮同位素值(δ^{15}N-NO_3^-)和

硝酸根氧同位素值(δ^{18}O-NO_3^-)与 ln(NO_3^--N)的关系

根据质量守恒原理,在二元组分(a,b)发生混合(m)的情况下,混合前后体系中的水量 V、硝态氮含量 C 和 δ^{15}N 值分别存在如下平衡:

$$\text{水量}:V_m=V_a+V_b \tag{6-8}$$

$$\text{水质}:V_mC_m=V_aC_a+V_bC_b \tag{6-9}$$

$$\text{同位素}:V_mC_m\delta^{15}\text{N}_m=V_aC_a\delta^{15}\text{N}_a+V_bC_b\delta^{15}\text{N}_b \tag{6-10}$$

若分别测定了混合前后体系中硝态氮的 δ^{15}N 的值,则可通过式(6-11)求得两种来源的硝态氮在混合体系中各自所占的比例 F_a 和 F_b:

$$F_a=\frac{V_aC_a}{V_mC_m}=\frac{\delta^{15}\text{N}_m-\delta^{15}\text{N}_b}{\delta^{15}\text{N}_a-\delta^{15}\text{N}_b} \qquad F_b=1-F_a \tag{6-11}$$

例如,列出两种水按不同比例混合的理论计算结果(表 6-3),从中可以看出,混合比越大,混合水氮同位素组成越趋向于所占份额大的端元组分,直到以相等比例混合时,混合水的同位素组成反映的是 NO_3^- 浓度大的端元的同位素组成特征。

表 6-3　两种水混合过程中 NO_3^- 浓度和 δ^{15}N 的理论变化(据 Mariotti et al.,1998)

气体种类	富集^{15}N 的原子团			
	NO_2	N_2O	N_2	NH_3
NO_2	1.044 7(0℃)	1.043 5(0℃)	1.014 8(0℃)	1.003 3(0℃)
	1.039 0(25℃)	1.038 4(25℃)	1.013 7(25℃)	1.003 3(25℃)
N_2O	1.000 98(0℃)			
	1.000 63(25℃)			
N_2	1.029 5(0℃)	1.028 5(0℃)		
	1.025 0(25℃)	1.024 3(25℃)		
NH_3	1.041 4(0℃)	1.031 8(0℃)	1.011 5(0℃)	
	1.035 5(25℃)	1.034 9(25℃)	1.010 3(25℃)	

邵益生(1992)和纪杉(1993)总结了判断地下水混合源的图解法(图 6-6)。

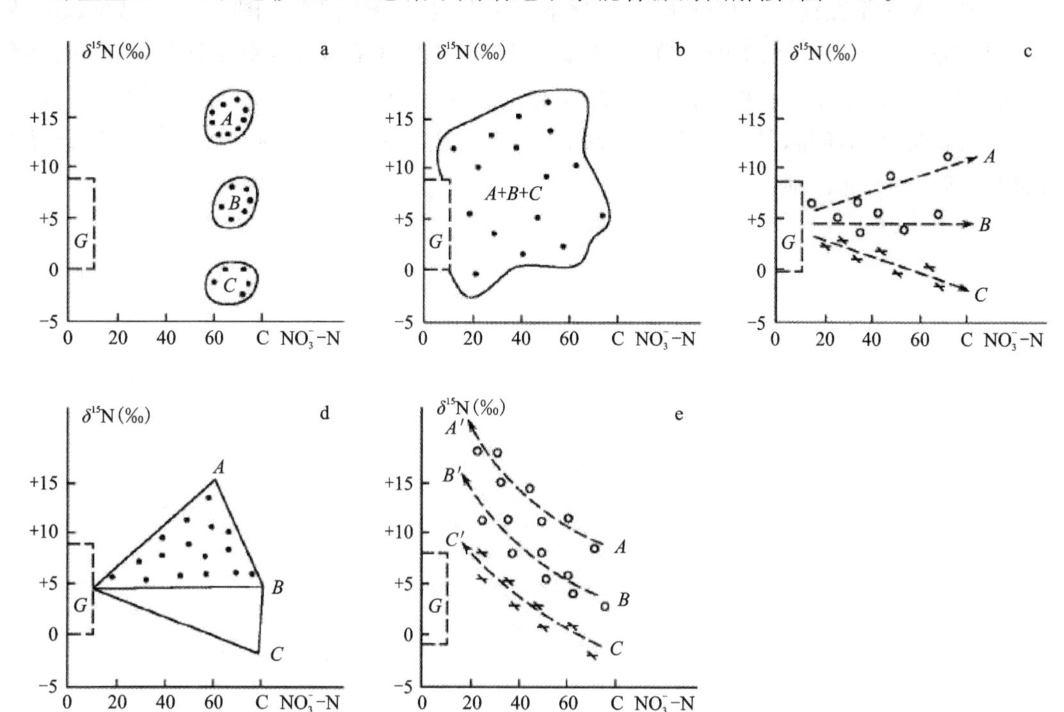

图 6-6　地下水中硝酸盐污染类型判别方法示意图

G. 天然土壤 NO_3^-；*A*. 粪便源 NO_3^-；*B*. 生活污水源 NO_3^-；*C*. 氮肥或工业污水源 NO_3^-；

AA'. 粪便源的 NO_3^- 污染情况下的分馏线；*BB'*. 生活污水源的 NO_3^- 污染情况下的分馏线；

CC'. 氮肥或工业污水源 NO_3^- 的分馏线。

(1)若投影点集中分布呈孤岛状(图 6-6a)，说明 NO_3^- 污染源来源单一，遇此情况可直接应用 $\delta^{15}N$ 值简单对比法确定污染源类型：落在 *A* 区为粪便型，落在 *B* 区为污水型，落在 *C* 区为氮肥型。

(2)若投影点呈不规则面状分布，说明 NO_3^- 的污染是面状点源混合型的，此时可先用统计分析法求出 $\delta^{15}N$ 值的频率分布，然后根据频率大小依次确定污染源及各自的比重。

(3)若投影点呈直线状或带状分布(图 6-6c)，说明地下水中存在两种 NO_3^- 的混合，根据线(带)的不同取向可分别确定污染源的类型，并据杠杆原理求出混合比例。

(a)当污染源的 $\delta^{15}N$ 值高于 *G* 区时，投影点的分布表现为 *A* 型取向，随着污染程度的加重，NO_3^--N 含量与 $\delta^{15}N$ 值同步升高，这是粪便型污染的典型特征。

(b)当污染源的 $\delta^{15}N$ 值与 *G* 区相似时，投影点的分布表现为 *B* 型取向，随着污染程度的加重，NO_3^--N 含量升高，$\delta^{15}N$ 值基本保持不变，这是生活污水型污染的一般特征。

(c)当污染源的 $\delta^{15}N$ 值低于 *G* 区时，投影点的分布呈 *C* 型取向，随着污染程度的加重，NO_3^--N 含量升高，$\delta^{15}N$ 值反而下降。由氮化肥造成的污染有可能出现这种情况。

(d)若投影点呈规则面状分布(图 6-6d)，说明地下水中存在多源 NO_3^- 的混合。呈三角形面状为三源 NO_3^-(如 *A*、*B*、*G* 或 *A*、*C*、*G*)混合，呈四边形面状为四源 NO_3^-(如 *A*、*B*、*C*、*G*)混合。虽然此种情况比较复杂，但根据多元组分的混合规则仍可判别 NO_3^- 的污染类型及来源，

并计算出各种 NO_3^- 来源的混合比例。

(e)若投影点呈弧线(带)状分布,说明地下水中存在反硝化作用。图 6-6e 中 AA'、BB' 和 CC' 分别表示受 3 种不同来源的 NO_3^- 污染情况下的分馏线(带),根据分馏线的特征,通过图解或回归分析可恢复反硝化作用前污染源 NO_3^- 的初始 $\delta^{15}N$ 值。显然在同一分馏线(带)上,NO_3^--N 含量最高的样品,其 $\delta^{15}N$ 最能反映 $\delta^{15}N$ 的初始特征,但在实际中要与二元组分混合时的情况(图 6-6c)相区别。

第七章　锶稳定同位素

第一节　概　述

一、锶的主要地球化学性质

自19世纪40年代以来，由于元素Sr及其同位素在地球各圈层中的分布和迁移具有很好的地球化学指示意义，又由于现代测试方法及分析技术的发展、地球化学理论研究的不断完善，Sr在地球科学研究的各个领域获得了广泛应用。从最初Rb-Sr等时线地质定年技术的开发应用到现代沉积学，Sr元素在水文地球化学和环境地球化学领域均得到了应用。

锶在元素周期表上为第五周期第ⅡA族，属碱土金属元素。原子序数为38，原子量为87.62，离子半径为1.13。锶，单质为银白色金属，属立方晶系，是一种质软的、银白色的、有光泽的、容易传热导电的金属，在空气中加热到熔点时会立即燃烧，火焰呈红色。锶的化学性质活泼，加热到熔点(769°C)时可以燃烧生成氧化锶(SrO)，在加压条件下跟氧气化合生成过氧化锶(SrO_2)，跟卤素、硫、硒等容易化合，常温时可以跟氮化合生成氮化锶(Sr_3N_2)，加热时跟氢化合生成氢化锶(SrH_2)，其跟盐酸、稀硫酸剧烈反应放出氢气。锶在常温下跟水反应生成氢氧化锶和氢气。锶在空气中会变成黄色。锶很活泼，应保存在煤油中。锶是一种活泼的阳性金属，很容易被氧化为稳定的、无色的Sr^{2+}，它的化学性质与Ca或Ba类似。

锶是碱土金属中丰度最小的元素。在自然界主要以化合态存在，主要的矿石有天青石($SrSO_4$)、菱锶矿($SrCO_3$)。锶元素广泛存在于矿泉水中，是一种人体必需的微量元素，具有防止动脉硬化、防止血栓形成的功能，锶元素在生活中与人类也密切相关。例如，人体主要通过食物及饮水摄取锶，经消化道吸收后再经尿液排出体外。我国饮用水中锶水平甚微，不少矿泉水中都含有丰富的锶，锶含量在0.20～0.40mg/L时为天然饮用矿泉水。此外，叶菜类中锶含量较高，而畜禽肉蛋类中锶含量较低。由于饮食习惯不同，部分人群锶摄入量不足，这时可通过改变饮食习惯来摄入足够量的锶。5mg/L以下的含锶矿泉水有益于人体健康，且不会产生不良的作用。

二、物质中锶同位素组成表示方法和标准

锶有^{88}Sr、^{87}Sr、^{86}Sr和^{84}Sr 4种稳定同位素，它们的平均同位素丰度分别为82.58%、7.00%、9.86%和0.56%，但^{87}Sr随时间推移而不断增长。在研究时，习惯上采用$^{87}Sr/^{86}Sr$比值来表示锶同位素的变化。其中^{87}Sr是放射成因的同位素，由^{87}Rb经β^-(半衰期为48.8×

10^9 a)衰变转变而来。它的变化程度不仅受年代学效应的影响，而且还与铷和锶的地球化学性质及各种地质地球化学作用有关。

锶(^{87}Sr)的稳定同位素，在表示的时候$^{87}Sr/^{86}Sr$一般用比值表示，例如0.713 031 7，数值小数点后的位数太多，因而也用δ值表示。

$$\delta^{87}Sr(‰)=\left[\frac{(^{88}Sr/^{86}Sr)_{样}}{(^{88}Sr/^{86}Sr)_{标}}-1\right]\times 1000 \tag{7-1}$$

这里δ表示方式所存在的问题是还没有统一标准，目前有以现代海水为标准，也有以当地降水作为标准的，应用较多的是美国 SRM987 标准，其$^{87}Sr/^{86}Sr$为0.710 24(Bullen et al.，1998)。

现在地球所有圈层的$^{87}Sr/^{86}Sr$都是从地球初生时的$^{87}Sr/^{86}Sr$演化而来的，此初始值以距今46亿年的陨石为代表(图7-1)，即Sr同位素在地球的初始值可能与在陨石中相当。而对于被认为起源于地幔的，又没有受到地壳的Sr同位素存在明显混入的玄武岩和大的辉长岩体的分析，测试分析得到上地幔的Sr同位素的值为：

$$(^{87}Sr/^{86}Sr)_{\varepsilon}=0.704\pm 0.002 \tag{7-2}$$

对900个年轻的玄武质和中性成分的火山岩的$^{87}Sr/^{86}Sr$值统计，结果表明大多数岩石落在了0.704±0.002的范围内。但是随着环境的不同，比值也有着些许差别，原因可能是多方面的，如大陆物质的混染、与海水的作用或地幔的分异等。

例如，世界上若干主要岛弧地区的安山岩、英安岩和玄武岩的锶同位素比值与大洋玄武岩是重叠的，其$^{87}Sr/^{86}Sr$值处于0.703 6～0.706 6之间。而大洋自生的碳酸盐中$^{87}Sr/^{86}Sr$值非常均匀，基本上为0.708，可以用来区分海相和陆相沉积。

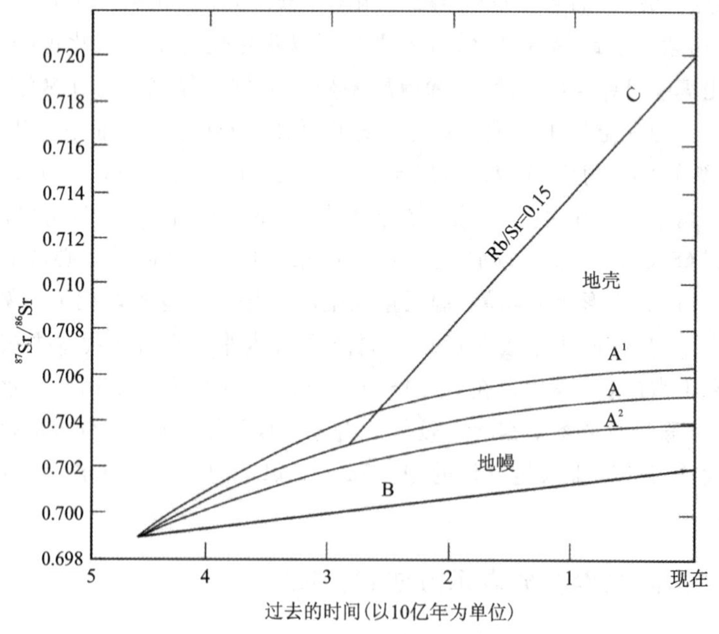

图 7-1 地球锶同位素与时间关系示意图

A¹、A、A²、B. 上地幔；C. 大陆壳

非传统稳定同位素($\delta^{88/86}Sr$)近年来被重点关注,许多国际同位素地球化学领域的学者开始研究非传统稳定锶同位素。与其他稳定同位素表达方式类似,$\delta^{88/86}Sr$稳定同位素组成表达方式为:

$$\delta^{88/86}Sr(‰)=[(^{88}Sr/^{86}Sr)_{样}/(^{88}Sr/^{86}Sr)_{SRM987}-1]\times1000 \quad (7\text{-}3)$$

式中:$(^{88}Sr/^{86}Sr)_{样}$是待测样品的$^{88}Sr/^{86}Sr$;$(^{88}Sr/^{86}Sr)_{SRM987}$是标准样品 SRM987 的$^{88}Sr/^{86}Sr$。

非传统稳定 Sr 同位素通用的标准参考物质是 NIST SRM987(高纯度的 $SrCO_3$),由美国国家标准局研制。Fietzke(2006)测定的 IAPSO 海水锶稳定同位素组成与 SRM987 的偏差为:$\delta^{88/86}Sr=(0.381\pm0.01)$‰;Ohno 等(2007)对海水的测试研究也表明全球海水锶同位素($^{88/86}Sr$)的组成具有均一性。锶元素在海洋中的驻留时间为 105 年,而全球海水的均一化时间尺度为千年,因此百万年尺度内海水锶稳定同位素是恒定的,在现代海水中也可以选作锶同位素($^{88/86}Sr$)的标准物质。

第二节　锶同位素分馏

锶元素化学性质稳定,^{87}Sr是放射成因,^{86}Sr是非放射成因的,均属稳定性同位素,且一般不因生物或物理等作用发生分馏作用,所以锶同位素($^{87}Sr/^{86}Sr$)受质量分馏的影响很小。不同岩石中锶含量有明显差异,地下水中的$^{87}Sr/^{86}Sr$值往往与跟它接触的岩石矿物中的$^{87}Sr/^{86}Sr$值相近,因此地下水中锶浓度的变化可以反映地下水流经的不同土壤、含水层和矿物。因此,不同来源的物质锶同位素$^{87}Sr/^{86}Sr$比值明显不同,可作为其来源的"指纹",起到示踪作用。

例如,翟远征等(2011)对北京平原区第四系含水层地下水中 Ca^{2+}、Sr^{2+} 和$^{87}Sr/^{86}Sr$值的研究发现:$^{87}Sr/^{86}Sr$值较大程度上受控于水-岩相互作用,与地下水补给源的关系不大;地下水中锶主要源于碳酸盐岩风化,并显示出明显的年代累积效应。然而单独根据$^{87}Sr/^{86}Sr$值来研究水-岩相互作用的可信度还不够高,董维红(2010)利用鄂尔多斯白垩系盆地地球化学模拟的方法对锶同位素示踪水-岩相互作用的分析结论进行了验证,两种方法的结果一致,从而提高了锶同位素示踪水-岩反应的可信度。$^{87}Sr/^{86}Sr$比值不但能够反映水-岩作用情况,还能判断不同含水层之间的补给状况。不同含水层岩性、径流条件等方面的差异导致$^{87}Sr/^{86}Sr$比值也不同。

在新兴非传统稳定同位素体系中,由于锶的质量差异相对传统轻同位素要小,通常也认为稳定锶同位素($^{88}Sr/^{86}Sr$)基本不产生分馏。但是近年来的研究表明,同位素性质差异的存在也会导致^{88}Sr和^{86}Sr在物理、化学的反应过程中产生分馏,轻同位素^{86}Sr相对于重同位素^{88}Sr反应更加活跃,导致其分馏的主要因素有以下几个方面。

1. 温度分馏

例如,Fietzke 和 Eisenhauer(2006)基于 Sr^{2+} 和 Ca^{2+} 性质的相似性与碳酸钙中钙同位素温度相关分馏的研究发现碳酸钙沉积中锶稳定同位素的温度分馏效应。分别对 10~50℃无机成因的文石样品和 23~27℃的珊瑚样品进行分析,发现两者$^{88/86}Sr$的温度斜率分别为 0.005 4‰/℃和 0.033‰/℃。而后 Rüggeberd 等(2008)建立了冷水重建水温度代用方程：$^{88/86}Sr = (0.026 \pm 0.003‰) \times T - 0.059$。相较于钙同位素分馏机制，Fietzke 和 Eisenhauer(2006)从动力学的观点解释 Sr^{2+} 以 $Sr[H_2O]_m{}^{2+} \cdot NH_2O$ 络合离子形式存在：m 个 H_2O 被静电引力吸引在 Sr^{2+} 周围，成为内圈；m 个 H_2O 分子通过氢键影响成为外圈，通过上述两组斜率计算出水化壳的个数为 22～29，水合离子中的化学键强于碳酸钙中的离子键，由此导致其同位素在无机成因的文石与珊瑚中对温度有不同的响应。

2. 生物分馏

例如，Souza 等(2010)对瑞士中部格申阿尔卑地区的冰蚀花岗岩锶循环研究中，观察到锶稳定同位素的生物分馏现象。杜鹃花与越橘相对于生长环境中土壤的 $^{88/86}Sr$ 值要低得多；两种植物花、叶的 $^{88/86}Sr$ 值低于根、茎的 $^{88/86}Sr$ 值，因此锶在根部吸收与在植物体内分配的时候发生了生物分馏。

3. 风化分馏

大陆基岩风化剥蚀的产物以溶解态和颗粒态形式被河流搬运，Sr 同样部分以溶解态进入地下水和河水中，部分以颗粒态进入土壤和河流沉积物；最终通过河流、大气沉降等途径进入海洋。颗粒态风化产物 $\delta^{88/86}Sr$ 组成主要受基岩同位素组成及风化过程两个因素控制，前者受控于岩浆结晶分异过程中的 Sr 同位素分馏，而风化过程稳定 Sr 同位素分馏主要包括原生矿物的溶解(不同含 Sr 矿物溶解速率不同)以及次生矿物的形成与吸附，造成颗粒态风化产物的 $\delta^{88/86}Sr$ 相对基岩较低。

例如，Halicz 等(2008)对代表性海相、陆相环境中的岩石 $\delta^{88/86}Sr$ 值的测定表明，生物成因文石、蒸发成因文石、石灰岩、地下水和径流水、钙化洞穴堆积物、海水与黄土的 $\delta^{88/86}Sr$ 值是相当均一的，没有明显的分馏现象。但海水与海相碳酸盐岩，洞穴沉积物与红色石灰土土壤之间出现明显的 Sr 稳定同位素分馏，其中土壤形成过程可以解释稳定锶同位素的分馏。但是 Souza 等(2010)对瑞士阿尔卑斯山脉冰蚀花岗岩区域的研究发现糜棱岩和花岗岩风化形成的土壤之间无明显的 Sr 稳定同位素分馏。但红色石灰土土壤中 $^{88/86}Sr$ 值为 $(-0.17 \pm 0.06)‰$，明显区别于海相碳酸盐岩，可能意味着二次沉积过程导致的锶稳定同位素分馏。针对不同的区域地质环境，$^{88/86}Sr$ 可作为对二次沉积过程研究的示踪剂。

第三节 天然水中锶同位素组成及分布特征

不同环境中锶含量不同，例如不同岩石中锶同位素含量有明显差异，因此天然水中锶浓度的差异与变化可以反映不同的环境特征。

1. 大气降水 $^{87}Sr/^{86}Sr$

大气降水中的 $^{87}Sr/^{86}Sr$ 被认为接近于现代海水，而美国实测结果还有一定变幅(Bullen et al.，1998)。

2. 地表水$^{87}Sr/^{86}Sr$

地表水的总溶解固体是其流域中各类溶解矿物的质量平衡结果，与海水不同，地表水本身就是一个较为复杂的体系，其元素含量受环境影响较大，锶同位素组成有很大的变化范围，如图 7-2 所示（王兵等，2009）。比如河水中的锶含量及其同位素比值主要受区域岩性、气候、化学风化速率、水与沉积相之间的相互作用以及人类活动等多种因素的影响，因此地表水中锶同位素比值应该具有区域性特征，可能并不存在所谓的全球河流锶同位素参比值。

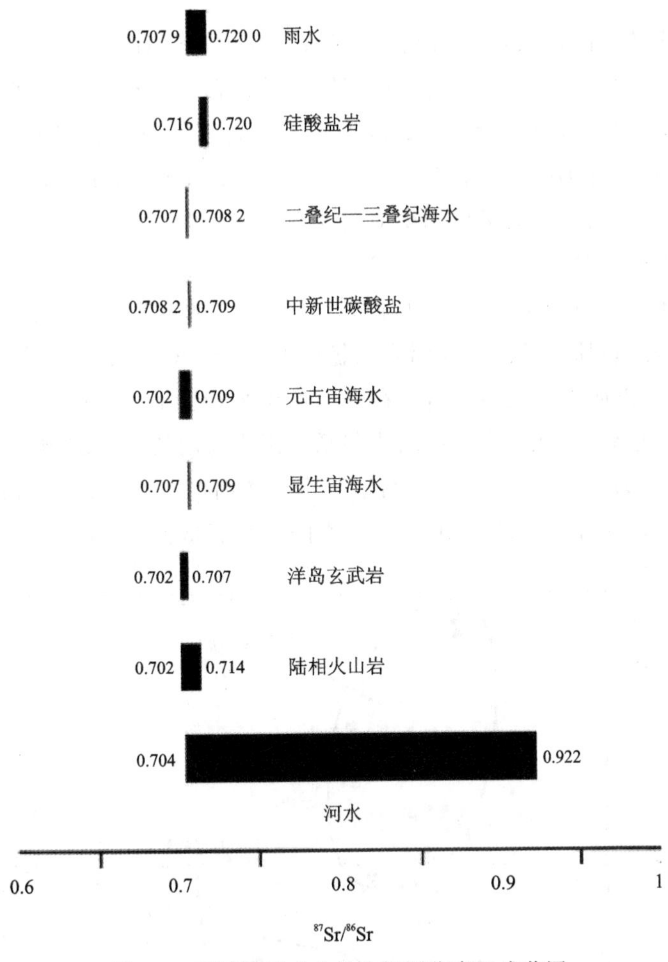

图 7-2　不同岩石或水体中锶同位素组成范围

河水的锶同位素比值$^{87}Sr/^{86}Sr$ 明显不同，变化范围为 0.703～0.943（Goldstein et al.，1987；Wadleigh et al.，1985），且$^{87}Sr/^{86}Sr$ 与 $1/Sr^{2+}$ 之间呈正相关，说明河水有两类不同的来源：一类是以石灰岩为代表的地层，风化产生的淋滤溶液的 Sr^{2+} 浓度高、Sr/ Sr 低（0.706～0.709）；另一类是以硅酸盐岩为代表，风化后的淋滤溶液，其 Sr^{2+} 浓度较低，但$^{87}Sr/^{86}Sr$ 较高（$>$ 0.710）（Palmer et al.，1992）。因此，流经不同地层河水的 Sr^{2+} 浓度和$^{87}Sr/^{86}Sr$ 比值存在差异。可以据此研究河水的来源和流域的风化速率，使用不同的元素对或离子对的比值与

$^{87}Sr/^{86}Sr$值的变化关系，还可以区别河水中不同端元物质的化学和同位素组成特征，或能明确区分不同的物质来源（刘丛强等，2007）。通常对比$^{87}Sr/^{86}Sr$与Na^{+}/Sr^{2+}、Mg^{2+}/Sr^{2+}、Ca^{2+}/Sr^{2+}或Mg^{2+}/Ca^{2+}的变化关系，来确定河水的端元组分。刘丛强等（2007）根据枯水期和丰水期乌江与沅江水系河水的$^{87}Sr/^{86}Sr$与Mg^{2+}/Ca^{2+}的变化关系发现，所有河水的锶和相关阳离子主要来自3个端元物质的化学风化，即来自石灰岩、白云岩和硅酸盐碎屑岩的化学风化。

3. 地下水$^{87}Sr/^{86}Sr$

对于地下水中的锶同位素，一方面含水层所赋存的围岩往往有其特有的锶发生和演化史；另一方面，地下水往往是几类水源的混合结果，其组合往往有较大的变幅。源于不同母质的矿质土壤或不同母岩含水层的地下水，或源于不同岩石系统的裂隙水，或经由浅循环或深循环流经不同岩层，或有不同年龄而发生不同类型的水-岩关系，或有壳源或幔源的组分，都会各自有其$^{87}Sr/^{86}Sr$印记，因而可以指望应用$\delta^{87}Sr$来识别不同类型的含水层，也可藉以识别地下水补给区或端元水源。

美国一例见图7-3，可识别出大致以深度100m为界的两个含水层。较浅的含水层具有高$\delta^{87}Sr$值，主要来自母质为黑云母花岗岩的锶（$\delta^{87}Sr > +200$），形成此含水层的下渗水滞留时间很短也较年轻，因而不可能与围岩存在锶同位素平衡。而100m以深的含水层则具有很低的$\delta^{87}Sr$值，年龄也更老，地下水与围岩中包括花岗岩在内的其他矿物发生了相互作用。此含水层围岩的$\delta^{87}Sr$为$-4.6 \sim -3.9$，表明地下水滞留时间很长并已与围岩接近锶同位素平衡了。因此也表明，这一深含水层并非本地降水的补给而是由更大区域补给所形成。

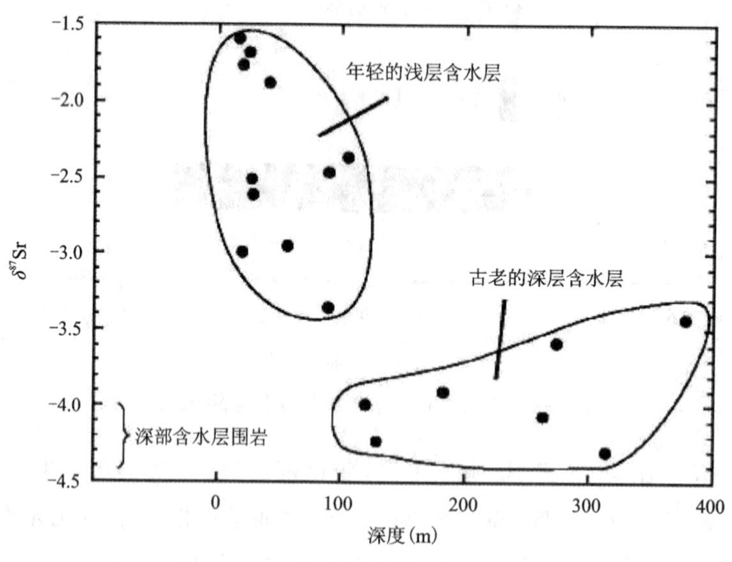

图7-3　由$\delta^{87}Sr$识别的两个含水层图

瑞士一例见图7-4。对一些深层地下水的$^{87}Sr/^{86}Sr$和Sr(mg/L)进行分析，识别了3类不同岩性的含水层及其补给时期（Peters et al.，1987）：石炭系—二叠系结晶岩裂隙水含水层，从深度 500～ 2224m 采样所得地下水 $^{87}Sr/^{86}Sr$ 的一般范围为 0.716 6～0.717 8；三叠系硅质沉积岩含水层，深度 95～1500m，$^{87}Sr/^{86}Sr$ 为 0.713 4～0.716 3；泥质岩含水层深度 54～1227m，$^{87}Sr/^{86}Sr$ 为 0.708 7～0.709 7。

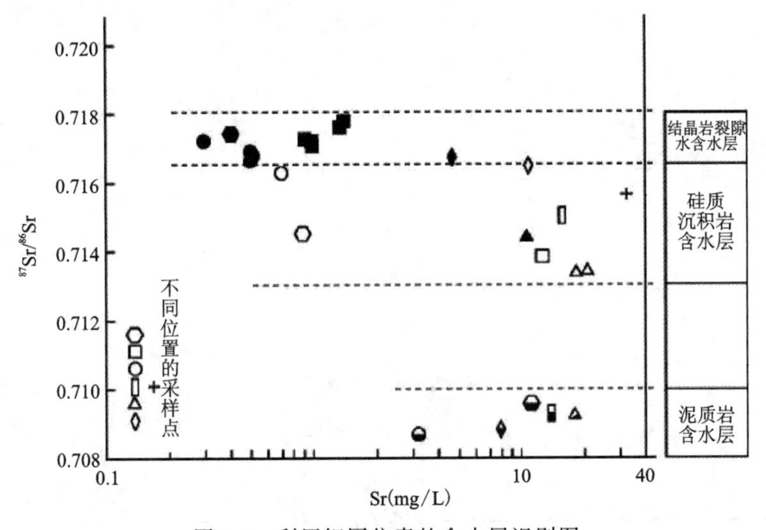

图 7-4　利用锶同位素的含水层识别图

第三篇

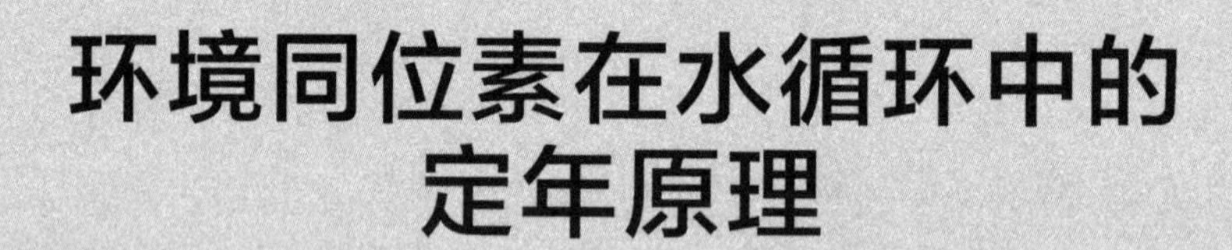

环境同位素在水循环中的定年原理

第八章　放射性^{14}C定年

第一节　^{14}C来源和浓度变化

一、^{14}C来源

^{14}C是碳元素中的一种主要放射性同位素。天然相对丰度为$1.2\times10^{-10}\%$。自然界存在的环境^{14}C有天然和人工两种来源。

天然^{14}C是在平流层和对流层之间的过渡地带通过二次宇宙射线的慢中子和氮原子的一种核反应生成的(Libby,1965):

$$^{1}_{0}N+^{14}_{7}N\longrightarrow ^{14}_{6}C+P$$

生成的^{14}C在大气层中很快氧化成CO_2分子,并与不活泼的$^{12}CO_2$相混合,遍布于整个大气圈,因此^{14}C只分布于和大气CO_2发生交换关系或者不久前才脱离这种关系的各种含碳物质中。参加现代自然交换循环的碳称为“交换碳”,参加交换循环的碳储存库称为“交换碳储存库”,如大气圈、生物圈和水圈等(表8-1)。

表8-1　地球上交换碳储存库

场所	含量(g/cm^2)	百分含量(%)
海洋:无机碳	7.450	96
溶解的有机碳	0.533	
生物圈	0.002	
大陆:生物圈	0.250	3
大气圈	0.125	1

大气层上部不断生成新的^{14}C,但这些^{14}C又不断地衰减和被生物圈和水圈的物质所吸收,因而使得大气中的^{14}C的浓度维持一种相对稳定的动态平衡状态。据研究,天然^{14}C生产率为2.6原子/($cm^2\cdot s$),相当于每年生成^{14}C约9.8kg。地球上累积总量约80t。

生物圈物质吸收^{14}C的主要方式是植物的光合作用和呼吸作用,而动物却以直接或间接食用植物来获取^{14}C,这就是所谓的生命效应。一旦这种效应停止,^{14}C就不能再进入有机体内,与此同时,有机体内的^{14}C便不断地因衰变而减少。水圈和部分含碳酸盐的沉积物中的^{14}C主要来自大气中CO_2的溶解作用,这样就构成了大气圈、生物圈、水圈以及岩石圈中部分碳酸盐的天然^{14}C循环(图8-1)。在这种天然循环的过程中,^{14}C所带入的各种环境信息,无疑与各种水体的成因息息相关,因而^{14}C在水文地质研究中具有重要意义。

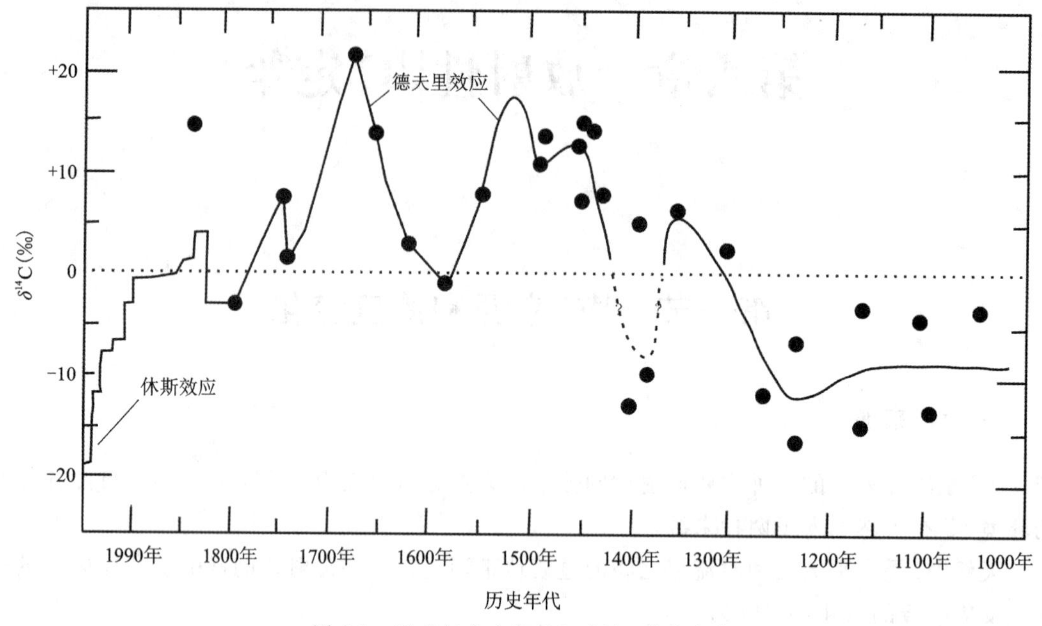

图8-1 近千年来大气CO_2中^{14}C浓度变化

另一方面,各水体中的含^{14}C物质从交换储存库转入非交换储存库,也间接赋予水体以定年的意义。

^{14}C经β^-衰变转变为稳定的氮同位素:

$$^{14}_{6}C \longrightarrow ^{14}_{7}N + \beta^- + \gamma + Q$$

^{14}C的半衰期为(5730±40)a(1960年第五届国际放射性碳年龄测定会议决定)。^{14}C定年方法主要适用于测定开启和半开启含水层中地下水的年龄。

人工^{14}C来源于人工核反应,如空中核爆炸、核反应堆和加速器等。一般来说,宇宙线成因^{14}C的产生速率比较稳定,人工核反应对这一稳定性起着干扰作用。

二、^{14}C浓度变化

精确研究大气中CO_2的浓度时发现,在过去数万年间该浓度并非完全恒定不变,而是约在10%的范围内做系统的变动。大气^{14}C浓度的变化分为短期变化和长期变化两种。短期变化由雷电现象引起,影响较小。长期变化主要由宇宙射线强度改变、地球磁场强度变化和古气候变化引起。近500年来大气CO_2中^{14}C浓度的变化由如下3种效应引起。

1. 德夫里效应

根据树轮年代研究,在公元1500—1700年间,大气CO_2的^{14}C放射性比度较19世纪高出约2%(图8-2),这一现象首先由Devries(1958)发现,故称德夫里效应。关于德夫里效应的起因问题,目前尚无定论。

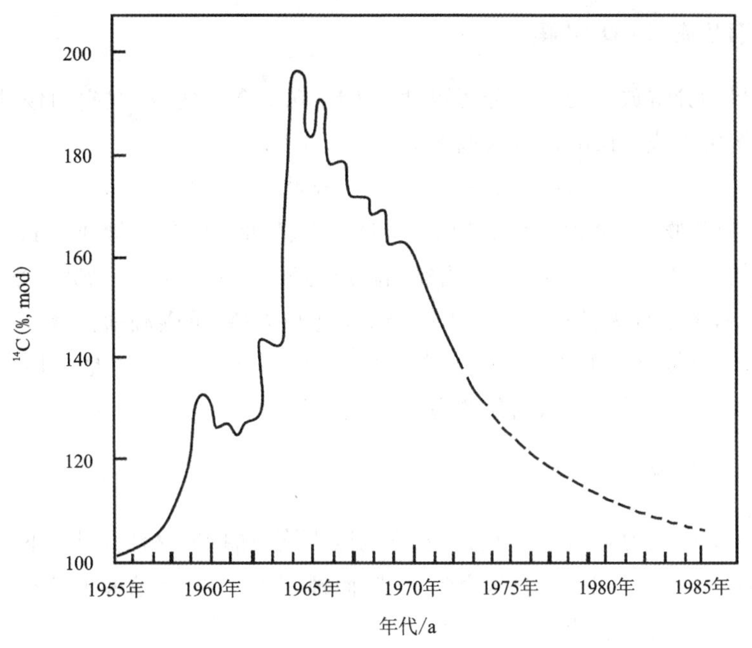

图 8-2　核试验引起的大气 CO_2 中^{14}C浓度的变化

2. 休斯效应

Suess (1955)发现 20 世纪以来木头的初始放射性比度平均比 19 世纪低约 2%。这是由工业革命后燃烧有机燃料使大量不含^{14}C的 CO_2 进入大气层引起的,使对流层^{14}C含量减少近10%,也使工业城市上空大气的^{14}C浓度低于一般地区(图 8-1)。

3. 热核效应

自 1953 年以来,大气层中的核试验使大气层中的^{14}C的浓度急剧增加(图 8-2)。瞬时^{14}C的含量可以超过正常时数倍,这一热核效应也强烈地影响其他交换储存库内^{14}C的浓度。

目前对上述^{14}C浓度的长期变化研究得比较清楚,并能对合成物质的初始^{14}C浓度作出比较精确的校正。

另外,海洋表面能大量吸收大气中的 CO_2 使得靠近海面的大气层较大陆贫^{14}C。南半球上对流层的^{14}C浓度比整个北半球要贫 4%～5%,这是南半球广阔的海洋表面大量吸收 CO_2、两半球对流层的混合交换速度受到限制的结果。

第二节　水循环中^{14}C的地球化学过程

在水文地质研究中,^{14}C主要用来测定地下水的年龄和示踪地下水的运动。因此,了解^{14}C进入地下水的途径、地下水溶解无机碳中^{14}C的浓度及其变化,显得特别重要。地下水中溶解无机碳的主要来源如下。

1. 土壤中有机成因 CO_2 溶解

土壤中有机物分解放出的 CO_2 分压可达 0.01～0.1 个大气压，在它的侵蚀作用下，土壤中的碳酸盐被溶解生成重碳酸盐进入地下水中。

$$CaCO_3 + CO_2 + H_2O \longrightarrow Ca^{2+} + 2\,HCO_3^-$$

一般认为，有机物的 ^{14}C 含量是 100％(mod)，石灰岩的 ^{14}C 含量是 0％(mod)。由反应式得出重碳酸盐的 ^{14}C 约为 50％(mod)。此外，温带地区的树木 $\delta^{13}C=-25‰$，半干旱地区的树木 $\delta^{13}C=-15‰$，海相石灰岩的 $\delta^{13}C=0‰$。综合这些资料，重碳酸盐的 $\delta^{13}C$ 值大约分别为 $-12‰$ 或 $-7‰$。有报道地下水的 ^{14}C 含量超过 100％(mod)，显然这是由热核效应引起的。一般情况下，地下水 ^{14}C 的高含量与氚的高含量相一致。

2. 大气 CO_2 的溶解

大气中 CO_2 的浓度为 0.03％，与植被发育地区土壤中的 CO_2 相比，对地下水的 ^{14}C 含量的影响很小。如 1963 年大气中 ^{14}C 含量突然上升，而地下水中的 ^{14}C 含量却变化不大(Münnich et al.，1967)。

但是在植被不发育和土壤中有机质含量很少的地区，大气 CO_2 的影响不可忽视，在这种情况下，与大气 CO_2 相平衡的地下水中重碳酸盐的 ^{14}C 含量可由同位素分馏系数求出。

3. 硅酸盐的风化

土壤中的 CO_2 和硅酸盐作用可生成 HCO_3^- (Vogel and Ehhah，1963)：

$$Ca\,Al_2(SiO_4)_2 + 2CO_2 + H_2O \longrightarrow Ca^{2+} + Al_2O_3 + 2SiO_2 + 2HCO_3^-$$

在这种情况下，重碳酸盐中 ^{14}C 的含量为 100％(mod)，$\delta^{13}C$ 为 $-25‰$ 或 $-15‰$。

实际上，硅酸盐的风化作用是很慢的，它对地下水中碳含量的影响也很小，可以忽略不计。

4. 腐殖酸的侵蚀作用

在酸性土壤中，腐殖酸与固体碳酸盐反应生成的 HCO_3^-，其 ^{14}C 含量为 0％(mod)。

$$2CaCO_3 + 2H^+(Hum) \longrightarrow Ca(Hum)_2 + Ca^{2+}\,2HCO_3^-$$

或

$$R\text{-}COOH + CaCO_3 \longrightarrow HCO_3^- + R\text{-}COO^- + Ca^{2+}$$

土壤水中腐殖酸含量一般很少，这种作用对地下水中的 ^{14}C 含量影响不大。但在泥炭沼泽和泥炭层发育的地区，其稀释作用则不可忽视。

5. 含水层中有机物的氧化

含水层中有机物的氧化可使地下水中 HCO_3^- 含量增加。

$$6nO_2 + (C_6H_{10}O_5)_n + nH_2O \longrightarrow 6n\,H^+ + 6nHCO_3^-$$

$$H^+ + CaCO_3 \longrightarrow Ca^{2+} + HCO_3^-$$

显然，生成的 HCO_3^- 中的 ^{14}C 含量与含水层中有机物的年龄有关。

6. 脱硫酸作用

在缺氧的还原条件下，地下水中的SO_4^{2-}可被CH_4还原生成HCO_3^-。

$$SO_4^{2-}+CH_4 \longrightarrow HS^- + H_2O + HCO_3^-$$

那么，HCO_3^-中的^{14}C含量主要取决于甲烷(CH_4)的年龄。在某些情况下，$\delta^{13}C$值可偏离很大，降为$-70‰$，这是因细菌分解的有机物几乎全部转变为甲烷所致。

7. 碳酸盐溶解

如果在含水层内Ca^{2+}的浓度由于与黏土吸附的钠发生交换而减少，则碳酸盐可发生溶解以便维持平衡状态(Pearson and Sharzank，1974)。这部分补充溶解的无机碳全部来自碳酸盐。

8. 火山和岩浆活动

起源于火山或岩浆活动的CO_2不含^{14}C，水的初始^{14}C浓度可以被CO_2产生的HCO_3^-所稀释。这种深部来源的CO_2的$\delta^{13}C$值变化于$-2‰\sim6‰$之间。

影响地下水中^{14}C浓度的同位素地球化学过程主要表现如下。

(1)饱和带内碳同位素交换反应。在含水层的饱和带内，地下水中含^{14}C的溶解无机碳(HCO_3^-)与围岩中碳酸盐(不含^{14}C)发生碳同位素交换反应过程，已由Münnich等(1967，1970)通过实验证实，交换程度取决于含水层岩石颗粒大小、碳酸盐含量、水温及pH值，交换的结果使部分^{14}C进入碳酸盐而使地下水溶解无机碳的^{14}C浓度减小。当碳酸盐颗粒很细时，则能较快地达到同位素交换平衡，并且可向颗粒内部扩散。Thilo等(1970)发现，温度越高，地下水失去的^{14}C越多，但在含水层中这种交换过程是非常缓慢的，尤其是粗颗粒和块状碳酸盐岩在水温不高的情况下，其影响可忽略不计。

(2)非饱和带(包气带)内同位素交换反应。在非饱和带内，如果地下水处于开放系统，地下水溶解无机碳(HCO_3^-)与气体CO_2的碳同位素交换将向同位素交换平衡移动，当达到平衡状态时，地下水中HCO_3^-可比气体CO_2略富^{14}C。

(3)碳酸盐的溶解-沉淀作用。地球上的碳绝大部分存在于碳酸盐矿物中，其中主要为方解石[$CaCO_3$]和白云石[$CaMg(CO_3)_2$]。含有CO_2的地下水流入含有碳酸盐矿物的岩层时，会发生溶解作用，直至达到饱和为止。非饱和带内，岩层空隙中存在丰富的CO_2，在地下水入渗过程中发生的溶解过程称为“开放系统”的溶解。在这一开放系统中，地下水的总溶解无机碳(HCO_3^-)可来源于初始CO_2、补充的CO_2和碳酸盐矿物的溶解，水的pH值一般小于8。

如果非饱和带岩层中基本不含碳酸盐矿物，这时含有CO_2的水能在不消耗或很少消耗CO_2的情况下进入饱和带。在这一带中若岩层含有碳酸盐矿物，则地下水可在无CO_2补充的条件下发生溶解作用，这就是“封闭系统”的溶解作用。封闭条件下碳酸盐矿物溶解是很有限的，地下水的pH值较高(>8)。然而，在有些情况下，地下水可能在前一段沿着“开放系统”路径进行；而流入地下水位以下时，则转变为“封闭系统”溶解。有时在地下水位以上就发生了“封闭系统”溶解，故对地下水流要做具体分析。

在地下水系统中，除温度和pH值可直接影响碳酸盐矿物的溶解和沉淀外，水的矿化度、离子成分、阳离子交换、吸附、氧化与还原、气体扩散和机械弥散等，都可以引起地下水的碳化学演化。此外，地下水在渗流过程中有时也会遇到各种不同类型的矿物和矿物群，地下水与它们的"相遇次序"对地下水中溶解无机碳的碳化学演变也有重要影响。

上述各种作用有时可使含水层固相中的碳进入水中，与水中所含^{14}C的无机碳相混合，有时又可使水中溶解的无机碳沉淀到含水层固相中。含水层固相中的碳一般不含^{14}C，称为"死碳"，而从水里析出的碳则含有^{14}C，称为"活碳"，因而上述各种作用的结果可使地下水溶解无机碳总量、^{13}C及^{14}C浓度发生改变。但是，目前许多研究者认为，在含水层中发生的这些作用，对^{14}C浓度的影响很缓慢，数量也不大。

第三节　地下水^{14}C定年原理

自然界中所有参加碳交换循环的物质都含有^{14}C。但是，如果某一含碳物质一旦停止与外界发生交换，例如生物死亡或水中C以碳酸钙形式沉淀后，与大气及水中的二氧化碳将不再发生交换，那么，有机体和碳酸盐中的^{14}C将得不到新的补充，原始的放射性^{14}C就开始按照衰变规律而减少：

$$A_{样}=A_0 e^{-\lambda t} \tag{8-1}$$

式中：A_0为处于交换循环中的^{14}C放射性比度或称现代碳放射性比度；$A_{样}$为停止交换t年后样品中碳的放射性比度；t为生物死后"距今"的年代，即被测样品的年龄；λ为^{14}C的衰变常数$\left\{\lambda=\frac{\ln 2}{T_{1/2}}=\frac{0.693}{T_{1/2}}\right\}$；$T_{1/2}$是$^{14}C$的半衰期(5568a)。

代入式(8-1)得

$$t=\frac{1}{\lambda}\ln\frac{A_0}{A_{样}}=8035\ln\frac{A_0}{A_{样}} \tag{8-2}$$

当$T_{1/2}=5730a$时，式(8-2)改写为

$$t=\frac{1}{\lambda}\ln\frac{A_0}{A_{样}}=8267\ln\frac{A_0}{A_{样}} \tag{8-3}$$

^{14}C测定年龄的基本原理是建立在如下假设的基础之上：①^{14}C在所有交换储库中分布均匀，现代碳的放射性比度是一常数，不随地理位置和物质种类而变化；②千万年以来，大气CO_2的^{14}C放射性比度不随时间而变化，样品的初始放射性A_0与现代碳的比度相同；③样品在停止了^{14}C的交换以后，就保持封闭，不再受到周围环境和后期作用的影响。

目前^{14}C定年可测的年龄一般不超过5万年，最大限度是7万年。因此凡是几万年以来曾经在生物圈、大气圈和水圈中发生过^{14}C交换的含碳物质均可作为样品进行测定。例如，动植物的残骸(木头、木炭、果实、种子、兽皮、骨头、象牙)，含同生有机质的沉积物(泥炭、淤泥)和土壤，生物碳酸盐(贝壳、珊瑚)和原生无机磷酸盐(石灰华、苏打、天然碱)，含碳的古代文化遗物(纸、织物、陶瓷、铁器)等。

在^{14}C年龄测定中，除了保证样品的代表性和可靠性(尤其要避免年轻碳的污染)外，最重要的问题是现代碳放射性比度的精确性和正确性。1958年以前，各国的实验室还没有统一的现代碳标准，而是采用19世纪的树木作标准。1958年，美国国家标准局(NBS)提供了草酸标准(SRM-4990)。1962年第五届放射性碳国际会议上正式确定使用NBS草酸标准。依据与

1890年橡木的放射性对比，以此草酸1950年的放射性比度的95%作为现代碳国际标准比度，也就是19世纪树木的初始放射性。即

$$A_0=0.95\,A_0(1950)=13.56\pm0.07[\text{dpm/g(碳)}] \tag{8-4}$$

式中：$A_0(1950)$是NBS草酸标准1950年的放射性比度，其数值为14.27 ± 0.07dpm/g(碳)。

事实上，采用现代碳标准作为A_0的假设并不是十分准确的，主要原因是：①大气圈放射性碳含量在过去曾发生过变化；②植物光合作用从大气摄取CO_2时产生同位素分馏；③碳酸盐岩溶解作用放出的“死碳”对放射性碳的稀释。最后一种情况大多发生在石灰岩地区，往往造成地下水、碳酸盐和淡水生物样品的年龄偏老；如果知道“死碳”污染的百分率，就可以计算出样品的实际年龄。

第四节　地下水^{14}C定年校正

用^{14}C测定地下水年龄是目前应用广泛而且比较成熟的方法，但是正确测定地下水^{14}C年龄比测定一般含碳物质(如木炭、泥炭等)的^{14}C年龄要困难得多。问题的关键在于地下水的^{14}C原始含量难以确定，也就是说，不能把“现代碳”标准的^{14}C含量看作是地下水的^{14}C原始含量。

为了确定地下水中^{14}C的原始含量，近30年来许多学者进行了大量研究，提出了各种各样的模型。在此详细地介绍一下各种模型的原理、计算方法和应用条件，并做扼要的评价。

一、地下水^{14}C年龄校正概念

事实证明，在实验室条件下用A_0作为地下水的原始放射性比度计算的地下水的^{14}C年龄往往偏老或偏年轻。这是为什么？原因就在于A_0不能代表地下水中总溶解无机碳的原始放射性比度，设其代号为A_T。可以把A_T理解为全部化学作用和同位素交换反应进行之后，放射性衰变开始之前地下水中总溶解无机碳的原始放射性比度。$A_0\neq A_T$通常有以下两种情况。

(1)$A_T<A_0$(封闭系统)。地下水不仅能从交换储存库中获得溶解无机碳，而且还可以通过溶解作用从非交换储存库中(如碳酸盐矿物)获得无机碳，后者一般不含^{14}C(“活碳”)，只含“死碳”。“死碳”的加入会稀释地下水中的原始^{14}C，导致$A_T<A_0$。

(2)$A_T>A_0$(开放系统)。20世纪40年代开始的空中核试验使大气中^{14}C浓度有所增加，结果使土壤中CO_2的^{14}C浓度也相应增加。因此，在开放系统中地下水总溶解无机碳自由地与土壤中的CO_2发生交换反应，有时还建立起土壤CO_2-$HCO^-_{3(水)}$的同位素交换平衡，于是地下水中^{14}C浓度也就增高了，即$A_T>A_0$。

当$A_T<A_0$时，若不加校正，则用式(8-3)计算的地下水^{14}C年龄偏老；当$A_T>A_0$时，用式(8-3)计算的地下水年龄偏年轻。由此可见，校正的实质是正确确定地下水中总溶解无机碳的^{14}C原始浓度(A_T)。为此，引入“校正系数”(有时称为“稀释系数”)的概念，设代号为F：

$$F=\frac{A_T}{A_0} \tag{8-5}$$

将式(8-5)代入式(8-3)中，得

$$t_{校}=8267\ln F\cdot\frac{A_0}{A_{样}}=8267\ln\frac{A_T}{A_0}\cdot\frac{A_0}{A_{样}}=8267\ln\frac{A_T}{A_{样}} \tag{8-6}$$

式中：A_T和$A_{样}$意义同前，但使用单位改为PMC(现代碳百分数)；$t_{校}$为校正后地下水的^{14}C年龄(a)。

二、地下水^{14}C年龄校正模型

为了正确确定地下水^{14}C的原始含量，学者们提出了各种各样的模型。

1.统计学方法

最早由Vogel于1970年提出。他统计了西欧及南非地区200多个水样的^{14}C测定结果，认为由现代水补给的地下水PMC=80～90，即现代碳百分含量为80%～90%(mod)。因此，他建议采用下述值作为地下水的^{14}C原始含量：

$$A_T=(85\pm5)\%(mod) \tag{8-7}$$

将式(8-7)代入式(8-6)，可以求出任何一个水样校正后的^{14}C年龄。

但是，实际上这种统计结果是随地区和岩性不同而改变的。

Gegh统计了中欧和巴仑支地区400多个水样的^{14}C测定结果，认为：灰岩区A_T为50%～70%(mod)，黄土地区A_T为85%(mod)，结晶岩区A_T为90%～100%(mod)。

Mezor(1974)统计了博茨瓦纳Kalahari平原潜水含水层93个样品的^{14}C测定结果，得出初始^{14}C浓度多数大于85%(mod)。Hufen(1974)测定夏威夷群岛的瓦胡岛中20多个储存于火山碎屑岩(不含碳酸盐矿物)中淡水的初始^{14}C浓度，大多数为96%～100%(mod)。

评价：这是一个纯粹的统计学方法，没有考虑地下水在渗透过程中发生的化学反应和同位素交换反应。但是，在缺乏水化学和同位素资料时，可以使用。曾有人提议在某地区工作时取当地河水、湖水或大气降水的^{14}C测定结果作为A_T，然而它们没有通过包气带，没有和土壤以及土壤中CO_2进行过化学反应和同位素交换反应，由此计算的地下水^{14}C年龄可能偏老。因此，用补给区潜水的^{14}C测定结果进行统计似乎更接近实际情况。

2.化学稀释校正模型

这个模型由Tamers等(1967)提出。Tamers认为初始^{14}C浓度是溶解CO_2与碳酸盐反应的结果：

$$CO_{2(水)}+CaCO_3+H_2O\longrightarrow Ca^{2+}+2HCO_3^-+CO_{2(平)}$$

根据Tamers模型，当大气降水或地表水渗入地下时，含CO_2的水将与碳酸盐(如灰岩)发生反应而生成HCO_3^-(两个含碳储层的1∶1混合结果)，其中一半来自土壤中CO_2(有机来源)，另一半来自固体碳酸盐(无机来源)，结果使地下水中的^{14}C受到稀释，故需对地下水^{14}C年龄进行校正。

设$CaCO_3$溶解前水中的$CO_{2(水)}$含量为x(mmol/L)，溶解后生成的HCO_3^-离子浓度为b(mmol/L)。留在水中生成平衡CO_2的浓度为a(mmol/L)，且溶解过程中消耗的CO_2由土壤中CO_2来补充。由化学平衡可知

$$x=a+b/2 \tag{8-8}$$

设$A_{\pm CO_2}$为土壤中CO_2的^{14}C含量，A_{CaCO_3}为固体碳酸盐的^{14}C含量，A_T为总溶解无机碳含量，均用PMC表示，则按质量平衡原理可得

$$(a+b/2)A_{\pm CO_2}+b/2\ A_{CaCO_3}=(a+b)A_T \tag{8-9}$$

据经验值$A_{\pm CO_2}=100\%(mod)$，$A_{CaCO_3}=0\%(mod)$，则

$$A_T=\frac{a+b/2}{a+b}\times 100\%(mod) \tag{8-10}$$

a和b可以通过水质分析取得，但是当缺乏水中溶解$CO_{2(平)}$的实测资料时，也可以通过计算求得。

已知

$$\frac{[H^+][HCO_3^-]}{[H_2CO_3]}=K_1=10^{-6.4} \tag{8-11}$$

则

$$a=[H_2CO_3]=\frac{[H^+][HCO_3^-]}{10^{-6.4}} \tag{8-12}$$

评价：这是一个纯化学校正模型，适用于干旱半干旱地区，补给区土层较薄，孔隙不太发育，土层含有碳酸盐，土壤CO_2分压中等的封闭承压含水系统。在某些潜水含水层中使用也可取得较好的效果。

3. 同位素混合模型(^{13}C校正模型)

这个模型由Pearson(1974)提出。主要考虑土壤中CO_2和固体碳酸盐(如$CaCO_3$)之间^{14}C同位素的混合作用，基本上不考虑同位素交换过程。反应式同前。

设$CaCO_3$溶解前水中CO_2全部由土壤CO_2提供，它的^{13}C浓度完全与土壤中CO_2的相同，分别为$\delta^{13}C_{\pm CO_2}$和$A_{\pm CO_2}$；$CaCO_3$的浓度分别为$\delta^{13}C_{CaCO_3}$和A_{CaCO_3}；总溶解无机碳的浓度分别为$\delta^{13}C_T$和A_T，按质量平衡原理可知

$$A_T=\frac{\delta^{13}C_T-\delta^{13}C_{CaCO_3}}{\delta^{13}C_{\pm CO_2}-\delta^{13}C_{CaCO_3}}(A_{\pm CO_2}-A_{CaCO_3})+A_{CaCO_3} \tag{8-13}$$

设$A_{CaCO_3}=0\%(mod)$；$A_{\pm CO_2}=100\%(mod)$，则式(8-8)变为

$$A_T=\frac{\delta^{13}C_T-\delta^{13}C_{CaCO_3}}{\delta^{13}C_{\pm CO_2}-\delta^{13}C_{CaCO_3}}\times 100\% \tag{8-14}$$

若设$\delta^{13}C_{CaCO_3}=0‰(PDB)$，则

$$A_T=\frac{\delta^{13}C_T}{\delta^{13}C_{\pm CO_2}}\times 100\% \tag{8-15}$$

评价：这个模型的应用条件和Tamers模型基本相同。当工作区缺乏水化学资料时，应用起来很方便。这个模型实际上也考虑了土壤CO_2和固体碳酸盐之间的同位素交换过程。但在计算式中没有反映出来，因此交换量不能太大。Pearson模型和Tamers模型的特殊应用条件是土壤CO_2分压中等，土层的孔隙不太发育，土壤CO_2和固体碳酸盐的反应系统属于关闭的溶蚀系统。

4. 同位素混合-交换校正模型

这个模型由Gonfiantinie提出。该模型既考虑了土壤CO_2和固体碳酸盐(如$CaCO_3$)两个

碳源之间的混合作用，也考虑了土壤中 CO_2 和水中 HCO_3^- 之间的碳同位素交换反应。

设 HCO_3^-—±CO_2 达到同位素交换平衡时，水中 HCO_3^- 的 ^{13}C 组成为 $\delta^{13}C_{HCO_3^-}$，已知分馏系数为

$$\alpha_{HCO_3^- - \pm CO_2}=\frac{10^{-3}\delta^{13}C_{交HCO_3^-}+1}{10^{-3}\delta^{13}C_{\pm CO_2}+1} \tag{8-16}$$

又知富集系数(或称为“分馏值”)为

$$\varepsilon_{HCO_3^- - \pm CO_2}=10^3(\alpha_{HCO_3^- - \pm CO_2}-1) \tag{8-17}$$

合并式(8-16)和式(8-17)，得

$$\delta^{13}C_{交HCO_3^-}=\delta^{13}C_{\pm CO_2}+\varepsilon_{HCO_3^- - \pm CO_2}(1+10^{-2}\delta^{13}C_{\pm CO_2}) \tag{8-18}$$

$$\delta^{13}C_{交HCO_3^-}=\delta^{13}C_{\pm CO_2}-\varepsilon_{\pm CO_2 - HCO_3^-}(1+10^{-2}\delta^{13}C_{\pm CO_2}) \tag{8-19}$$

由式(8-18)和式(8-19)可知，同位素交换后地下水中 HCO_3^- 的 ^{13}C 浓度已不等于 $\delta^{13}C_{\pm CO_2}$，而是为 $\delta^{13}C_{交HCO_3^-}$。如果地下水中总溶解无机碳全部以 HCO_3^- 形式存在，将式(8-19)简化为

$$\delta^{13}C_{交HCO_3^-}=\delta^{13}C_{\pm CO_2}-\varepsilon_{\pm CO_2 - HCO_3^-} \tag{8-20}$$

按照质量平衡原理并经过适当推导可得

$$A_T=\frac{\delta^{13}C_T-\delta^{13}C_{CaCO_3}}{\delta^{13}C_{\pm CO_2}-\varepsilon_{\pm CO_2 - HCO_3^-}-\delta^{13}C_{CaCO_3}}\cdot(A_{\pm CO_2}-A_{CaCO_3})+A_{CaCO_3} \tag{8-21}$$

当 $CaCO_3$ 为海相灰岩时，$\delta^{13}C_{CaCO_3}\approx 0‰$(PDB)，$A_{CaCO_3}\approx 0‰$(mod)，设 $A_{\pm CO_2}=100\%$(mod)，则式(8-21)可简化为

$$A_T=\frac{\delta^{13}C_T}{\delta^{13}C_{\pm CO_2}-\varepsilon_{\pm CO_2 - HCO_3^-}}\times 100\% \tag{8-22}$$

据经验值 $\delta^{13}C_{\pm CO_2}=-25‰$(PDB)，则

$$A_T=\frac{\delta^{13}C_T}{-25-\varepsilon_{\pm CO_2 - HCO_3^-}}\times 100\% \tag{8-23}$$

式中：$\varepsilon_{\pm CO_2 - HCO_3^-}$ 由下式计算：

$$\delta^{13}C_{\pm CO_2}-\delta^{13}C_{HCO_3^-}\approx\varepsilon_{\pm CO_2 - HCO_3^-}=-9438\,T^{-1}+23.89 \tag{8-24}$$

式中：T 为绝对温度(°)，即

$$T=273+t \tag{8-25}$$

式中：t 为水温(℃)。

Emrich 和 Mook 已经给出某些温度下的 ε 值(表 8-2)。

表 8-2　随温度变化的富集系数 ε(以‰为单位)

富集系数	反应方向	文献	0℃	10℃	15℃	20℃	25℃
ε	CO_2(气)-HCO_3^-	Emrich	−10.40	−9.30	—	−8.38	−7.70
		Mook	−10.94	−9.69	−9.10	−8.53	−7.98

实践证明，用式(8-24)计算的 ε 值与 Emrich 及 Mook 提供的经验值很接近。

评价：这个模型适用于补给区土壤 CO_2 分压较高，岩层中含有碳酸盐矿物，孔隙较发育，反应系统属于开放的溶蚀系统，土壤 CO_2 与水中 HCO_3^- 之间可自由进行交换并达到平衡的封

闭承压含水系统。此外,地下水中所有总溶解无机碳以 HCO_3^- 形式存在,pH≈7。

5. 化学稀释-同位素交换校正模型

Mook(1972,1976)综合了 Tamers 模型和 Pearson 模型,并全面考虑了土壤 CO_2 和总溶解无机碳之间的^{13}C同位素交换反应,提出了这一校正模型。经过适当推导可得下式:

$$A_T=\frac{1}{a+b}\left\{\frac{(a+b)\delta^{13}C_T-a\,\delta^{13}C_{\text{溶}CO_2}-0.5b(\delta^{13}C_{\text{溶}CO_2}-\delta^{13}C_{CaCO_3})}{\delta^{13}C_{\text{土}CO_2}-\varepsilon_{\text{土}CO_2-HCO_3^-}(1+10^{-3}\delta^{13}C_{\text{土}CO_2})-0.5(\delta^{13}C_{\text{溶}CO_2}+\delta^{13}C_{CaCO_3})}\cdot\right.$$
$$\left.[A_{\text{土}CO_2}(1-2\times10^{-3}\varepsilon_{\text{土}CO_2-HCO_3^-})-0.5(A_{\text{溶}CO_2}+A_{CaCO_3})]+(a+0.5b)A_{\text{土}CO_2}+0.5b\,A_{CaCO_3}\right\}\tag{8-26}$$

式中:$\delta^{13}C_{\text{溶}CO_2}$ 为水中溶解 CO_2 的^{13}C含量(‰);$A_{\text{溶}CO_2}$ 为水中溶解 CO_2 的^{13}C含量(‰,mod);其他符号同前。

若令:$A_{\text{土}CO_2}\approx A_{\text{溶}CO_2}$;$\delta^{13}C_{\text{土}CO_2}\approx\delta^{13}C_{\text{溶}CO_2}$;$1+10^{-3}\delta^{13}C_{\text{土}CO_2}\approx1$;$1-2\times10^{-3}\varepsilon_{\text{土}CO_2-HCO_3^-}\approx1$。则式(8-26)可简化为

$$A_T=\frac{1}{a+b}\left\{\frac{(a+b)\delta^{13}C_T-(a+0.5b)\delta^{13}C_{\text{土}CO_2}+0.5b\,\delta^{13}C_{CaCO_3}}{0.5(\delta^{13}C_{\text{土}CO_2}-\delta^{13}C_{CaCO_3})-\varepsilon_{\text{土}CO_2-HCO_3^-}}\cdot\right.$$
$$\left.[0.5(A_{\text{土}CO_2}-A_{CaCO_3})]+(a+0.5b)A_{\text{土}CO_2}+0.5b\,A_{CaCO_3}\right\}\tag{8-27}$$

评价:这个模型考虑问题比较全面,对土层较厚、$\delta^{13}C_{\text{土}CO_2}$ 值较高的热带地区的封闭承压含水系统更为适用。但是,该模型未考虑含水层中的 HCO_3^- 和固体碳酸围岩的交换过程。此外,模型中某些参数例如 $\delta^{13}C_{\text{土}CO_2}$ 和 $\varepsilon_{\text{土}CO_2-HCO_3^-}$ 对 A_T 影响较大。在某些温带地区,当 $\delta^{13}C_{\text{土}CO_2}=0‰$ 时,如果 $\delta^{13}C_{\text{土}CO_2}$ 趋近于 2ε,则 A_T 常为负值,这是不合适的。

6. 化学稀释-同位素交换综合校正模型

这个模型由 Fontes 和 Garnier 提出,其出发点和 Mook 模型相似。既考虑了化学稀释作用,也考虑了同位素交换反应。不同之处是将地下水中总溶解无机碳分为土壤 CO_2 起源和矿物溶解起源的两种,前者称为"活碳",后者称为"死碳","死碳"浓度 C_M 由下式给出:

$$mC_M=m\,Ca^{2+}+m\,Mg^{2+}-mSO_4^{2-}+\frac{mNa^++mK^+-mCl^--mNO_3^-}{2}\tag{8-28}$$

式中:m 表示摩尔浓度。C_M 也可以由总碱度 TAC 求出:

$$mC_M=TAC/2\tag{8-29}$$

经过适当的推导可得下式:

$$A_T=\frac{1}{C_T}\left\{\frac{C_T\delta^{13}C_T-C_M\delta^{13}C_M-(C_T-C_M)\delta^{13}C_{\text{土}CO_2}}{\delta^{13}C_{\text{土}CO_2}-\varepsilon_{\text{土}CO_2-HCO_3^-}-\delta^{13}C_M}\cdot\right.$$
$$\left.[A_{\text{土}CO_2}-0.2\varepsilon_{\text{土}CO_2-HCO_3^-}-A_M]+[(C_T-C_M)A_{\text{土}CO_2}+C_MA_M]\right\}\tag{8-30}$$

式中:A_M 和 $\delta^{13}C_M$ 分别表示矿物起源的无机碳的^{14}C和^{13}C浓度。

评价:这个模型的特点是在阳离子基础上评价"死碳"含量,同时也考虑了同位素交换反应,而且可以不加区别地使用于承压含水层的补给区和承压区。

7. 开放-封闭溶解系统校正模型

Wigley 认为地下水中矿物成因的总溶解无机碳是在开放系统（土壤带）和封闭系统（承压含水层）中溶解生成的。他考虑了在这种混合溶解系统中总溶解无机碳的演化情况，提出如下校正模型：

$$A_T = A'(mC_0/mC) \tag{8-31}$$

式中：mC_0 和 mC 分别为开放系统和封闭系统地下水中总溶解无机碳的浓度；mC_0/mC 为校正系数；A' 为开放系统中与土壤 CO_2 达到碳交换平衡的总溶解无机碳的 ^{14}C 浓度，可由下式给出：

$$A' = A_0 + 0.2(\delta_{C_0} - \delta_{\pm CO_2}) \tag{8-32}$$

式中：δ_{C_0} 为开放系统中总溶解无机碳的 $\delta^{13}C$ 值，由下式给出：

$$\delta_{C_0} = (\delta_m - \delta_{CaCO_3})\frac{mC_0}{mC} + \delta_{CaCO_3} \tag{8-33}$$

应用这一个模型的关键问题是 mC_0 值较难确定。但当 mC_0 值确定后，不论含水层中存在何种产生溶解“死碳”的机理，原则上都可以用该模型进行校正。

8. 溶解-沉淀校正模型

这个模型也是 Wigley 提出的，该模型考虑了地下水中碳的溶解和沉淀同时作用对地下水 ^{14}C 浓度的影响，A_T 由下式确定：

$$A_T = 50\left(\frac{\delta_m - \delta^{13}C_{CaCO_3} + \varepsilon_s/r}{\delta_0 - \delta^{13}C_{CaCO_3} + \varepsilon_s/r}\right) \tag{8-34}$$

式中：ε_s 为总溶解无机碳（HCO_3^-）与固体碳酸盐之间的分馏值，一般取 2.5‰；r 为溶解碳量与沉淀碳量之比，该值难以确定，为简化计算通常取 1；δ_0 为纯化学溶解作用结束时总溶解无机碳的 $\delta^{13}C$ 值。

9. 异元溶解校正模型

这一模型由 Evans 提出，他考虑了方解石和白云石的异元溶解对地下水 ^{14}C 浓度的影响，并假定在异元溶解过程中沉淀的碳量与溶解的碳量是平衡的。A_T 由下式计算：

$$A_T = 50\left[\frac{\delta^{13}C_{CaCO_3} - \varepsilon_s - \delta^{13}C_m}{\delta^{13}C_{CaCO_3} - \varepsilon_s - \delta^{13}C_i}\right]^{1+\varepsilon_s/10^3} \tag{8-35}$$

式中：$\delta^{13}C_i$ 为发生异元溶解前总溶解无机碳的 $\delta^{13}C$ 值；ε_s 为溶解无机碳（HCO_3^-）与沉淀（$CaCO_3$）之间的同位素分馏值。

第九章　^{3}H-^{3}He 定年

第一节　^{3}H 和 ^{3}He 起源

一、^{3}H 的起源

^{3}H(氚,代号 T)是氢元素的一种放射性同位素,原子量为 3.016 049。天然水中的氚主要有两种起源:天然氚和人工核爆氚。

天然氚生成于大气层上部 10～20km 的高空,是宇宙射线的快中子(能量超过 400MeV)冲击大气层中稳定的氮原子发生核反应生成:

$$^{14}_{7}N+^{1}_{0}n\longrightarrow ^{3}_{1}H(T)+^{12}_{6}C$$

已知近数万年来宇宙射线的强度基本保持恒定,因此天然氚产生率较稳定,为 0.25～0.75原子/(cm^2·s)(Lai and Peters,1962)。自然界中的天然氚在长期积累和衰变过程已达到了自然平衡状态,其总量为 5～20kg。

除上述外,在地壳中放射性元素的天然裂变及锂俘获热中子发射 α 粒子等反应也可产生氚,但其数量很小,一般对天然水中氚含量影响不大。

人工氚主要由大气层核试验产生。第一次核试验始于 1952 年末,而大气降水中大量人工氚的显示出现在 1953 年初。

氚原子生成以后即同大气中的氧原子化合生成 HTO 水分子,成为天然水的一部分,并随普通水分子一起,参加水循环。由氚组成的水分子也和其他稳定同位素水分子一样,在天然水循环的过程中,打上各种环境因素影响的特征标记,成为追踪各种水文地质作用的一种理想示踪剂。更重要的是它的放射性计时性,成为水文地质研究中一种重要的定年技术手段。

氚的半衰期很短(为 12.43a),属于 β^- 衰变类型,衰变的最终产物为氦同位素:

$$^{3}_{1}H\longrightarrow ^{3}_{2}He+\beta^-+\gamma^-+Q$$

这一特点,对于研究大气降水的地面入渗、现代渗入起源地下水的补给、流动速率及赋存等特别有用。

二、^{3}He 的起源

氦在自然界有两种稳定同位素:^{3}He 和 ^{4}He,大气中 $^{3}He/^{4}He$ 值为 1.39×10^{-6}。自然界的 ^{4}He 主要来源于岩石和矿物,它是由铀和钍蜕变产生的:

$$^{232}Th \longrightarrow {}^{208}Pb + 6\,^{4}He + 4\beta^-$$

$$^{238}U \longrightarrow {}^{206}Pb + 8\,^{4}He + 6\beta^-$$

$$^{235}U \longrightarrow {}^{207}Pb + 7\,^{4}He + 4\beta^-$$

Alvarez 和 Cormog 在 1939 年首先发现自然界的^3He。Hill 在 1941 年首次提出自然界^3He可能是由$^6Li(n,\alpha)$、^3H、$(\beta^-)$$^3He$反应产生的。在含锂矿物中，$^3He/^4He$值可高达$1.2\times10^{-5}$。而在铀钍矿物中该值则极低，小于$10^{-8}$。从理论计算的铀钍自发裂变的$^3He/^4He$值不超过$7.0\times10^{-12}$，因此核裂变过程产生的$^3He$对自然界$^3He/^4He$值的贡献可以忽略不计。

大量测量数据表明，洋中脊玄武岩(MORBs)、地幔流体和捕虏体的$^3He/^4He$值R为大气值Ra的 8 倍左右。大洋岛玄武岩(OIBs)和来自地幔深部的超镁铁火山岩橄榄石的$^3He/^4He$值高达 30～40Ra。李延河等(1997)测量我国东部新生代玄武岩高压巨晶中的异常高$^3He/^4He$值达 600Ra，与金刚石的$^3He/^4He$值具有相同的数量级。地球内部$^3He/^4He$值如此大变化的原因，以及^3He的起源问题仍是当今地球化学和地球物理的一个未解之谜。研究这个问题对了解地球的生成、进化以及地幔交代作用和演化具有重要的意义。当今有关解释地幔$^3He/^4He$值有各种模型，其中最典型的有以下 3 种。

1. 地幔脱气模型

这是传统地球化学模型，它基于一个具有丰富原始气体的下地幔和亏损的上地幔(地壳萃取残余物)。上地幔是洋中脊玄武岩的假设源，而富集原始气体的下地幔是大洋岛玄武岩热点的假设源。一些稳定态模型沿用了放射性热产生与表面热流之间的平衡，以及稀有气体从下地幔进入上地幔的流量和脊部溢出量之间的平衡。地幔脱气模型假定所有原始气体居留在下地幔(相当于 OIB 源区)，并通过热柱传送到上地幔。MORBs 较低的$^3He/^4He$值归结为^4He滞留在下地幔约 1Ga(10^9a)间的累计结果。在这个模型中令人费解的是：这么大的原始储存源是如何生成的，以及在地球生长、地核形成、地幔对流时是如何对抗脱气而被保留的。

2. 板块模型

随着数据的积累，OIBs 热点的R平均值接近于 MORBs 的R值，表明热点的热柱流并非都来自原始富集气体的下地幔。板块模型是从 He 和 U(Th)之间的融合、分化和再循环来解释 MORBs 和 OIBs 的$^3He/^4He$值。高R玄武岩含有高$^3He/U$储存源成分，而不是高^3He未脱气储存源。岩浆在浅的深度脱出CO_2和 He，部分被捕虏到难熔(U、Th 贫乏)浅地幔的流体内含物和晶簇中(高$^3He/U$)。$^3He/^4He$值在气体和熔化物中是一样的，但在气体中的 Ar/He 和 Ne/He 值较熔融体高。$^3He/^4He$值在新形成的地壳和原始 MORB 储存源(低$^3He/U$)随时间推移呈下降趋势。但它在流体内含物中仍然高。板块与新裂缝岩浆区同浅地幔相互作用，拾取再循环的大离子亲石元素、古老的捕虏熔融体、海水污染物(重稀有元素所暗示)以及“冻结”有高$^3He/^4He$值的CO_2。再循环通过脱水作用使大离子亲石元素回到浅地幔(周围近圈)和使亏损的板层物质回到深地幔(二次循环)。同高 U 和 Th 的地幔和幔源区相比，高$^3He/^4He$值是由于低 U 和低^3He丰度。在板块模型中，认为 He 是来自星际尘埃俯冲到地面，通过深海沉积物的再循环进入地幔，并最终溶入岩浆。这里不需要原始富集气体的下地幔储存源。

3. 地核中的裂变反应堆

美国地球物理学家 Herndon 曾说，30 多年前人们发现玄武岩中不仅有^{4}He，还有可测到的^{3}He。发现^{4}He并不使人意外，它是由 U 和 Th 的自发裂变产生的。发现^{3}He却出乎人们的意外，因为它是与核裂变和核聚变相关联的。没人知道^{3}He是如何在地球深部生成的。Hendon 近年曾提出核地球模型：地球中心由^{238}U和^{235}U构成，直径 5km，而不是传统模型的直径约为月球 7/10 的铁镍合金球体。这些^{238}U和^{235}U的裂变形成核反应堆。地球内核由结晶的硅化镍构成，核反应堆位于其中。2001 年 Holenbach 和 Hemndon 利用核反应堆理论计算程序，模拟其设想的地核反应堆的运行机制。他们假设地球形成时最初的反应堆$^{235}U/^{238}U$值为 0.3，功率为 4TW(10^{2}W)，到后来稳定态$^{235}U/^{238}U$值为 0.06，功率为 3TW。反应堆运行一段时间后由于裂变产物累积而中毒以致停止，随后由于地心引力裂变产物移出，反应堆又开始运行。该核地球模型不仅可以解释高的$^{3}He/^{4}He$值，从而计算得出的比值为 6.3 倍大气中的比值，而且还能解释地热的来源、地磁的反转。

从上面看到，这 3 种模型对^{3}He的起源有完全不同的解释。第一种模型认为^{3}He等稀有气体是在地球形成时潜藏在地球深处；第二种模型认为^{3}He等是外空间的微粒俯冲进入地球，通过深海沉积物的再循环进入地幔，并最终进入岩浆。近年来的研究表明大洋岛的高$^{3}He/^{4}He$岩浆并非都来自下地幔的原始储存源，而是处于浅地幔。这表明第二种模型似乎也是有道理的。但是有的高^{3}He"热柱"和高$^{3}He/^{4}He$值超镁铁火山岩橄榄石等是来自地幔深部的，这些事实仍然支持第一种模型。因此，也许要综合多种模型来解释^{3}He的起源。至于第三种模型，目前还只是一种假设，还未得到证实。

第二节　地下水中^{3}H和^{3}He的来源

氦气的化学性质不活泼，使其地球化学比较简单。但^{3}He在地球上的起源有多种，在校正中还涉及与^{4}He的关系，这使其同位素地球化学复杂化，地下水中的^{3}He主要有 4 种来源。

1. 大气成因^{3}He

大气中的 He 主要起源于地壳、海洋的气体释放以及太阳风和星际物质沉淀。因为 He 在地球上的平均滞留时间近百年而全球大气混合只需 10a 左右，所以大气中氦气混合得十分均匀，且$^{3}He/^{4}He$值基本为一常数。大气中氦气浓度只有 5.24×10^{-6}(体积)，其$^{3}He/^{4}He$的值约为 1.384×10^{-6}(体积比)，即 100×10^{4}个 He 原子中只有一个多^{3}He，由此可知^{3}He在大气中的浓度(体积)只有 7.25×10^{-12}。氦气在水中的溶解度较低，故^{3}He在地下水(雨水、地表水)中含量极少。

^{3}He在空气和水之间的分馏很小；与大气平衡的雨水，其$^{3}He/^{4}He$值约为 1.37×10^{-6}(10℃)，分馏系数 $\alpha_{空气-水}=0.983$。

地下水中大气成因^{3}He分为两部分：一部分与大气中^{3}He平衡；另一部分为地下水位上升时捕捉到气泡中的^{3}He，即过量^{3}He。

2. 核成因^3He

锂(^6Li)被宇宙射线照射，吸收1个中子，放出1个α粒子形成一个氚原子，氚衰变形成^3He后，进入地下水。

3. 衰变成因^3He

衰变成因^3He专指由降水氚衰变产生的^3He，也就是用来与^3H联合测定地下水年龄的那部分^3He。

4. 地幔成因^3He

这是一种深成^3He，指在地幔中保留的原始成因^3He，它不断地向地壳释放而进入地下水。如在东太平洋海岭活动区测得高含量的He，其$^3He/^4He$值高出大气值22%，据认为属于地幔成因的^3He。但在大多数地区这种成因的^3He数量很小，可以忽略。

因为地下水中的^3He有多种来源，故用^3H-^3He法测定地下水年龄时，需从^3He总量中分离出由降水氚衰变形成的^3He，这部分工作称为^3He测年校正。

第三节　地下水^3H-^3He定年原理

一、基本原理

^3H-^3He年龄的基本原理是：利用母体^3H(氚)衰变成子体^3He这一对核素的衰变与积累来计算地下水的年龄。根据放射性衰变原理，地下水中的氚浓度按下式的放射性衰变而减少：

$$^3H(t)={}^3H(t_0)e^{-\lambda t} \tag{9-1}$$

式中：$^3H(t)$是时间t时的氚浓度；$^3H(t_0)$是大气降水渗入时的氚浓度。λ是氚的衰变常数，$\lambda=\ln2/T_{1/2}$；$T_{1/2}$是氚的半衰期($T_{1/2}=12.43a$)。

在相同的时间内，^3He的增长浓度由下式给出：

$$\begin{aligned} ^3He(t) &= {}^3H(t_0)(1-e^{-\lambda t}) \\ &= {}^3H(t)(e^{-\lambda t}-1) \end{aligned} \tag{9-2}$$

式中：$^3He(t)$为时间t时氚成因的^3He浓度，用氚单位(TU)来表示。

氚成因的^3He可以加入地下水的天然^3He含量中。地下水在补给区可以与大气达到溶解平衡，而且对于所考虑的时间来说，大气的^3He浓度(5.24ppmV)(Part sper million by volume=ppmV，百万分之一)和$^3He/^4He$值(1.384×10^{-6})在时间和空间上均可假设为常数。根据水中^3He的溶解度稍微高一些的同位素溶解分馏(0.983)就能够计算新形成地下水的原始^3He浓度。假设没有因地下水面扩散而丢失^3He，那么地下水的^3H-^3He年龄就可以根据下式计算：

$$\tau=\frac{T_{1/2}}{\ln2}\times\ln\left(1+\frac{[^3He_\tau]}{[^3H_\tau]}\right) \tag{9-3}$$

式中：τ为^{3}H-^{3}He年龄(a)。

当氚的半衰期$T_{1/2}=12.43a$时，式(9-3)可改写为

$$\tau=17.93\ln(1+[^{3}He]/[^{3}H]) \tag{9-4}$$

式中：$[^{3}He]$为水样中由^{3}H衰变形成的^{3}He浓度($cm^{3}STPg^{-1}$水)；$[^{3}H]$为水样中氚的浓度(TU)。

由式(9-3)和式(9-4)可以看出，如果要想计算浅层地下水的^{3}H-^{3}He年龄，必须知道水样中氚的浓度$[^{3}H_{\tau}]$和由氚衰变后形成的^{3}He的浓度$[^{3}He_{\tau}]$。地下水中的氚浓度通常用实测方法求得，然而^{3}He的浓度计算却比较复杂。

二、基本公式使用的前提条件

要使测年基本公式成立，必须满足以下两个前提条件：①氚成因^{3}He不从地下水系统中逸出；②氚成因^{3}He能够从^{3}He总量中分离出来。

实际上对于非承压含水层来说，只要水中^{3}He总浓度大于大气成因^{3}He的浓度，多余的^{3}He就要慢慢地穿过地下水面向包气带空气扩散。扩散速度取决于岩性、含水层厚度、水温及地下水年龄。岩性粒度越粗，^{3}He在水中的扩散系数越大；温度越高扩散速度越快；含水层越薄形成的^{3}He梯度越大；地下水年龄越老，扩散丢失时间越长，丢失量越多。由此可知，^{3}H-^{3}He法只能减缓^{3}H法输入信号快速减弱的不利影响，但从长远看其测年价值也在不断降低。

把氚成因^{3}He从^{3}He总量中分离出来是一项复杂的工作。但一般来说，氚成因^{3}He占总量的份额越高，分离难度越低，分离工作是通过各种校正完成的。

三、氚成因^{3}He的校正

如前所述，地下水中的^{3}He可能有多种来源：①大气成因的^{3}He，即过剩空气的^{3}He，用代号He_{exc}表示；②核成因的^{3}He，用$^{3}He_{nuc}$表示；③氚衰变成因的^{3}He，用$^{3}He_{tr}$表示；④地壳和地幔成因的^{3}He，据有关资料，在地下水中两者不能同时存在，而且在大多数情况下地幔成因的^{3}He可以忽略不计；⑤与大气平衡的水中溶解的^{3}He，它也是大气成因的^{3}He，用$^{3}He_{eq}$来表示。于是浅层地下水中的^{3}He总量可以写为：

$$^{3}He_{tot}={}^{3}He_{tr}+{}^{3}He_{eq}+{}^{3}He_{exc}+{}^{3}He_{nuc} \tag{9-5}$$

式中：He_{tot}为水样中实测的^{3}He含量。

同理，^{4}He的平衡方程可写为：

$$^{4}He_{tot}={}^{4}He_{eq}+{}^{4}He_{exc}+{}^{4}He_{rad} \tag{9-6}$$

式中：$^{4}He_{tot}$为水样中实测的^{4}He含量；$^{4}He_{rad}$为放射成因的^{4}He含量；$^{4}He_{eq}$为与大气平衡的水中溶解的^{4}He含量(也是大气成因的^{4}He)；$^{4}He_{exc}$为过剩空气的^{4}He含量(大气成因的)。

应用^{3}H-^{3}He法计算地下水的年龄必须把氚衰变生成的^{3}He与大气成因的^{3}He、核成因的^{3}He、放射成因的^{3}He分离开。为了达到这一目的，通常需要测定Ne作为大气来源氦同位素的指示剂，以便确定大气成因的氦和其他来源的氦。假设Ne只有大气来源而无其他来源，并且比值$(Ne/He)_{exc}=(Ne/He)_{atm}$，那么放射成因的$^{4}He$由下式计算：

$$^{4}He_{rad}={}^{4}He_{tot}-(Ne_{tot}-Ne_{eq})\frac{^{4}He_{atm}}{Ne_{atm}}-{}^{4}He_{eq} \tag{9-7}$$

式中：Ne_{tot}为实测水样中 Ne 的含量；Ne_{eq}为与大气呈溶解平衡的 Ne 的含量；$^{4}He_{atm}/Ne_{atm}$为大气中 He/Ne 的值(=0.288)；$Ne_{tot}-Ne_{eq}=Ne_{exc}$，为起源于过剩空气的 Ne 的含量。

核成因的$^{3}He_{nuc}$由下式计算：

$$^{3}He_{nuc}={}^{4}He_{rad}\cdot R_{rad} \tag{9-8}$$

式中：R_{rad}为放射成因氦的同位素比值，采用平均的氦同位素比值($R_{rad}=2\times10^{-8}$，Mamyrin et al.，1984)。

大气中^{3}He 的组成($^{3}He_{atm}={}^{3}He_{eq}+{}^{3}He_{exc}$)由下式计算：

$$^{3}He_{atm}=({}^{4}He_{tot}-{}^{4}He_{rad})R_{atm}-{}^{4}He_{eq}\cdot R_{atm}(1-\alpha) \tag{9-9}$$

式中：R_{atm}为大气的$^{3}He/^{4}He$ 值($R_{atm}=1.384\times10^{-6}$；Clarke et al.，1976)；$\alpha$ 为有效的氦同位素溶解度系数($\alpha=0.983$；Benson et al.，1980)。

综合式(9-5)、式(9-7)、式(9-8)和式(9-9)，于是氚成因的$^{3}He_{tr}$可写为

$$^{3}He_{tr}={}^{4}He_{tot}\cdot R_{tot}({}^{4}He_{tot}-{}^{4}He_{rad})\cdot R_{atm}+{}^{4}He_{eq}\cdot R_{atm}(1-\alpha)-{}^{4}He_{rad}\cdot R_{rad} \tag{9-10}$$

式中：R_{tot}为水样中实测的$^{3}He/^{4}He$ 值。

为了把$^{3}He_{tr}$的单位由 cm^{3} STP/g 水转换为氚单位(TU，1TU=1 氚原子/10^{8} 氢原子；Taylor et al.，1982)，$^{3}He_{tr}$应乘以$[4.021\times10^{14}/(1-S)/1000]\cdot TU/(cm^{3}STP/g$ 水)，式中 S 是水样的盐度，以“‰”表示(Jenkins，1987)，氚成因的^{3}He 浓度$[^{3}He_{\tau}]$用 TU 表示。则式(9-4)可转变为：

$$\tau=17.92\ln[1+[^{3}He]/[^{3}H]\times4.021\times10^{14}] \tag{9-11}$$

式中：$[^{3}He]$为水样中氚成因的 He 浓度，以 TU 表示；$[^{3}H]$为水样中氚的浓度，以 TU 表示。

第十章　^{4}He定年

第一节　^{4}He的起源

^{4}He是自然界氦气的主要组成部分，其产生主要来源于3个核过程。

(1)在宇宙演化历程中的元素形成阶段，核的形成由轻到重，经核聚变形成各种核素，这一阶段形成的稀有气体称为原始稀有气体。这一阶段稀有气体的产额和同位素组成取决于核反应的天文物理条件和稀有气体原子核本身的特征。按照自然界元素起源的现代理论(Burbidgect et al.，1957；Trimble，1975)，可用8个核反应过程来描述元素的形成和解释现今的元素丰度曲线。这8个过程是：氢燃烧过程、氦燃烧过程、α-过程、e-过程、s-过程、r-过程、p-过程和x-过程。原始^{4}He是由氢燃烧过程产生的。氢燃烧是恒星的主要能源，主要生成氦，其次是碳、氮、氧、氟和氖的同位素。

(2)放射性衰变及由这些过程诱发的核反应所产生的放射性成因气体。放射性成因的^{4}He主要是由铀和钍衰变产生的。

$$^{232}Th \longrightarrow {}^{208}Pb + 6\,{}^{4}He$$

$$^{238}U \longrightarrow {}^{206}Pb + 8\,{}^{4}He$$

$$^{235}U \longrightarrow {}^{207}Pb + 7\,{}^{4}He$$

$$^{226}Ra \longrightarrow {}^{222}Rn + 6\,{}^{4}He$$

(3)宇宙射线同物质相互作用，散裂反应产生的散裂成因(或称宇宙成因)气体。

第二节　地下水中^{4}He的来源

大气降水通过包气带向下渗透时仍然与地下空气保持溶解平衡，直至到达地下水面。入渗水在进入饱和带以后，水就与大气隔离开了。那么，达到溶解平衡的地下水中的惰性气体浓度就反映了入渗时的温度(Mazor，1972；Andrews and Lee，1979；Stute and Sonntag，1992)。地下水中He同位素(^{3}He和^{3}He)常常超过与大气呈溶解平衡的水所希望的值(即空气饱和水，代号ASW)，这种过剩可能由以下5种不同的来源引起。

(1)过剩空气成分。由于地下水位变动可引起少量气泡的溶解，从而导致过剩空气成分(Heaton and Vogel，1981)。

(2)氚成因的^{3}He。氚(^{3}H)的半衰期为12.43a。天然氚或者20世纪50—60年代大气核试验产生的氚通过β^{-}衰变可以形成^{3}He(Weiss et al.，1971)。

(3)核成因的^3He。含水层固体成分中的 Li 通过(n,α)反应生成^3H,然后^3H通过β^-衰变而生成^3He,即$^6Li(n,\alpha)^3H \xrightarrow{\beta} {}^3He$(Morrison and Pine,1955)。

(4)放射成因的^4He。地下水中大部分^4He都是通过含水层固体(介质)中的 U 和 Th 等衰变系列元素的 α 衰变而产生的(Andrews et al.,1985)。

$$^{232}Th \longrightarrow {}^{208}Pb + 6\,^4He$$

$$^{238}U \longrightarrow {}^{206}Pb + 8\,^4He$$

$$^{235}U \longrightarrow {}^{207}Pb + 7\,^4He$$

$$^{226}Ra \longrightarrow {}^{222}Rn + 6\,^4He$$

^4He就是通常所说的 α 粒子。目前地壳中 1g 铀每年可产生 $2.3\times10^{-7}cm^2\cdot STP$ 的^4He。若全球铀的平均含量为 32×10^{-9},全球每年将产生 $4.4\times10^{13}cm^2\cdot STP\,^4He$。

(5)地幔对^3He和^4He的贡献。地幔中保留有地球形成时期原始的^3He和^4He,通过放气作用可以进入地下水中。

研究地下水^4He年龄时使用的是放射成因的^4He,需要精确测量地下水中的 He 浓度和$^3He/^4He$值,然后详细分析,从而把不同成因的 He 分离开来(Stute et al.,1992b)。分离出单独的 He 成分以后就可以利用放射成因的^4He来研究地下水的年龄了。

地下水中溶解的平衡 He 可以用下式表示:

$$R_s = \frac{C_{^3He}}{C_{^4He}} = \frac{C_{^3He_{eq}} + C_{^3He_{air}} + C_{^3He_{cis}} + C_{^3He_c} + C_{^3He_m} + C_{^3He_t}}{C_{^4He_{eq}} + C_{^4He_{air}} + C_{^4He_{cis}} + C_{^4He_c} + C_{^4He_m}} \qquad (10\text{-}1)$$

式中:$R_s = \frac{C_{^3He}}{C_{^4He}}$(即 He 同位素比值);$C$ 表示浓度;s 表示样品(实测,R_s为实测的 He 同位素比值);eq 表示水面上的溶解平衡;air 表示过剩空气;cis 表示地壳起源(原地产生的);c 表示地壳起源(非原地产生的);m 表示地幔起源;t 表示氚成因的。

所谓"He 过剩"可以概括为"非大气成分":

$$C_{He_{exc}} = C_{He_{cis}} + C_{He_c} + C_{He_m} \qquad (10\text{-}2)$$

式(10-2)中的 He 表示^3He和^4He的总和,exc 表示过剩。一般来说,^3He的贡献小于总 He 含量的 $1/10^5$。那么,$C_{He}\approx C_{^4He}$。

不同成分的 He 同位素比值$\left(R_s = \frac{C_{^3He}}{C_{^4He}}\right)$变化很大;$R_{air} = 1.384\times10^{-6}$(Clarke et al.,1976);$R_{eq} = 0.983$,$R_{air} = 1.360\times10^{-6}$(Benson and Krause,1980);而 $R_{cis} = R_c = 10^{-9}\sim10^{-7}$,有代表性的值是 2×10^{-8}(Mamyrin and Tolstikhin,1984)。在 MORB 中,He 的 R_m为$(1.1\sim1.4)\times10^{-5}$,有代表性的值为 1.2×10^{-5}。

第三节 地下水^{4}He 定年原理

使用大气成因和非大气成因的惰性气体的不同同位素比值,可以区分非大气成因对地下水样品中 Ne、Ar、Kr 和 Xe 浓度的贡献,然后把剩下的 Ne、Ar、Kr 和 Xe 浓度分成溶解平衡的和过剩空气的两种成分。如果假设过剩空气成分的惰性气体不发生分馏,那么就可以用地下水温度和地下水样中溶解的过剩空气总量作为未知数的一组方程式把溶解的平衡成分与过剩空气成分分开。

使用过剩空气这个部分和获得温度的水中 He 的溶解度就能够确定(由溶解平衡和过剩空气形成而引起的)大气 He 成分。这个方法比单独使用 Ne 的传统方法更可靠(Schosser et al.,1989)。因为它以 4 个惰性气体(Ne、Ar、Kr 和 Xe)为基础。在大多数情况下,对于温度和过剩空气来说可以给出一致的结果。地下水中典型大气成因的 He 浓度为$(5\sim10)\times10^{-8}$ $cm^2\cdot STP\cdot g^{-1}$。当$C_{exc}$变化在 0%~100%之间时,溶解的平衡成分$C_{He_{eq}}$仅仅稍微与温度相关(每 10℃,$\Delta C_{^4He}<5\%$);$C_{He_{eq}}$(在 10℃,$1\times10^5$ Pa 时)$=4.65\times10^{-8}cm^2\cdot STP\cdot g^{-1}$(Weiss,1971)。

地下水中 He 浓度经常超过大气起源 He 浓度的几个数量级。在某些假设条件下,这样一些非大气成分(He_{cis}、He_c、He_m和^3He_t)可以彼此分开。区别地下水样中 He 成分的一个方法是作图。

$\dfrac{C_{^3He_s}-C_{^3He_{air}}}{C_{^4He_s}-C_{^4He_{air}}}$ 对 $\dfrac{C_{^4He_{eq}}}{C_{^4He_s}-C_{^4He_{air}}}$ (Weise,1986;Weise and Moser,1987)。变换 He 同位素组成式(10-1)可得

$$\frac{C_{^3He_s}-C_{^3He_{air}}}{C_{^4He_s}-C_{^4He_{air}}}=\frac{C_{^3He_{eq}}R_{eq}+C_{^3He_{cis}}R_{cis}+C_{^3He_c}R_c+C_{^3He_m}R_m+C_{^3He_t}}{C_{^4He_s}-C_{^4He_{air}}} \tag{10-3}$$

根据定义,用R_{exc}表示He_{exc}的$^3He/^4He$比值。

$$R_{exc}=\frac{C_{^3He_{cis}}R_{cis}+C_{^3He_c}R_c+C_{^3He_m}R_m}{C_{He_{exc}}} \tag{10-4}$$

变换式(10-3)可以得到如下线性方程式($Y=AX+B$):

$$\frac{C_{^3He_s}-C_{^3He_{air}}}{C_{^4He_s}-C_{^4He_{air}}}=\left(R_{eq}-R_{exc}+\frac{C_{^3He_t}}{C_{^4He_{eq}}}\right)\frac{C_{^4He_{eq}}}{C_{^4He_s}-C_{^4He_{air}}}+R_{exc} \tag{10-5}$$

式中:R_{exc}表示由陆地源产生的$^3He/^4He$比值,它包括原地产生的、非原地产生的和地幔起源的 He;Y 是用过剩空气校正过的实测的$^3He/^4He$值;X 是用过剩空气校正过的相对于总 He 与大气达到平衡的水中所溶解的 He 的部分。

根据实测的惰性气体资料,X、Y 和$C_{He_{exc}}$都是已知的。分离原地产生的地壳起源$C_{He_{cis}}$和非原地产生的地壳起源C_{He_c}较为困难,因为非原地产生的R_c和原地产生的R_{cis}的差别极小;非原地产生的R_c和溶解平衡的R_{eq}的差别及过剩空气R_{air}和地幔起源R_m的差别,两者相比也是非常小的(Torgersen and Clarke,1985)。根据假设,$R_{cis}=R_c=4\times10^{-8}$(即原地产生的$R_{cis}$=非原地产生的$R_c$,这是匈牙利大平原的值)和$R_m=1.2\times10^{-5}$(Craig and Lupion,1981)。那么,只有$C_{^3He}$和$C_{^4He_m}$为未知变量。实际上,地下水聚集地幔 He 一般在很长的时间尺度上,而且循环相对很深,因此不含由核爆氚衰变产生的 He。在这种情况下,$C_{^3He}$就为"零",或者实际上等于天然氚本底的值,而且地下水样的单独的 He 成分能够被分离开。为了证实涉及$C_{^3He}$假设的正确性,可以使用氚的测量结果作为水样中爆氚存在的指示剂。相反,如果排除He_m的存在(浅层循环地下水常常是这样的),$C_{^3He_t}$就能够确定。

例如,在河北平原第四系承压水^4He与^{14}C测年对比研究中,通过作图来进行^4He分割。

$$\frac{C_{^3He_s}-C_{^3He_{air}}}{C_{^4He_s}-C_{^4He_{air}}}=\left(R_{eq}-R_{exc}+\frac{C_{^3He_t}}{C_{^4He_{eq}}}\right)\frac{C_{^4He_{eq}}}{C_{^4He_s}-C_{^4He_{air}}}+R_{exc} \tag{10-6}$$

图 10-1 为用过量空气校正的实训$^{3}He/^{4}He$值与溶解平衡$^{4}He_{eq}$相对于用过量空气校正的总^{4}He的比值关系图。

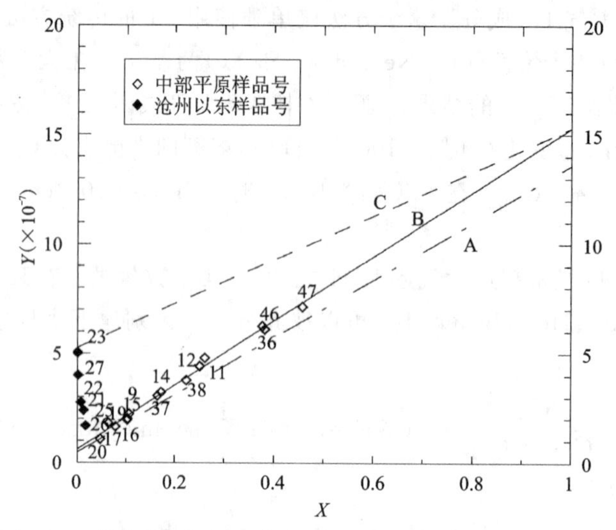

图 10-1 用过量空气校正的实测$^{3}He/^{4}He$值与溶解平衡$^{4}He_{eq}$相对于用过量空气校正的总^{4}He的比值关系图

图 10-1 显示了研究区所有样品的 Y 值与 X 值的关系。线 A 为假设 $R_c=R_{cis}$ 和$^{3}He_t=0$、$^{4}He_m=0$ 时，拟合所得的截距 $b=0.478$（即 $R_{exc}=4.78\times10^{-8}$），这可能代表了研究区河北平原中部地壳成因的氦同位素值。

线 B 是根据平原中部地区样品拟合所得的截距 $b=0.610$（即 $R_{exc}=6.10\times10^{-8}$），斜率 $m=14.69$，由此得出$^{3}He_t=3.13$TU，这可能代表了研究区中部平原深层地下水中的天然背景氚浓度值。

线 C 为假设$^{3}He_t=3.13$TU 时，地幔成因 He_m（$R_m=1.2\times10^{-5}$）占 4%时的特征线。落在线 B 和线 C 之间的样品中均含有地幔成因 He_m，根据斜率计算得出其所占的比率为 0.82%～3.82%。

地下水中的过剩$^{4}He_{exc}$包括由原地聚集产生的 He_{cis} 以及深部地壳或地幔成因的 He，其浓度随时间推移而增加。如果地下水中含有深部地壳通量 J_0 进入含水层中的^{4}He，那么地下水^{4}He 年龄的计算公式为：

$$\tau=\frac{^{4}He_{exc}}{\left(\dfrac{J_0}{\varphi Z_0\rho_w}\right)} \tag{10-7}$$

式中：J_0 为从含水层底部进入含水层的^{4}He 通量（$cm^3\cdot STP\cdot cm^{-2}\cdot a^{-1}$）；$Z_0$ 为含水层的厚度（cm）；ρ_w 为水的密度（g/cm^3）；φ 为孔隙度；$^{4}He_{sol}$ 为原地聚集 He_{cis} 的产生速率，取决于含水层岩石中放射性元素 U 和 Th 的质量分数以及含水层的孔隙度，计算公式为：

$$^{4}He_{sol}=\rho_{rock}\cdot\Lambda\cdot\{1.19\times10^{-13}\cdot W_U+2.88\times10^{-14}\cdot W_{Th}\}\cdot\frac{1-\varphi}{\varphi} \tag{10-8}$$

式中：W_U 和 W_{Th} 分别为含水岩石中铀和钍的质量分数（10^{-6}）；φ 为含水层岩石的有效孔隙度；ρ_{rock} 为岩石密度（g/cm^3）；Λ 为释放因子，通常假设为 1。

如图 10-2 所示，为通量 J_0 分别为 0、4×10^{-8} cm^3 · STP · cm^{-2} · a^{-1} 时，地下水 ^{4}He 年龄与 ^{14}C 年龄对比图。

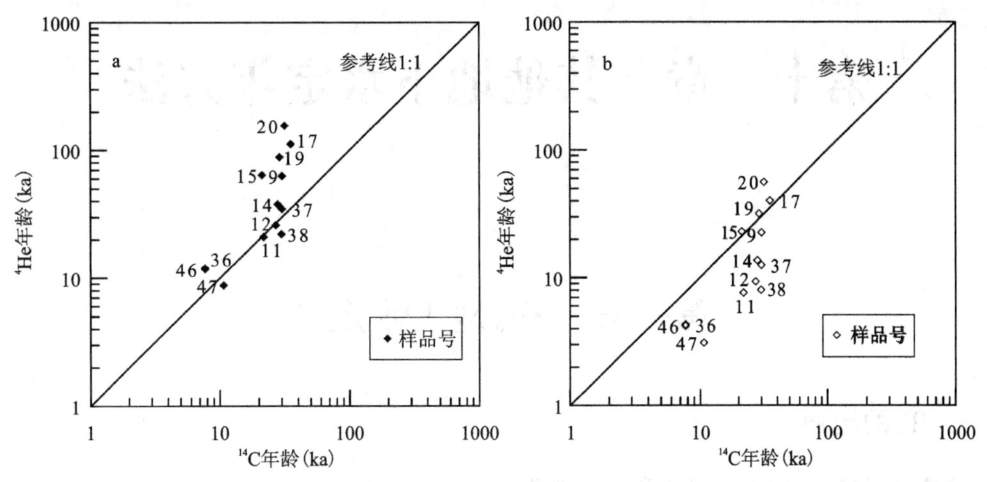

图 10-2　通量 J_0 分别为 0(a)、4×10^{-8} cm^3 · STP · cm^{-2} · a^{-1}(b)时，地下水 ^{4}He 年龄与 ^{14}C 年龄对比图

最终得到的 ^{4}He 年龄结果为 23～55.9ka，稍大于 ^{14}C 测年结果 21.2～35.2ka。研究表明，河北平原 ^{4}He 测年与 ^{14}C 测年结果具有较好的一致性，证明了 ^{4}He 测年结果是合理可信的。

第十一章　其他地下水定年方法

第一节　SF_6地下水定年

一、SF_6的起源

SF_6有两种来源,即天然来源和人工来源。

1. SF_6的天然来源

为了确定SF_6的天然来源,Busenberg 和 Plummer(2000)测量了一些不同起源的矿物和岩石的SF_6。资料表明,萤石(氟石)和花岗岩中SF_6浓度最高,分别为9000×10^{-18}(mol/g)和7600×10^{-18}(mol/g),在其他矿物和岩石类型中也发现了有意义的浓度。SF_6也存在于许多热液矿床的样品中。镁铁质岩石中SF_6的浓度一般较低,而硅质火成岩中SF_6的浓度较高。在沉积白云岩和 Michigan 盆地的志留系盐岩中SF_6也相对较高。但是在 Bermuda 地区的砂屑石灰岩中却没有检测出SF_6。另外,在某些成岩流体中SF_6的浓度也较高。Harnisech 和 Eisenhauer(1998)认为,通过氟与有机质反应在萤石中形成SF_6和CF_4,反应能量是由 U 和 Th 及其子体元素的放射性衰变产生的α粒子提供的。

2. SF_6的人工来源

工业生产SF_6从 1953 年开始为零,年生产量逐年增加,到 1995 年年产量已达85 700t(Ko et al.,1993;Maiss and Brenninkmeijer,1998)。2000 年已突破20×10^4t(包括储存量)。全世界电力工业的SF_6年用量为 6500～7500t,主要用于断路器和其他输配电设备。理论上,SF_6气体可以回收再利用,绝不允许泄漏到大气中。然而,在实际运行中有较大的泄漏。估计美国每年泄漏的SF_6气体约相当于 8t 的CO_2,而在 10 年前,大气中的SF_6浓度几乎感觉不到,现在它约为 3.2pptV(1pptV$=10^{-12}$)。这些泄漏气体大部分归因于电力工业。

随着SF_6气体使用量、排放量的增加,大气中的SF_6气体浓度也在逐年增加,其浓度大小随地点、季节而变化。工业先进的北半球比南半球约高 0.4pptV,接近 4pptV(Levin and Hesshaimer,1996)。然而,最近几年北半球大气中SF_6气体浓度呈直线上升的趋势,增长速度很快(每年 7%)。

Loverlock(1971)首次认识到SF_6作为大气和海洋研究的示踪剂的潜力,并且对大气中的SF_6做了测量。Watson 和 Liddicoat(1985)首次试图根据海洋深度剖面重建SF_6的历史。SF_6

的大气增长历史已由 Ko 等(1993)、Rinsland 等(1993)、Maiss 和 Levin(1994)、Law 等(1994)、Geller 等(1997)和 Maiss 等(1996)做了描述。Maiss 和 Brenninkmeijer(1998)认识到大气中 SF_6的天然本底浓度,而且认识到向外推回到 1970 年的浓度不等于零。

图 11-1 表示从美国不同地区采集的空气中 SF_6的测量结果(约 250 个样点),其中包括了 Geller 等(1997)计算的北半球 SF_6增长曲线(虚线)及 Maiss 和 Brenninkmeijer(1998)计算的北半球 SF_6增长曲线(实线)。

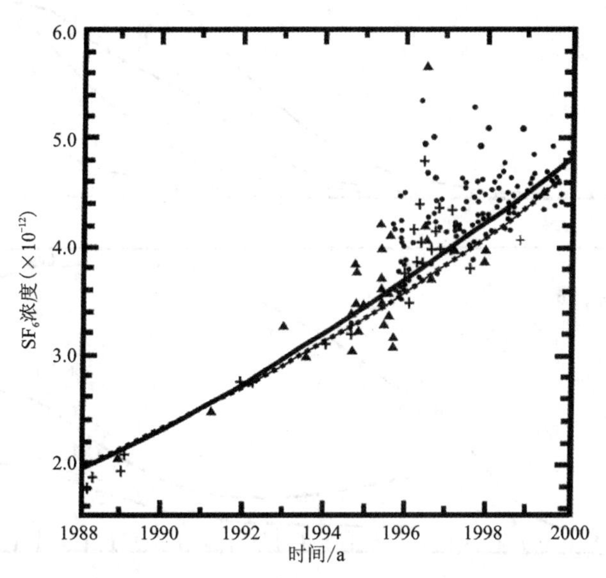

图 11-1　北美大气圈中 SF_6的浓度与时间关系(据 Busenberg and Plummer,2000)

图 11-2 显示了北美空气中 CFC-11、CFC-12、CFC-113 和 SF_6浓度随时间的变化以及 CFC_s分压比值和 SF_6分压与 CFC_s分压比值随时间的变化。可以看出,在 1990 年后北美空气中 CFC_s浓度趋于稳定,或者已有下降趋势。但空气中 SF_6的浓度则增长很快,增长速率每年达 7%。

SF_6是一种极其有效的温室气体,在捕获红外辐射方面,SF_6比等量的 CO_2强 23 900 倍,期限为 100a,因此相对少量的 SF_6对气候变化能起到重要的作用。SF_6也是很稳定的,在大气中的寿命为 1935～3200a(Parta et al. ,1997)。

二、SF_6测定地下水年龄

假设补给含水层的水与包气带内大气达到平衡。如果包气带相对较薄(约小于 10m),那么包气带内 SF_6的浓度就接近或等于对流层的浓度。地下水中 SF_6的浓度由质量平衡方程给出:

$$SF_{6total} = SF_{6eq} + SF_{6exc} + SF_{6terr} + SF_{6cunt} - SF_{6loss} \tag{11-1}$$

式中:SF_{6total}为地下水中 SF_6的浓度;SF_{6eq}是空气水平衡的浓度;SF_{6exc}是水位抬高时含水层中捕获空气气泡溶解得到的过饱和浓度(过剩空气);SF_{6terr}是天然来源加入水中的 SF_6浓度;SF_{6cunt}是地下水受人类污染引进的 SF_6浓度;SF_{6loss}是由生物降解、吸附、弥散、基质扩散或其他去除过程去除的 SF_6。

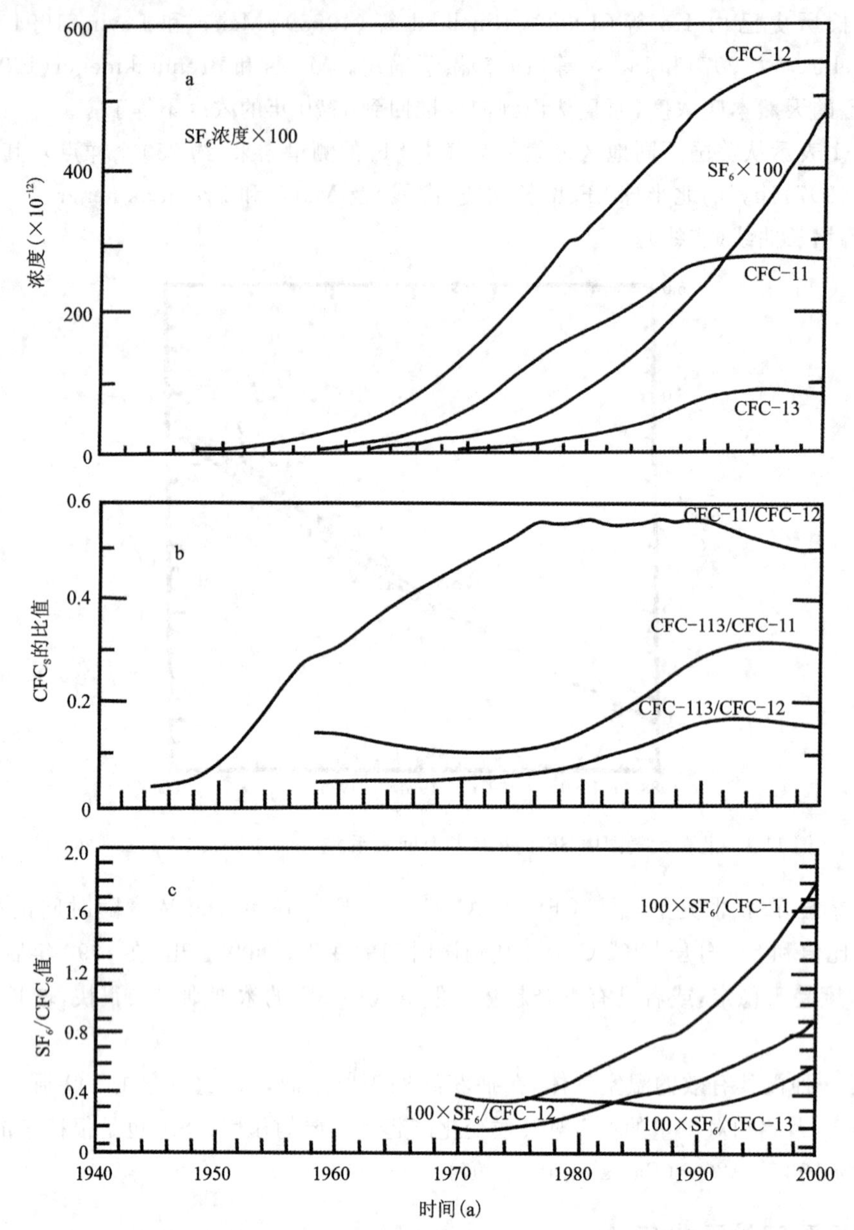

图 11-2 北美空气中 CFC-11、CFC-12、CFC-113 和 SF_6 浓度随时间的变化(a)；北美空气中 CFC_s 分压比值随时间的变化(b)；北美空气中 SF_6 分压与 CFC_s 分压比值随时间的变化(c)(据 Busenberg and Plummer,2000)

如果式(11-1)中最后 3 项值很小,而且过剩空气数量能够单独测量,使用已知的大气输入函数,用 SF_6 就能够测定地下水的年龄。

1. 水中 SF_6 的溶解度

作为温度的函数,SF_6 在淡水中的溶解度：

$$\ln x_2 = (A + B/T + C\ln T)/R \quad (11\text{-}2)$$

式中：x_2是溶液中 SF_6的摩尔份额；T 是温度(K)；R 是气体常数；常数 $A=-877.854$；$B=42.051$；$C=125.08$。

根据摩尔份额x_2计算亨利(Henry)定律常数，得到：

$$K_H=55.50868/[(1/x_2)+1] \tag{11-3}$$

式中：K_H 是亨利(Henry)定律常数。

把空气中 SF_6分压(P_{SF_6})定义为：

$$P_{SF_6}=x_{SF_6}(P-P_{H_2O}) \tag{11-4}$$

式中：P_{SF_6}是 SF_6的分压；P_{H_2O}是水的分压；P 是总大气压力；x_{SF_6}是 SF_6的干燥空气摩尔份额。

根据下式计算 SF_6的大气分压：

$$P_{SF_6}=C_{SF_6}/K_H \tag{11-5}$$

式中：C_{SF_6}是 SF_6的浓度[mol/kg(水)]。在大多数地下水的补给温度变化范围内(5～20℃)，SF_6溶解度的变化约为3.5%/℃。

对于 SF_6来说，亨利(Henry)定律常数也作为盐度的函数而变化。Morrison 和 Johnstone(1955)的研究指出溶解度有25%的降低，而 Waninkhof 等(1991)指出，在海水的盐度为35‰时，海水的 SF_6的溶解度大约降低30%。对于盐度为35%的海水来说，作为温度的函数，Wanninkhof 等(1991)给出了描述 SF_6溶解度降低的关系：

$$\ln\alpha=-440.663+2.1163\times10^4(T^{-1})+63.918\ln T \tag{11-6}$$

式中：α 是 Ostwald 溶解度系数；T 是水的绝对温度(K)。Busenberg 和 Plummer(2000)指出，海水中 SF_6的溶解度与温度的相关性需要进一步研究，因为目前只是在室温下测定了这种相关性。

2. 分析误差

在实际测年的极限中，人类成因的大气贡献是 SF_6天然本底浓度的3倍。1970年补给水的分析误差给出的测年误差为±3a。对于1980年和1990年补给水来说，分析误差引起的年龄误差分别为小于1a和小于0.5a。

3. 补给温度的评价

地下水中所有气体的浓度都取决于大气分压和温度，如式(11-2)和式(11-5)所示。为了用环境示踪剂测定地下水年龄，必须知道补给期间包气带底部的平衡温度。在厚的包气带中，补给温度与年平均空气温度和(或)土壤温度相似。在包气带薄的地方，补给温度与年平均温度可能有差别，而且水面以上的温度正好反映了空气温度的季节变化。然而，对于大多数文献中所报道的研究来说，补给发生在中部带以下。在雨季补给温度既不是平均气温，也不是浅层地下水的温度。地下水中惰性气体和 N_2是补给温度的最好指示剂。

与 He 和 Ne 不同，随着温度的变化 SF_6的溶解度有很大的变化。然而，由于大气 SF_6的混合比每年以约7%的速度迅速增加(Gelloer et al.,1997)，补给温度为1～2℃的误差所引起的模型地下水年龄的误差仅小于等于0.5a。

4. 过剩空气

在补给温度条件下，几乎所有的地下水都含有过饱和的空气；在补给期间过饱和是空气的传输引起的。许多因素影响地下水中存在的过剩空气数量，例如岩性、补给温度、年降水量和气候，过剩空气浓度正常情况下从接近 0～3cm^3 · STP/kg(水)；然而，在 Arizona(亚利桑那)半干旱条件下，在洪水期间的补给水中已经发现 18cm^3 · STP/kg(水)这样高的浓度(Busenberg et al.,1996)。把过剩空气加到地下水中可以增加在空气-水平衡浓度以上水中 SF_6 的浓度。因此，如果在 SF_6 模型年龄计算中不考虑过剩空气的存在，那么视年龄(或表面年龄)将偏年轻。

如果低估过剩空气 1cm^3 · STP/kg(水)，那么在 1970 年和 1990 年期间的补给日期就被低估 1～2a。对于 1990 年以后补给的地下水来说，若低估过剩空气 1cm^3 · STP/kg(水)，就会导致低估补给日期 1～2.5a。在所有情况下，对于在较高的温度下的补给水来说，补给的视年龄测定误差是较大的。

5. 高程误差

补给高度 100m 不准确性可引起约 1.3% 的 SF_6 浓度误差。在 1970 年以后补给水的 SF_6 模型年龄中，300m 补给高度的不准确性可引起 0.5a 的误差。低估补给高度将导致较年轻的视年龄(即表面年龄)。

6. 包气带过程

当包气带薄时，包气带的空气组成就与对流层的组成相似。包气带的深度小于 10m 时，包气带的 SF_6 浓度可以假设与对流层的浓度相似。当包气带较厚时，SF_6 通过包气带的扩散迁移就有一个滞后时间。滞后时间一般是示踪剂扩散系数、示踪剂在水中的溶解度和土壤水含量的函数。图 11-3 显示了 SF_6(实线)和 3 种 CFC_s 作为距水面深度的函数。假设在 10℃时发生瞬时气体-液体交换，气体和液体的填充孔隙度分别为 0.15 和 0.2，应用 Cook 和 Solomon(1995)的模型，用一维流公式计算得出图 11-3(滞后时间与距水面不同深度的关系)。如果地下水是由通过厚包气带的渗透作用补给，而且保持与扩散-限制的包气带空气剖面的平衡，那么示踪剂的表面年龄(视年龄)将比真实的补给年龄更老。

一维流公式(平流-弥散方程)：

$$\frac{\delta c}{\delta t}=D\frac{\delta c^2}{\delta z^2}-v\frac{\delta c}{\delta z}+\rho s\frac{(1-\theta)}{\theta}\frac{\delta s}{\delta t}-\lambda c \tag{11-7}$$

式中：c 是浓度；t 是时间；z 是深度；v 是地下水速度；θ 是含水量；D 是分散系数；ρs 是固相的密度；s 是吸附在多孔介质的固相上的示踪剂的质量；λc 表示通过衰变式降解的质量损失。

7. 微生物活动对水中 SF_6 浓度的影响

在 Busenberg 和 Plummer(2000)的研究中，取自某些地点的高还原水没有观测到明显的 SF_6 的降解作用。在 Maryland(马里兰州)Locust Grove 地区，根据地下水的 CFC_s 和 SF_6 模型年龄对比，在厌氧条件下 SF_6 没有明显的降解。但 SF_6 被发现存在于还原水中，这些还原水中含有 Fe(Ⅱ)、H_2S 和 CH_4。

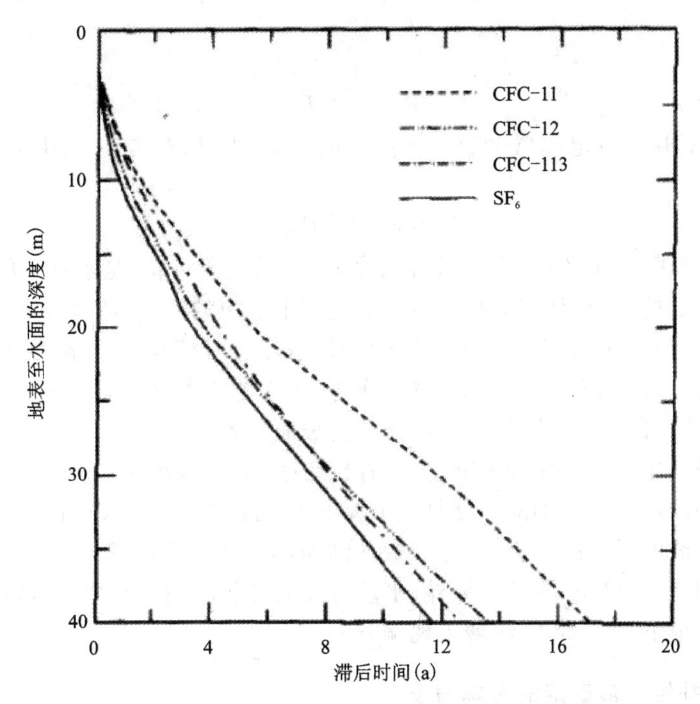

图 11-3　通过包气带空气示踪扩散剖面补给水的滞后时间与地表至水面不同深度的关系

第二节　CFC_s(氟里昂)地下水定年

一、CFC_s的起源

CFC_s是稳定的人造有机化合物，没有天然来源。1930 年首次生产出 CFC-12(CCl_2F_2)，1940 年首次生产出 CFC-11(CCl_3F)。目前全球每年大约可生产 10^9kg 的 CFC_s，被广泛地用于制冷剂、烟雾发射剂、清洁剂、溶剂和泡沫橡胶以及塑料生产中的充气剂。CFC-11 和 CFC-12 占全球 CFC_s 总销售量的 77%，其他 CFC-113($C_2Cl_2F_3$)、CFC-114($C_2Cl_2F_4$)和 CFC-115(C_2ClF_5)占全球总销售量的 23%。CFC_s向大气圈和水圈释放，在大气圈中快速聚集，例如在 1981—1992 年期间，CFC-12 每年的大气增长率为 17pptv，CFC-11 为 10pptv。CFC-11 和 CFC-12 在大气中的滞留时间分别为 60a 和 120a，平流层中 CFC_s的催化链反应可使臭氧层减少。CFC_s的红外线吸附特点可明显地引起温室效应。近百年来，全球平均气温上升了 0.62℃，这种升温被广泛认为是 CO_2、CH_4、N_2O 和 CFC_s 等大气温室气体浓度增加的结果(IPCC，1990)。

二、CFC_s 模型补给年龄

1. CFC_s 模型补给年龄确定原理

当用“浓度法”确定 CFC_s年龄时，要以亨利(Henry)定律为基础，即当空气达到平衡溶解时，水中的气体浓度与该气体在空气中的分压成正比：

$$C_i = K_H P_i \tag{11-8}$$

或

$$K_H = C_i / P_i \tag{11-9}$$

式中：K_H 为亨利（Henry）定律常数；C_i 为水中的 CFC_s 浓度；P_i 是与水中 CFC_s 平衡时气相 CFC_s 的分压。

$$P_i = x_i (P - P_{H_2O}) \tag{11-10}$$

式中：x_i 是干燥空气中 CFC_s（$x_i \ll 1$）的摩尔分数；P 为总气压；P_{H_2O} 是水蒸气压力。

为了确定 CFC_s 的表面年龄（即视年龄），假定地下水中的 CFC_s 浓度与补给时间内的大气 CFC_s 浓度成比例，同时假定土壤带内空气浓度与大气对流层空气浓度相同。利用亨利（Henry）定律将地下水中测定出的 CFC_s 浓度转换成与之平衡时对应的大气 CFC_s 浓度，然后与大气浓度增长曲线做对比，就可以获得 CFC_s 的表面年龄。

地下水的 CFC_s 年龄可以作为 CFC_s 模型补给年龄，也可以作为年轻地下水最小的年龄评价。因为地下水有被 CFC_s 污染的可能性或在取样期间把 CFC_s 带入样品中的偶然性。较老的地下水中 CFC_s 浓度低，对痕迹污染更灵敏。例如，大气中 CFC-12 和 CFC-11 的浓度，1950 年比 1989 年分别低 60 倍和 38 倍。另外，水动力弥散可引起地下水中 CFC_s 浓度原始输入值的变化，从而导致地下水的 CFC_s 年龄出现偏差。

2. CFC_s 模型补给年龄确定的基本假设

确定 CFC_s 模型补给年龄有 4 个基本假设：①土壤中（包气带中）和对流层中 CFC_s 的分压是相同的；②地下水没有受到局部 CFC_s 污染源的影响；③补给水的 CFC_s 浓度和土壤气体内 CFC_s 分压达到平衡；④含水层中地下水的 CFC_s 浓度没有受到生物、地球化学和水文过程的影响。

3. CFC_s 模型补给年龄影响因素

（1）补给温度。由于地下水中 CFC_s 的浓度取决于大气分压和温度，对于年龄测定来说，必须知道补给期间包气带底部的平衡温度。在包气带厚的地方补给温度与年平均气温和（或）土壤温度相似。浅层包气带的研究表明，或者是雨季的平均气温，或者是浅层地下水的温度都是很好的补给温度的指示剂。惰性气体和 N_2 的溶解度是极好的补给温度的指示剂，而且在包气带薄的地方，N_2、惰性气体和 CFC_s 的补给温度是年平均温度和补给期间平均温度的中间值。

补给温度通常用来计算亨利（Henry）定律常数（K_H）。确定补给温度的方法有如下几种。

（a）惰性气体方法。在水-气平衡过程中 N_2 和 Ar 气可溶于地下水中，根据地下水中的 N_2 和 Ar 的浓度就可以计算补给温度。如果研究区条件变化较大，利用该方法计算出来的温度可能受到明显的影响，所以在一个地区要适当地多采集一些样品，这样可能会减少一些因局部因素对计算补给温度的影响。

（b）同位素方法。地下水中的 ^{18}O 和 D 同位素组成可以揭示水的来源，反映补给水的同位素组成特征。气候信息可以通过温度与稳定同位素组成的相关关系来确定。Dansgaard（1964）经过多年研究指出，在中—高纬度的滨海地区，大气降雨的年平均 δ 值与该地区地面年平均温度呈直线关系：

$$\delta^{18}O = 0.695t - 13.6 \tag{11-11}$$

$$\delta D = 5.6t - 100 \tag{11-12}$$

应当指出，Dansgaard 关系式是在气温比较低的滨海气候下获得的。当自然条件发生变化时，例如大陆深处或地形起伏比较大的地区，这种关系就不适用了，应当根据当地资料来建立地面平均气温与大气降雨的 δ 值的关系式。如果实测或计算出某地区大气降雨的 $\delta^{18}O$ 和 δD 值就可以计算出相应的补给温度。如果采样时采集的是地下水样，那么要多采集些水样测定 $\delta^{18}O$ 和 δD，然后将实测点放在 $\delta^{18}O$-δD 关系图上，经过最小二乘法统计出 $\delta^{18}O$-δD 关系线。将此线与当地降水线或全球降水线（$\delta D=8\delta^{18}O+10$）相交，交点相应的 $\delta^{18}O$ 和 δD 就是补给水（即大气降雨）的同位素组成。然后，再将 $\delta^{18}O$ 和 δD 值代入相应公式，求出补给温度。

(c)经验数据方法。通常取年平均或季平均温度。对包气带较薄的地方，还应该注意时间变化对补给温度的影响。在包气带厚的地区，补给温度与年平均温度或土壤温度相似。在包气带比较浅的情况下，雨季的平均气温和浅层水温度并不总与补给水的温度接近。包气带薄，且位于年平均温度带（又称“零带”）以上时，水面上部的温度常随季节空气温度而变化，由 N_2-Ar 确定的补给温度介于年平均温度和补给期间平均温度之间。

(2)过剩空气。详细研究 N_2 和惰性气体的溶解度表明，空气气泡常常可迁移到饱和带内，所携带的气泡最终要溶解，从而引起过剩空气。过剩空气中也含有 CFC_s。在细粒沉积物中和裂隙岩石中一些低水流条件有利于形成气泡并将其捕获，但是在粗粒沉积物或连通性好的岩石中却很少发生。Heaton 和 Vogel(1981)指出，气候也可以影响进入地下水中的过剩空气的数量。半干旱地区偶然的有意义的降雨事件可引起水面迅速上升和捕捉气泡，导致很大的过剩空气值。如果忽略过剩空气的存在，计算的 CFC_s 模型年龄将比真实的年龄要年轻。例如将过剩空气加入到具有 1975 年 CFC_s 浓度的地下水中，其影响表示在图 11-4 中。因此，使用 CFC_s 模型年龄时必须进行过剩空气校正。

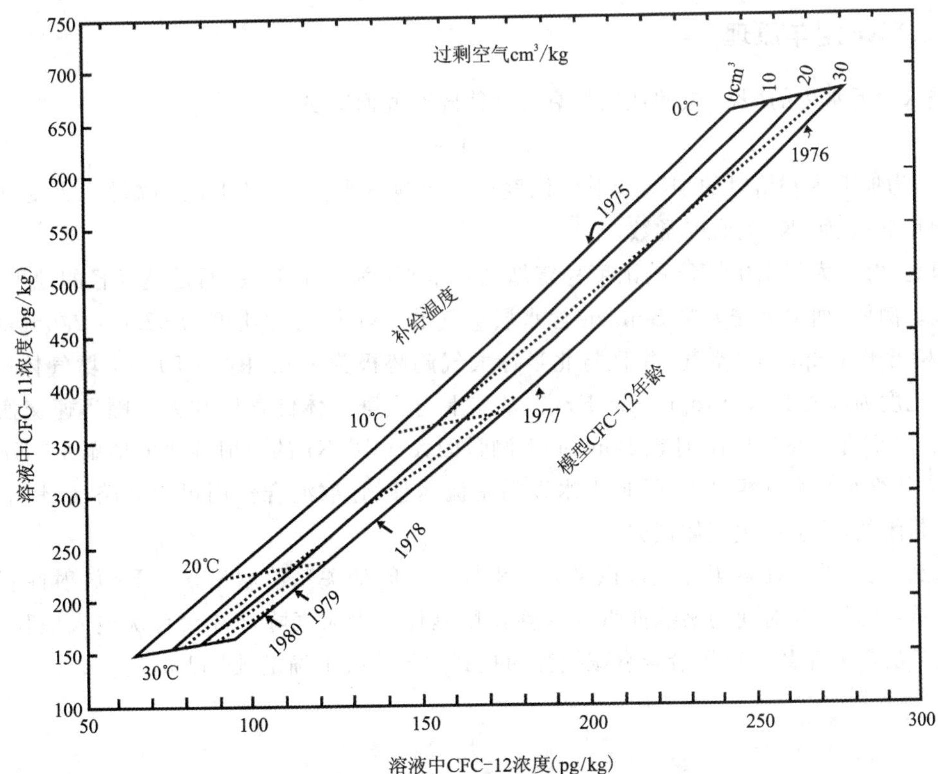

图 11-4　作为温度和水中出现的过剩空气函数，1975 年水中 CFC-11 和 CFC-12 的浓度

（据 Busenberg and Plummer，1992）

第三节　^{85}Kr 定年

一、^{85}Kr 的起源

^{85}Kr 是惰性气体元素 Kr 的放射性同位素之一，半衰期为 10.76a。

^{85}Kr 天然来源有两个：①宇宙射线中的中子与大气圈中稳定同位素^{84}Kr 发生(n,γ)核反应而生成，$^{84}Kr(n,\gamma)\longrightarrow{}^{85}Kr$；②地壳中的 U 和 Th 的自发裂变而生成。核试验以前大气中^{85}Kr 的放射性仅 5.18×10^{11}Bq(14Ci)，比目前大气中^{85}Kr 的放射性低 6 个数量级。

^{85}Kr 的人工来源也有两个：①20 世纪 60 年代初，大气核试验使大气中^{85}Kr 的放射性比度大大增加，达到 5Bq・m/mol Kr(300dpm・m/mol Kr)；②试验停止后，核反应堆和核燃料后处理工厂的放射性扩散使大气中^{85}Kr 不断增加，成为环境中^{85}Kr 的主要来源。

世界各国对^{85}Kr 的研究主要有两个目的：一是为了估算放射性污染物^{85}Kr 对居民的辐射剂量和预测未来的动向；二是^{85}Kr 的半衰期为 10.76a，可以用来测定 40a 以内浅层地下水的年龄和研究海水的混合问题。

在测定地下水年龄时它有如下优点：①大气圈是 Kr 的唯一均匀储存库：②大气圈中的^{85}Kr浓度正在稳定地增加着，而且已被人们精确掌握；③Kr 是一种惰性气体，不与组成含水层的物质相互作用，没有降解作用；④在大气降水中^{3}H($T_{1/2}=12.43$a)含量减少、CFC_s的大气浓度不断降低的情况下，^{85}Kr 比氚和 CFC_s有着更广阔的应用前景。

二、^{85}Kr 定年原理

进入地下水中的^{85}Kr，按照放射性衰变规律随时间而减少：

$$A_{样}=A_0e^{-\lambda t} \tag{11-13}$$

式中：A_0为地下水补给时的^{85}Kr 放射性比度；$A_{样}$为地下水样品中^{85}Kr 的放射性比度；t 为地下水的年龄；λ 为^{85}Kr 的衰变常数。

但是，由于大气圈中^{85}Kr 的浓度稳定增加，A_0并不为一个常数，而是越年轻的地下水 A_0 值越大。例如，加拿大安大略 Bonden 含水层空气的^{85}Kr 放射性比度为 52.0 ± 2.0dpm/cm^3 Kr，它相当于 59dpm/m^{3}空气，并且与北半球大气趋势极为一致(图 11-5)。土壤气体中^{85}Kr 放射性比度为(53.6 ± 1.8)dpm/cm^{3}Kr，它基本上与土壤气体储存库和大气圈迅速交换的结果相同。“X”是 1989 年 10 月在 Bonden 上测量的大气中^{85}Kr 的放射性比度地下水^{85}Kr 定年要求：①补给水与大气相平衡；②地下水以活塞流运移，弥散混合作用可以忽略；③地下水饱和带是封闭的，不会产生气体损失。

那么，大气的^{85}Kr 放射性比度以半对数坐标对时间的关系绘制出来。^{85}Kr 放射性衰变用直线表示，并且作为时间的函数向低放射性比度延伸。当大气降水补给首次进入饱和带时，作为测年的形成年龄可以用沿着衰减线往回找到大气曲线来确定(图 11-6)。

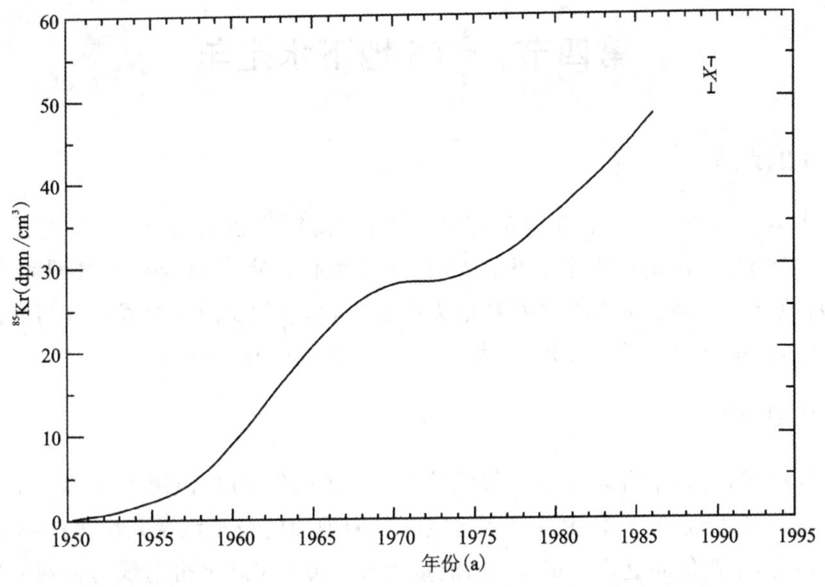

图 11-5　北半球 40°N 和 55°N 之间对流层中 Kr 放射性比度与时间的关系(据 Smeithie et al.,1992)

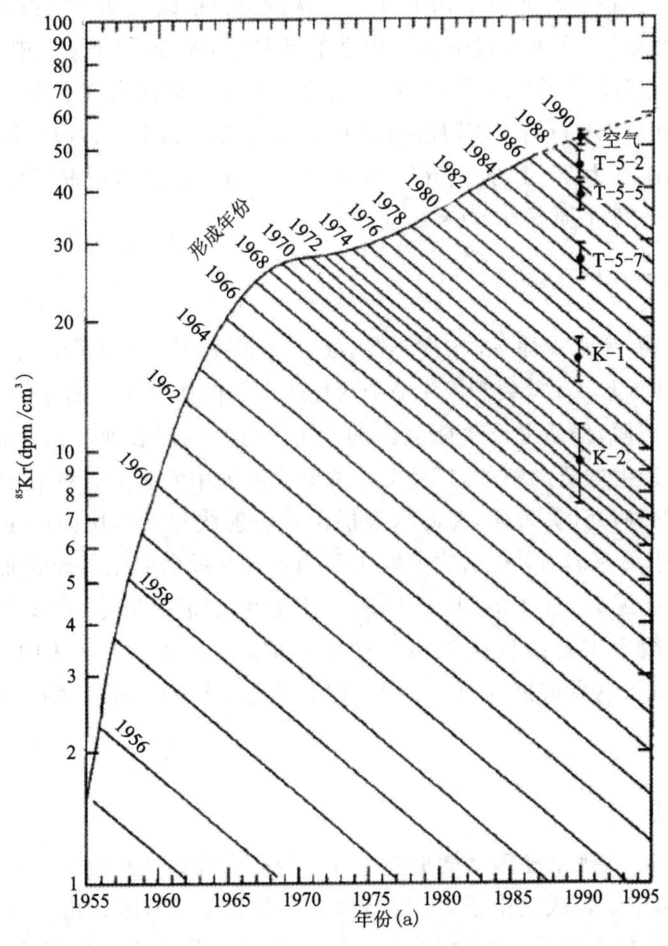

图 11-6　加拿大安大略 Borden 含水层中地下水样的^{85}Kr 年龄

第四节 ^{36}Cl 地下水定年

一、^{36}Cl 的起源

地球上大多数^{36}Cl是由以下 3 种反应产生的：在高能宇宙射线作用下，主要是^{40}Ar、^{40}K和^{40}Ca等核素散裂；^{36}Ar的慢中子活化；^{35}Cl的中子活化。宇宙射线经大气圈和岩石圈而减弱，所以前两种反应主要发生在大气圈和地壳的表层，第三种反应主要发生在岩石圈内。

按照成因，地球上^{36}Cl可分为 3 类：大气成因、表生成因和深部成因。

1. 大气成因^{36}Cl

所谓大气成因，就是宇宙射线和大气组分（O、N、Ar 等）相互作用产生的^{36}Cl。宇宙射线是 Hess 于 1911 年发现的，它是由外层宇宙空间射向地面的粒子流及其次级产物所组成。宇宙射线能量很高，最高能量达 10^{21}eV，平均能量为 2×10^{21}eV。宇宙射线有两种：初级宇宙射线和次级宇宙射线。所谓初级宇宙射线是太阳和星际直接到达地面的粒子流，它们大部分是能量极高的带正电的重粒子，如质子、α 粒子。而次级宇宙射线是初级宇宙射线中高能粒子与大气 N、O 等原子相碰撞，产生大量带电和中性的新粒子，如介子（π、μ）、中子等。因此，产生^{36}Cl的中子都是宇宙射线的次级部分，一种是由高能宇宙射线同大气层中的^{40}Ar发生散裂反应生成；另一种是通过$^{36}Ar(n,p)^{36}Cl$反应的中子活化。Lal 和 Peters（1967）计算了^{40}Ar散裂可产生^{36}Cl的沉降速率为 11 个原子/m^2 · s，而 Oeschger 等（1969）根据太阳黑子周期算出^{36}Cl沉降速率在 17～36 个原子/m^2 · s 之间。

2. 表生成因^{36}Cl

由于地表岩石圈、海水表面 Ar 丰度不高，故^{40}Ar散裂和^{36}Ar中子活化不是^{36}Cl的主要来源，^{36}Cl主要由大量的 K、Ca 散裂和^{36}Cl中子活化产生。虽然地表岩石中^{36}Cl含量较少，但因为它有较大的活化截面，仍然可产生能测出的^{36}Cl含量。地球表面有两个最大的中子源：一是由宇宙射线散裂产生的蒸发中子；二是 U、Th 衰变系列中元素的各种衰变过程中产生的中子。Lal 和 Peters(1967)计算表明，在海水表层由宇宙射线相互作用而产生的热中子俘获速率等于 3×10^{-2} 中子/kg(岩石) · s，这个值比 U、Th 衰变系列中元素衰变而产生的中子速率大约高两个数量级。因此，表生成因的^{36}Cl主要是由地表岩石和表面海水中的^{40}K、^{40}Ca和^{40}Ar与高能量的次级宇宙射线发生散裂反应而形成，其次是^{35}Cl与热中子发生$^{35}Cl(n,\gamma)\longrightarrow{}^{36}Cl$反应而形成。这种成因的$^{36}Cl$主要与岩石的化学组分、纬度、海拔高度及岩石裸露在大气中的时间有关。

3. 深部成因^{36}Cl

大多数宇宙射线，在地下随深度增加能量逐渐减小。大约在距地表 30m 以下，主要由 U、Th 衰变而产生的热中子及次生中子，可引起^{35}Cl活化生成^{36}Cl，因此由宇宙射线散裂反应形成的^{36}Cl在地层深处并不重要，^{36}Cl主要由^{35}Cl热中子活化产生。地下中子流可达 10^{-4} 中子/cm² · s，约是高程为零的海平面中子流的 1/10。尽管地下深处大多数岩石中 Cl 含量很少，但因为^{35}Cl 有较大的活化截面，故也可产生能够测量出来的^{36}Cl，这在地下水^{36}Cl 年龄计算中具有重大意义。

二、自然界中^{36}Cl 的分布特征

(一)大气成因^{36}Cl 的分布特征

根据 Oeschger 等(1969)的资料，大气成因的^{36}Cl 大约有 40%存在于对流层中，60%存在于平流层中。在混合过程中，平流层中的^{36}Cl 可进入对流层中，对流层也会含有由海平面漂移过来的稳定氯化物。^{36}Cl 通常吸附在大气微粒(<1μm)上，^{36}Cl 的悬浮微粒与稳定氯化物的混合物很快被清洗出对流层或与悬浮微粒一起降落到地表，其平均滞留时间大约为一周(Turekian et al.，1977)。大气成因的^{36}Cl 分布具有以下特征。

1. 纬度效应

大气成因^{36}Cl 的散落物分布随纬度而变化(图 11-7)，最密集^{36}Cl 的散落物位于南北半球的中纬度上，^{36}Cl 分布具有半球分布对称性，即南北半球分布是对称的(Lockart et al.，1959)。

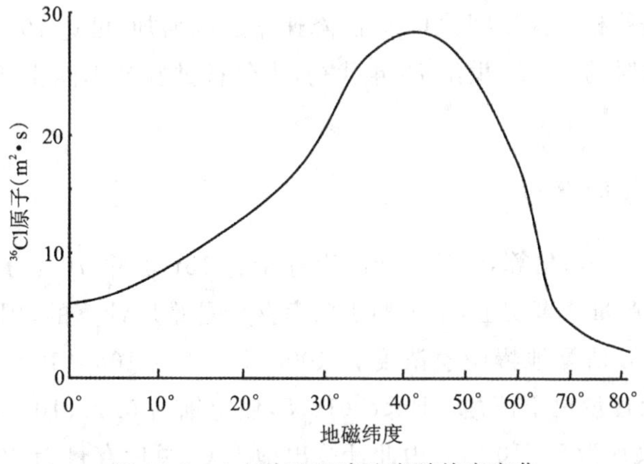

图 11-7 大气^{36}Cl 沉降速度随纬度变化

2. 大陆效应

大气^{36}Cl 和稳定的氯化物散落物的沉降数量从沿海地区向大陆内部呈指数形式减小，局部由于山脉和强大气流影响而有些改变，称为大陆效应(Eriksson，1960)。主要原因是沿海表面水的交换吸收和蒸汽稀释作用。因此，任何地方大气散落物中^{36}Cl 和总氯平均比值^{36}Cl/Cl 都是可以预测的。由于氯浓度随着离开海岸线向陆地的距离增大而呈指数减少，^{36}Cl/Cl 值就随之而增大(图 11-8)。

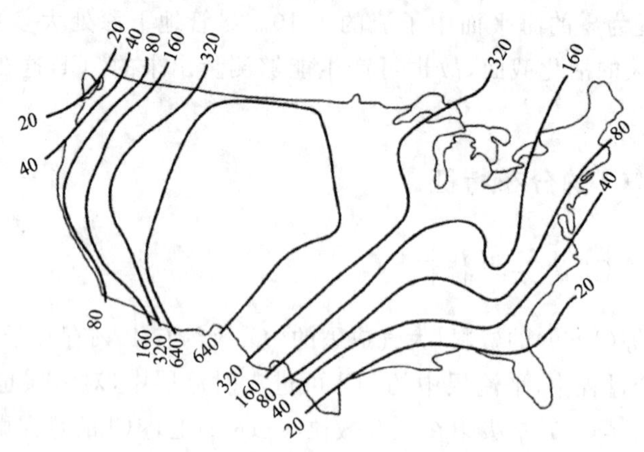

图 11-8 美国核试验前计算的地下水$^{36}Cl/Cl(\times10^{-5})$值

3. 季节变化

平流层中^{36}Cl经过休止层而进入对流层，可引起^{36}Cl季节变化，其形成机理与氚形成机理相似。

4. 核爆影响

1953—1964 年进行核试验期间，^{36}Cl的沉降速率急剧增加，可达 70 000Cl 原子/($m^2\cdot s$)。中纬度这种脉冲是暂时的，至 20 世纪 70 年代初，大气核试验基本停止，^{36}Cl沉降速率又恢复到了天然状态。

(二)地球上^{36}Cl的分布

据 Lal 和 Peters(1967)估算，全球^{36}Cl的库存量为 15t，其中 70%分布于海洋，但是他们没有考虑地下的^{36}Cl产量。事实上，地下^{36}Cl总库存量是难以计算的，因为大部分 Cl 存在于地幔中。Mason(1958)估算地幔中氯浓度为$1000\times10^{-6}\sim100\times10^{-6}$。此外，与地下深处$^{36}Cl$成因有关的铀、钍含量也不清楚。Roger(1978)假定铀为0.1×10^{-6}，钍为0.2×10^{-6}，与之平衡的$^{36}Cl/Cl$值大约为5×10^{-16}。由此计算出地下 Cl 总库存量为 300～3000t(假定地幔中 Cl 浓度为$1000\times10^{-6}\sim100\times10^{-6}$)。

从大气圈到陆地，^{36}Cl总流量大约为 4g/a(假定散落物平均沉降速率为 15 个原子/$m^2\cdot s$)。用这个数字除以大气氯化物向海洋的流量1.06×10^{14}g(Meybeck,1979)，就可算出平均径流的$^{36}Cl/Cl$值为40×10^{-15}。根据风化作用速度，可以得到残余氯化物向海洋流量为1.15×10^{14}g/a。假定其中一半来自$^{36}Cl/Cl$值小于10^{-19}的海底蒸发岩，另一半来自$^{36}Cl/Cl$值为10^{-13}的近地表岩石，那么风化作用生成的^{36}Cl向海洋流量约为 6g/a。全球^{36}Cl库存量和流量可概括在图 11-9 中。

三、^{36}Cl 定年原理

^{36}Cl是放射性同位素，严格地遵守放射性衰变定律，即随着时间的推移，初始的放射性逐

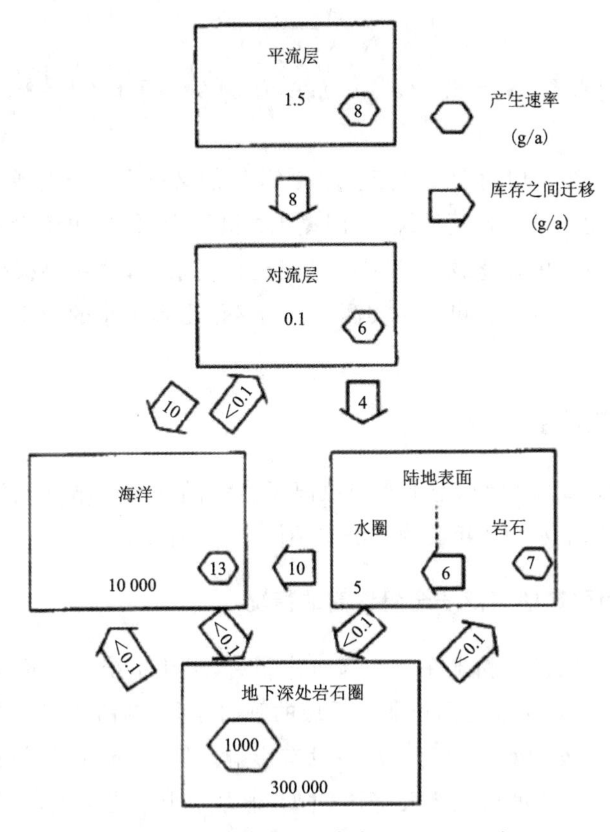

图 11-9　估算^{36}Cl 总库存量和流量示意图

渐减少。但是，地下水中不仅含有大气成因的^{36}Cl，也含有地下起源的^{36}Cl，因此用^{36}Cl/Cl 值 R 表示时，放射性衰变定律可表示为：

$$R=R_0\mathrm{e}^{-\lambda_{36}t}+R_{se}(1-\mathrm{e}^{-\lambda_{36}t}) \tag{11-14}$$

式中：R_0 为初始的^{36}Cl/Cl 值；R 为样品的^{36}Cl/Cl 值；R_{se} 为长期平衡的^{36}Cl/Cl 值；t 为地下水的^{36}Cl 年龄(a)；λ_{36} 为^{36}Cl 衰变常数。

解方程(11-14)可得：

$$t=\frac{1}{\lambda_{36}}\ln\frac{R_0-R_{se}}{R-R_{se}} \tag{11-15}$$

用^{36}Cl 确定地下水年龄需满足以下 3 个条件。

(1)补给区大气起源的^{36}Cl 输入为常量。用^{36}Cl 测定地下水年龄的首要问题是如何确定地下水初始^{36}Cl 的输入。为了计算研究区的大气降水中大气成因^{36}Cl 平均浓度，根据 Andrews 和 Fontes 等(1986)的经验公式计算^{36}Cl 的初始浓度$^{36}C_0$，即：

$$^{36}C_0=\frac{F\times 3.156\times 10^7}{P}\times\frac{100}{100-E} \tag{11-16}$$

式中：$^{36}C_0$ 为补给区大气降水的^{36}Cl 浓度(原子/L)；F 为^{36}Cl 的沉降速率(atm · m^{-2} · s^{-1})；P 为年平均大气降水量(mm/a)；E 为降水蒸发率(%)。

补给区大气降水的初始^{36}Cl/Cl 值 R 由下式计算：

$$R_0=\frac{A\times {}^{36}C_0}{N_a\times C_0\times 10^{-3}} \tag{11-17}$$

式中：N_a 为阿佛加德罗常数（$N_a=6.02\times 10^{23}$）；A 为 Cl 的原子量（$A=35.5$）；C_0为大气降水中 Cl^- 含量（mg/L）。

（2）地下水中^{36}Cl减少一般由^{36}Cl衰变引起，^{36}Cl增加又可由地下起源的^{36}Cl产生。

（3）地下水中的氯化物处于封闭系统中，即氯化物既不会丢失，也不会有外来的氯化物加入。在实际情况中，地下水中氯化物往往不能保证是封闭系统，这就要根据研究区的水文地质条件来决定。在实际工作中，也可以用实测的补给区浅层地下水的$^{36}Cl/Cl$值代替 R_0，但必须不含热核^{36}Cl。

四、^{36}Cl 年龄计算模式

根据 Bentley 等(1982)的资料，地下水中氯离子含量随深度而增加或沿着地下水的流向增高的原因不同，计算地下水^{36}Cl年龄的方法也不同，一般有 3 种。

1. 由离子渗透作用引起的氯离子含量增高的情况

所谓离子渗透作用是页岩、黏土在受到高压作用后，水从系统中渗透出来而盐分仍留在原地的一种作用。离子渗透主要是通过弱渗透层的垂向运移，与滞留时间和垂直水力梯度成正比，水平的水力传导系数对渗透的大小几乎没有影响。但是，地下水水平水力传导率高的地方水平移动也最快。^{36}Cl浓度可能增大，而$^{36}Cl/Cl$值基本上不受影响，年龄可用下式计算：

$$t=\frac{1}{\lambda_{36}}\ln\frac{R_0-R_{se}}{R_{样}-R_{se}} \tag{11-18}$$

2. 由于岩层中盐矿床溶解使氯离子含量增高的情况

在这种情况下，蒸发岩、盐矿床中内生^{36}Cl的 U、Th 含量很低，所以中子活化在地下形成的^{36}Cl也微不足道。这时，样品的$^{36}Cl/Cl$值往往小于$(1\sim3)\times 10^{-15}$，即低于 AMS 的测定灵敏度，故计算^{36}Cl年龄时使用^{36}Cl浓度而不使用$^{36}Cl/Cl$值，用下式表示：

$$t=\frac{1}{\lambda_{36}}\ln\frac{36C_0}{36C_{样}}=\frac{1}{\lambda_{36}}\ln\frac{R_0C_0}{R_{样}C_{样}} \tag{11-19}$$

式中：$^{36}C_0$为初始^{36}Cl浓度（^{36}Cl atm/L）；$^{36}C_{样}$为样品^{36}Cl浓度（^{36}Cl原子/L）；C_0为初始 Cl^- 含量（mg/L）；$C_{样}$为样品 Cl^- 含量（mg/L）。

3. 由于和氯化物含量高的水混合或由于分散的含氯矿物溶解而引起的氯离子含量增高的情况

这些氯源包括那些在地下保留时间比^{36}Cl衰变更长的氯与大气成因的混合物，也可能是隔水层以外的氯的弥散以及通过隔水层越流等因素引入的氯。这时既要考虑$^{36}Cl/Cl$值，也要考虑氯化物浓度。通过以下混合方程对侵入的氯和^{36}Cl进行校正。

$$t=\frac{1}{\lambda_{36}}\ln\frac{C_0(R_0-R_{se})}{C_{样}(R_{样}-R_{se})} \tag{11-20}$$

式中：${}^{36}C_0$为初始氯的浓度(mg/L)；$C_{样}$为样品氯的浓度(mg/L)；R_0为初始${}^{36}Cl/Cl$值；$R_{样}$为样品${}^{36}Cl/Cl$值；R_{se}为达到长期平衡${}^{36}Cl/Cl$值。

第五节　${}^{81}Kr$地下水定年

一、环境中的${}^{81}Kr$

1. 大气产物和全球储量

宇宙射线与地球大气中的核子反应产生${}^{81}Kr$原子。${}^{80}Kr$原子捕获中子以及更重的Kr同位素(A=82～86)裂变是产生${}^{81}Kr$原子最主要的反应。Loosli和Oeschger(1969)测定从大气中分离出的Kr(Kr混合比为1.14ppmV)的放射性为(0.10±0.01)dpm/L。而Kuzminov和Pomansky(1983)测定的值则为(0.076±0.004)dpm/L。由此计算出的${}^{81}Kr/Kr$值分别为(6.5±0.7)$\times10^{-13}$和(4.9±0.3)$\times10^{-13}$。Collon等(2000)利用加速器质谱仪(AMS)测定出大气中的${}^{81}Kr/Kr$值为(5.3±1.2)$\times10^{-13}$。以上这3个值的平均值为(5.2± 0.4)$\times10^{-13}$。由这个平均值计算出大气中${}^{81}Kr$总储量为6.4$\times10^{25}$个${}^{81}Kr$原子。

在1个大气压下，含水层补给区域温度为15℃时，空气饱和水样的每升水中溶解8.1$\times10^{-5}cm^3$ Kr。因此，在这种状态下现代水只含有1100个${}^{81}Kr$原子，在海水中${}^{81}Kr$浓度与之相比低20%，全世界海洋中的总水量为1.4$\times10^{21}$L。以每升海水中880个${}^{81}Kr$原子计，海洋中${}^{81}Kr$原子总量估计为1.2$\times10^{24}$个${}^{81}Kr$原子，它大约占全球${}^{81}Kr$总储量的2%，余下的98%储存在大气中。这与${}^{14}C$形成强烈的对比，全球${}^{14}C$总量的93%储存在海洋中，只有2%储存在大气中，5%储存在生物圈中。由此可见海洋和大气的物质交换将明显影响大气中${}^{14}C$含量，但这种交换对大气中的${}^{81}Kr$总量的影响却是微不足道的。

2. 产率变化

保守地假定在较长时间范围内(多个${}^{81}Kr$半衰期)放射性平衡在大气中已经建立。在10 000～30 000年之间，产率短期变化(如由太阳活动或地磁场强度变化引起的)估计在±25%范围内波动。这样的波动相对于${}^{81}Kr$的半衰期来说是较大的波动。这些波动最终会随时间而消失，因此不会明显影响${}^{81}Kr$输入浓度。

3. 人为产物

为了利用${}^{81}Kr$作为测年工具，研究人为因素对它可能造成的影响是必要的。我们已经证明人为产物是可忽略的。核爆炸前Kr浓度和现代大气中Kr的浓度并没有检测出不同(实验误差为±30%)。

4. 地下生成物

由于稳定的${}^{81}Br$对${}^{81}Kr$起了保护作用，${}^{81}Kr$的地下产率比较小(这不同于${}^{36}Cl$、${}^{129}I$)。据

估计即使在高铀浓度的地质环境下^{81}Kr的地下生成物仍然可以忽略。但是，这个估计还未被实验证实。另外，作为惰性气体，Kr也不参加地表下的生物和化学反应。由测定的$^{81}Kr/Kr$值为基础的分析技术对于补给水中溶解的Kr绝对数量的变化是不敏感的。总之，^{81}Kr是测定5×10^5a到上百万年古老地下水的最佳候选同位素。

二、^{81}K测年原理

^{81}Kr由大气圈中宇宙射线产生，其半衰期为$(2.29\pm0.11)\times10^5$a，衰变常数λ为$3.30\times10^{-6}a^{-1}$。很早就已经认识到它是测5×10^5a至上百万年地下水年龄的理想同位素，因为在这个时间范围内其大气浓度停留在一个常数上。这是因为宇宙射线强度为常数，而且大气圈是重要的唯一的Kr混合很好的储存库。它是一个具有化学惰性的示踪剂，地下产量几乎可以忽略不计。按衰变定律：

$$A_{样}=A_0\cdot e^{-\lambda t} \tag{11-21}$$

式中：A_0是现代大气圈中^{81}Kr的放射性比度($A_0=0.088$dpm/L Kr；Lehmann et al.，1985)。$A_{样}$为样品中测定的^{81}Kr的放射性比度(dpm/L Kr)；λ是^{81}Kr的衰变常数；$T_{1/2}$是^{81}Kr的半衰期($T_{1/2}=210\ 000$a；Reynold，1950)。

将上述值代入式(11-21)：

$$t=\frac{1}{\lambda}\ln\frac{A_0}{A_{样}}=303\ 030.030\ln\frac{A_0}{A_{样}} \tag{11-22}$$

也可以用$^{81}Kr/Kr$值为现代Kr比值的百分数来代替^{81}Kr的放射性比度，从而计算^{81}Kr的年龄值。

第四篇

环境同位素在水文地质学中的应用

第十二章　环境同位素示踪地下水活动

第一节　概　述

同位素根据标记特性可分为环境同位素和人工同位素两类。环境同位素是天然存在或非人工目的进入环境的同位素，包括环境稳定同位素（如 D 和 ^{18}O）和环境放射性同位素（如 ^{3}H 和 ^{14}C）。同位素技术在水文地质学中的应用主要有两个原因：①一种元素的化学性质是由原子数决定的，因此同种元素在不同同位素环境中的化学行为总体是相同的，差异在于原子质量不同，这种质量的不同使自然界中不同体系的同位素组成受各种条件变化的影响而发生微小的但可测量的改变，即具有表征特定环境和过程的"指纹"特性；②同位素的化学性质比较稳定，不易被岩土吸附，不易生成沉淀化合物，且同位素的检测灵敏度非常高，较小的剂量就可以获得较好的示踪效果。

稳定同位素的组成受形成温度等条件的制约，往往在不同物质或同一物质的不同相中产生分馏现象，成为天然的示踪剂。目前应用较广泛的主要有 D、^{18}O、^{34}S、^{15}N、^{53}Cr 和 ^{87}Sr 等，在地下水中可用于研究地下水的形成机制、地下水中的污染源及地表水与地下水的相互关系等。

1. D 和 ^{18}O

在没有高温的水-岩作用和强烈的蒸发条件下，D 和 ^{18}O 在地下水循环中被认为是保守和稳定的，是水真实运动的示踪剂。目前，国际上众多专家学者在流域尺度或区域尺度上利用 D 和 ^{18}O 研究地下水资源属性和水环境演化。大气降水中的氢氧同位素组成呈线性关系，这一变化规律是由 Craig 在研究北美地区大陆大气降水时发现的，其数学表达式为：

$$\delta^{2}H=\delta^{18}O+10 \tag{12-1}$$

该方程即为全球大气降水线（global meteoric water line，GMWL）方程，又称 Craig 方程。Craig 的这一发现说明，大气降水中的氢氧同位素组成是可以预测的。另外 GMWL 提供了关于推断地下水来源的依据，具有重要意义。

Rozanski 等（2000）利用 gnip 中的 219 个台站所测降水的 δD 和 $\delta^{18}O$ 平均值进行回归分析，得出了更高精度 GMWL。通过分析大气降水、地表水和地下水中 D 和 ^{18}O 的组成，可绘出 δD-$\delta^{18}O$ 曲线图，得到当地大气降水线方程，并与全球大气降水线方程进行比较，分析出相互关系和过程，揭示地下水的形成和运移过程，为地下水资源的评价和管理提供技术依据。

在 δD-$\delta^{18}O$ 曲线图中，若水的氧同位素组成变大，则会在雨水线关系图中出现向右平移的现象,即为“氧漂移”,这是因为地热水经历了长时间的水-岩相互作用,地热水和围岩矿物进行了氧同位素交换,从而使得水的氧同位素组成变大。

δD和$\delta^{18}O$具有环境效应,如高程效应、温度效应、大陆效应、纬度效应、降雨量效应等,其中高程效应和温度效应研究得比较广泛。大气降水的平均同位素组成与温度存在显著的正相关关系。大气降水氢氧同位素组成与气候及地理因素之间存在直接关系。一系列以温度为基础的因素,影响着降水过程和大气水在当地降水线上的位置(与水蒸气团的运移路径、水蒸气团上升的地形特征及季节效应等有关)。通过研究大气降水中δD和$\delta^{18}O$每100m高程或1℃的变化值,用来确定地下水补给区的海拔,揭示含水层中地下水的形成历史。

氘过量参数(d)也称氘盈余。在大气降水中,D盈余值(d)是一个重要的综合环境因素指标,它可以较直观地反映地区大气降水蒸发、凝结过程的不平衡程度。d的定义方程式为:

$$d=\delta^2H-8\delta^{18}O \tag{12-2}$$

式中:d值是研究水-岩作用、地下水运移及地表径流动态组成的一个很重要的参数指标,其大小相当于该地区的降水线斜率$\Delta\delta^2H/\Delta\delta^{18}O$为8时的截距,用以表示蒸发过程的不平衡程度。

影响氘过量参数(d)的因素定量研究极为复杂,其变化由水蒸发和凝结过程中同位素分馏的实际条件所决定。大部分的岛屿和滨海地区,海面上的饱和层蒸汽与海面附近的饱和层蒸汽相混合产生降水时,d值变小,甚至出现负值,在海水蒸发速度快、不平衡蒸发非常强烈的情况下,则会出现较高的d值。

例如,为查明潮白河流域的降水和地下水的补给关系,揭示地下水循环过程,对降水和地下水中的δD和$\delta^{18}O$组成进行了分析。结果表明,地下水在接受降水的补给时经过了不同程度的蒸发作用。距离渤海越近,地下水受蒸发影响越大,平原地下水可能受不同水源的综合影响。降水是山前地下水的主要补给源。山区浅层地下水受蒸发影响非常强烈。

2. ^{34}S

应用^{34}S可以揭示地表水与地下水中硫酸盐的来源及其污染途径。应用硫同位素还可以有效示踪成矿物质来源、成矿流体搬运及成矿机制、矿床成因等。另外,根据分馏机制还可有效用于其他判别示踪。

自然界中$\delta^{34}S$变化极大,表明硫同位素在自然过程中有显著的分馏效应。分馏的主要原因:①硫元素电价可以在不同的氧化还原环境中变化;②广大生物群体能够在地表条件下还原硫酸根离子;③含硫物种本身物理化学性质不一致。

大部分金属矿石矿物如铜、铅、锌等均以硫化物形式出现在金属矿床中,即使为非硫化物矿床,如金矿、原生铜矿等,还是在矿体中毫不例外地出现硫化物。它们形成于不同条件与环境,因此应用硫同位素可以有效示踪成矿物质来源、成矿流体搬运及成矿机制、矿床成因等。

例如,通过对比岩溶地下水综合污染程度分区图与硫酸盐污染程度分区图,确定了阳泉市地下水的主要污染成分是硫酸盐,应用^{34}S同位素揭示了地下水中SO_4^{2-}来源于石膏溶解和矿坑渗水,根据水样的$\delta^{34}S$值及硫同位素组成在两种地层中的较大差异,判别来源于两种地层中SO_4^{2-}的比例。

3. ^{15}N 和 ^{18}O

人类活动会引起生物圈和水圈中氮浓度的升高，进而引起一系列人们日益关注的环境问题。由于地下水中硝酸盐的污染来源都有一定特征的 $\delta^{15}N$ 和 $\delta^{18}O$ 值分布，因而 $\delta^{15}N$ 和 $\delta^{18}O$ 具有示踪性，可作为有效的工具用来分辨硝酸盐的污染源以及研究其循环机理。

近年来，地下水受 NO_3^- 的污染趋势不断增长，引起各方面专家学者的关注，用环境同位素研究地下水 NO_3^- 污染问题发展迅速。NO_3^- 中氮同位素已广泛地用于源的识别和反应机制的研究；然而，这些应用有时受到源没有显著的氮同位素组成差别或同位素分馏影响的限制。NO_3^- 中氧同位素在某些情况下能弥补氮同位素的不足以及更有效地识别反硝化作用。Amberger 等(1987)首次测定 NO_3^- 中氧同位素以后，氧同位素技术有了很大的发展。利用 NO_3^- 中氧同位素可用来区别地下水中 NO_3^- 是来自人工合成的含 NO_3^- 的化肥，还是来自土壤有机氮硝化形成的 NO_3^-；也可用来区别地下水中的 NO_3^- 是来自大气沉降的 NO_3^-，还是来自土壤环境中的 NH_4^+ 硝化形成的 NO_3^-。将 NO_3^- 中 ^{15}N 和 ^{18}O 研究地下水硝酸盐污染源，使得对 NO_3^- 的起源和迁移过程的解释和判断更加可靠，可用于研究地下水中 NO_3^- 的起源。

综上所述，同位素技术在水文地质学中的应用十分广泛，可主要用于研究地下水的形成机制、地下水储水能力和更新能力、地下水的渗漏、地下水污染源的判断等。本章主要以氢氧同位素为例，具体分析水文地质学中的实例问题。

第二节　利用氢氧同位素组成研究地下水成因

由于不同来源的水有着不同的氢氧同位素组成，利用同位素含量的差异研究水的来源已经相当普遍。国内外广泛利用稳定氢氧同位素研究浅层地下水、地热水和卤水来源。

一、应用实例 1

黄河自桃花峪出山区，进入黄淮海平原。由于地形坡降急剧变小，大量泥沙沉积，使黄河下游形成了著名的地上悬河，河床高出地面 3～5m，最高达 10m。华北平原新生代以来地壳一直处于缓慢沉降运动中，堆积了巨厚的第四系沉积物，构成了一个巨大的含水系统。依据含水介质形成的时代及水力性质，该系统可划分成浅层含水系统和中深层含水系统。黄河侧渗主要发生在浅层含水系统。浅层含水系统包括全新统、上更新统和中更新统上段含水砂层，赋存潜水和微承压水。

上部沉积物除黄河古道颗粒较粗外，其余均为亚砂土、亚黏土及粉砂层。下部为中粗砂、中砂、中细砂、细砂，构成了上粗下细的典型"二元结构"和粗细相间的"多元结构"。含水介质在平面上的分布规律是：由上游至下游，厚度逐渐变薄，层数由少变多，颗粒逐渐由粗变细。在河南省区域内，含水层分布规律主要受黄河冲积扇控制，冲积扇顶部以漂卵石、砂卵石为主，沿轴部向下颗粒变细，厚度变大，由轴部向两翼含水层颗粒变细，由厚变薄，层数变多，单层厚度变小；含水介质的厚度轴部为 60～80m，向下游和两翼为 30～60m。

浅层含水系统以大气降水入渗和黄河侧渗补给为主，地下水径流方向同地形倾向一致，从西向北东、东、东南方向径流，水力坡度为 1/6000～1/3000，地下水排泄主要是人工开采、潜水蒸发和侧向径流。

潜水同位素特征：所取的潜水同位素样品共35件，其中旱季26件，雨季9件。根据测试结果分析如下。在旱季，δD的变化范围为－69‰～－57‰，变幅为12‰；$\delta^{18}O$的变化范围在－9.7‰～－8.0‰之间，变幅为1.7‰。在雨季，δD的变化范围为－65‰～－55‰，变幅为10‰；$\delta^{18}O$的变化范围为－9.3‰～－7‰，变幅为2.3‰。总体表现为雨季同位素值高于旱季。通过对研究区大气降水、地表水、地下水同位素特征分析，可以确定本区潜水的来源除大气降水、少量的地下水径流外，黄河水也是重要的补给来源。

承压水同位素特征：δD与$\delta^{18}O$承压水的取样深度在黄河以北为160～200m，黄河以南为150～300m。2000年8月(雨季)水样与2001年4月(旱季)水样的δD与$\delta^{18}O$平均值比潜水平均值都低，而且低于研究区雨水加权平均值，这表明深层承压水也是由地质历史时期的大气降水(或黄河水)补给的。

表12-1　潜水、承压水δD、$\delta^{18}O$对比

地点	项目类型	δD_{SMOW}(‰)(平均值)		$\delta^{18}O_{SMOW}$(‰)(平均值)	
		雨季	旱季	雨季	旱季
黄河以北	潜水	－59	－64.53	－8.07	－8.93
	承压水	－64.8	－65.67	－9.08	－9.7
黄河以南	潜水	－56.1	－58.82	－7.42	－8.18
	承压水	－63.5	－68.6	－9.25	－9.5

采样期间黄河水的δD和$\delta^{18}O$明显低于当地雨水。当地雨水$\delta^{18}O$的加权平均值为－6.8‰，黄河水$\delta^{18}O$介于－9.6‰～－8‰之间。在位于黄河附近取样点且在黄河侧渗影响范围内，潜水的$\delta^{18}O$介于－8‰～10.3‰之间，明显低于雨水，说明黄河水是地下水的主要补给来源。

由于氚的放射性衰变作用，雨水渗入和河水侧渗补给地下水的过程中，地下水的氚值将逐渐降低，在采样剖面上将形成黄河水氚值高，在河水侧渗影响范围内地下水的氚值显示出由高变低的特征；而在河水侧渗影响范围之外，地下水主要受降水渗入补给，使地下水中的氚值相对升高，但仍低于黄河水的氚值。由此得出黄河两侧地下水氚值的低值区为黄河侧渗影响范围。

依据同位素分布特征，结合地形、地貌、地质、水文地质、地下水流场及地下水动态等综合因素，确定黄河影响带宽度如下：在郑州附近，南岸黄河侧渗影响范围约为5km，北岸约为9km；在中牟一带，南岸约为7km，北岸约为12km；开封一带，南岸约为10.0km，北岸约为20.0km。与此同时，可分析出黄河水和地下水的水力联系密切。通过对黄河下游悬河段同位素特征的研究，可以解决黄河下游悬河段的水循环问题以及地下水成因等问题。

二、应用实例2

河套平原位于内蒙古西部，面积13 000km²。其北部为阴山山脉的狼山，南临黄河，西至乌兰布和沙漠，东依乌梁素海，中部为广阔的冲湖积平原，平均海拔1030m。黄河为该区唯一外流水系。当地地表水体分布广泛，包括灌渠、排干、湖泊和山区溪流等。黄河水通过干渠(13条)、分干渠(40条)、支渠(346条)等引入平原区，为农业灌溉提供了丰富水源。灌溉余水以及浅表地下水通过灌区北部的总排干、支排干等排泄到东部的乌梁素海。此外，山区有季节性溪流和泉水出露。研究区地下水分布广泛，主要赋存于第四系冲洪积-冲湖积相含水层中。沉积物主要由冲洪积砂、砂质淤泥以及富含有机质的湖相-冲湖积相砂质淤泥、淤泥质黏土组成。浅层地下水主要分布于晚更新世—全新世河湖相沉积地层中，埋深在30～35m以浅。浅层地下水流主要受局部地下水流动系统的控制，局部地区接受灌渠水、湖泊水、灌溉回归水的补给；地势较低处通过径流、蒸发等方式排泄。受沉积环境、水流条件的影响，地下水化学特征较为复杂。在平面上，古河道分布且黏土层缺失的地方，地下水水质较好，*Eh* 较高，As含量较低；而在古湖泊分布且近地表黏土层厚的地方，*Eh* 较低，地下水As含量高。在垂向上，近地表地下水氟含量和盐分含量高(<10m)，随着深度的增加它们的含量均降低；而As含量随着深度的增加而增加。

同位素特征：受气候和季节的影响，大气降水的同位素组成变化较大，δD为－78.3‰～－15.9‰，$\delta^{18}O$ 为－10.25‰～－2.18‰。相比之下，泉水或小溪水的氢氧同位素组成变化较小，均在局部大气降水线附近(图12-1)。灌渠水的氢氧同位素组成δD在－70.7‰～－65.5‰之间，$\delta^{18}O$ 在－8.54‰～－6.21‰之间，与黄河水较为相似。排干水的δD为－69.5‰～－53.9‰，$\delta^{18}O$ 为－8.54‰～－6.21‰。相比之下，湖泊水更富集重的氢氧同位素，且位于蒸发线附近。地下水的氢氧同位素组成变化较小，δD在－90.1‰～－63.0‰之间，$\delta^{18}O$ 在－11.35‰～－7.54‰之间。与地表水相比，地下水更富集轻的氢氧同位素。从图12-1可以看出，地下水的氢氧同位素位于局部大气降水线附近，表明浅层地下水来源于当地的大气降水。此外，在图12-1中显示灌溉水和浅层地下水聚集到一起，有着类似的同位素信息。

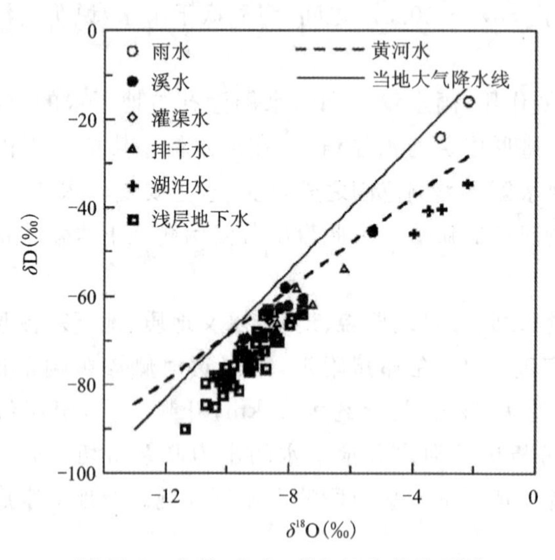

图12-1 水样δD和 $\delta^{18}O$ 同位素关系图

在干旱—半干旱的河套平原，地表水(特别是湖泊水)经历了强烈的蒸发浓缩作用，其 $\delta^{18}O$ 和 Cl^- 均较高(图12-2a)。尽管由于经历蒸发浓缩作用的强度不同，不同地表水体的 $\delta^{18}O$ 和

Cl^-不同，地表水的蒸发浓缩线接近于图 12-2a 虚线。与地表水不同，地下水经历的蒸发浓缩作用较弱，而含有的 Cl^- 浓度更高（图 12-2a）。地下水的 $\delta^{18}O$ 和 Cl^- 之间的关系接近于图 12-2a实线，表明地下水中的 Cl^- 有其他来源。如图 12-2b 所示，研究区浅层地下水主要位于全球平均硅酸盐风化区，也受盐岩风化的影响。这表明，含水层沉积物中硅酸盐矿物的非全等溶解是控制地下水化学成分的主要因素。此外，沉积物中盐岩的溶解也对地下水的高 Cl^- 和 Na^+ 有较大贡献。最后同位素和主要组分特征均表明，地表水不同程度地受到蒸发浓缩作用的控制，与此同时，浅层地下水具有与地表水相类似的主要组分和同位素特征，表明浅层地下水受到地表水入渗补给的影响。

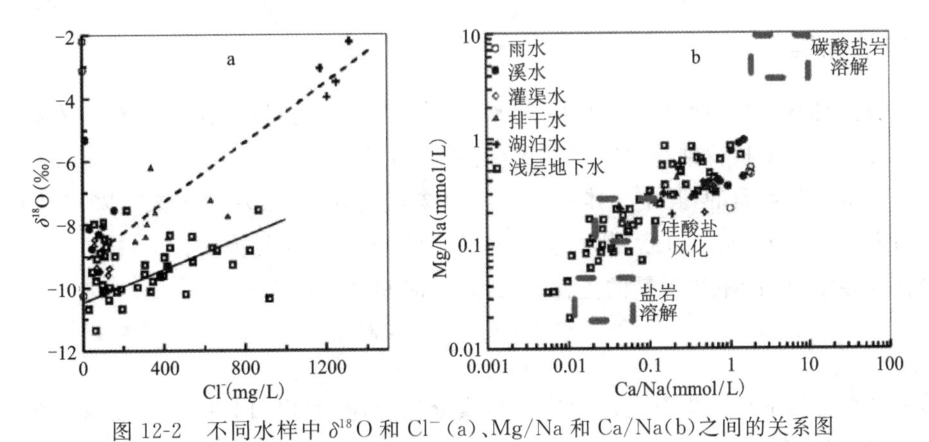

图 12-2　不同水样中 $\delta^{18}O$ 和 Cl^- (a)、Mg/Na 和 Ca/Na(b)之间的关系图

第三节　利用氢氧同位素确定含水层补给带(区)或补给高度

在水文地质研究中，若已经确定地下水是由大气降水补给的，则可以进一步确定地下水的补给带的位置和范围，从而可以估算地下水的储量，并对地下水的污染防护范围进行确定。由于大气降水的氢氧稳定同位素组成具有高度效应，据此可以确定含水层补给区大气降水的同位素入渗高度（即补给区高程）：

$$H_r = \frac{\delta_s - \delta_p}{\kappa} + h' \tag{12-3}$$

式中：H_r为同位素入渗高度（或补给区高程）(m)；h'为取样点高程(m)；δ_s为地下水的同位素组成；δ_p为取样点附近大气降水的同位素组成；κ 为同位素高度梯度，单位为‰/100m。

用同位素方法计算地下水补给高程，以甘肃平凉地区地下水为例进行介绍。

马致远在 1997 年研究了甘肃平凉地区大气降水中的 $\delta^{18}O$ 的高度梯度，研究区大气降水 $\delta^{18}O$ 的高度梯度每 100m 为 $-0.664\ 1\times10^{-3}$，^{18}O 样本的平均值为 -9.86×10^{-3}，并将已知 κ、h'值带入可得大岔河隐伏岩溶水的补给高度为 1 685.24～1 854.58m，对应地理位置大部分局限在大岔河流域内，说明大岔河隐伏岩溶水主要补给源为大岔河流域内的裸露灰岩和断裂破碎带接受大气降水、地表水的补给。推断其隐伏岩溶水的补给来源是三道沟灰岩裸露区，研究区不同时代地层中的地下水均由大气降水转化而成。

尤其需要指出，地下水的补给高程是在假定的基础上，默认地下水同位素高程关系等同于降水同位素高程关系，只有地下水从属于研究区域的降水系统，即属于同一地下水流动系统，才可以确定含水层的补给区域(补给高程)，如果另有来源(如深循环)，或受到其他来源混合干扰，则会发生错误。此外，这种方法要求精确获取同位素高程梯度的参数，在建立同位素与本地高程效应的关系时，需要在不同高度位置上进行连续几年测验，考虑降水量的加权平均，由此可求得降水同位素高程效应。

第四节　利用氢氧稳定同位素计算地下水在含水层中的滞留时间

一、方法原理

用氢氧稳定同位素可计算地下水在含水层中的滞留时间，该方法首先是由库萨卡波等(1970)提出的，后来由特罗纳等(1975)简化，现简述如下。

(1)设含水层是均质的，其中水体积为 V，^{18}O 含量为 δ_{V_0}。含水层由大气降水补给，属潜水含水层；入口流量为 Q_E。^{18}O 含量为 δ_P；出口流量为 Q_s，^{18}O 含量为 δ_s。

(2)含水层中^{18}O 的平均含量的更替，在给定的时间内表示为：

$$\mathrm{d}\,\delta_V=\frac{(Q_E\cdot\delta_P-Q_s\cdot\delta_s)\mathrm{d}t}{V+(Q_E-Q_s)} \tag{12-4}$$

(3)假设在常温下水与岩石之间没有同位素交换反应，泉出口处的同位素含量等于均质含水层中水的同位素含量。

(4)在上述假设条件下，式(12-4)可变为：

$$\mathrm{d}\,\delta_V=\frac{Q}{V}(\delta_P-\delta_V)\mathrm{d}t \tag{12-5}$$

或

$$\frac{\mathrm{d}\delta_V}{\mathrm{d}t}+\frac{Q}{V}\delta_V=\frac{Q}{V}\delta_P \tag{12-6}$$

式(12-6)是一个线性微分方程，如果已知 δ_P的变化，该方程是很容易解出来的。

(5)一年中大气降水信号的变化可能与正弦曲线相似，所以可用下式表示：

$$\delta_P=K+A\cos2\pi t \tag{12-7}$$

式中：K 为大气降水的同位素年平均含量；A 为与年平均同位素含量相比偏差的最大幅度。

(6)由定义可知，水在含水层中的滞留时间为：

$$T=\frac{V}{Q} \tag{12-8}$$

将式(12-7)和式(12-8)代入式(12-6)，就可以得到下面的微分方程：

$$\frac{\mathrm{d}\delta_V}{\mathrm{d}t}+\frac{1}{T}\delta_V=\frac{1}{T}(K+A\cos2\pi t)$$

解上式可得：

$$\delta_V=K+\frac{A}{1+4\pi^2T^2}(2\pi T\sin2\pi t+\cos2\pi t)+\left(\delta_{V_0}-K-\frac{A}{1+4\pi^2T^2}\right)\cdot \mathrm{e}^{-\frac{t}{T}} \tag{12-9}$$

式中：δ_V为 t 时刻含水层中水的^{18}O 含量；δ_{V_0} 为 $t=0$ 时含水层中水的^{18}O 含量。

如果 t_0是^{18}O 含量 δ_{V_0} 等于入口处平均含量(即 K)的时刻，而且是在 δ_V与平均含量呈现最大偏差的时刻，则对于时间 t=3/12a(即 0.25a)来说，就可以把式(12-6)改写为：

$$\delta_{V_{\max}} - K = \frac{A}{1+4\pi^2 T^2}(2\pi t - e^{-0.25/T}) \tag{12-10}$$

式中：$\delta_{V_{\max}} - K = \alpha$ 是与平均值相比含水层中水的^{18}O含量的偏差最大幅度，即出口处信号的最大幅度。

设衰减系数 $a = \frac{A}{\alpha}$，则

$$a = \frac{A}{\alpha} = \frac{1+4\pi^2 T^2}{2\pi T - e^{-0.25/T}} \tag{12-11}$$

由此可见，只要测出出入口处大气降水信号和在一个井内或一个泉上产生的信号(即出口信号)，就可以估算出水在含水层中滞留的时间。

二、应用实例

Blavoux 应用这种方法研究了韦尔苏瓦(Versoie)潜水含水层中水的滞留时间(表 12-2)。

表 12-2　韦尔苏瓦含水层渗透计和雨水的^{18}O月平均含量

1965—1971 年平均资料	雨水的^{18}O信号	渗透计的^{18}O信号	韦尔苏瓦含水层的^{18}O信号
一月	−12.22	−10.39	−9.41
二月	−11.82	−11.04	−9.70
三月	−11.54	−11.60	−9.73
四月	−8.59	−11.55	−9.84
五月	−7.28	−10.41	−9.96
六月	−7.98	−10.80	−9.71
七月	−6.12	−9.28	−9.76
八月	−6.34	−9.96	−9.57
九月	−8.69	−6.43	−9.42
十月	−8.47	−7.70	−9.06
十一月	−12.83	−7.74	−9.34
十二月	−12.21	−10.19	−9.31
年平均值	−9.42	−9.75	−9.58

含水层分布在冰水沉积构成的阶地上，由砂砾石组成，可视为均质含水层。雨水信号的最大幅度 A_1 是 3.35‰；渗透计信号的最大幅度 A_2 为 2.5‰，韦尔苏瓦含水层的信号最大幅度 α 是 0.40‰。

雨水信号和韦尔苏瓦含水层出口信号之间的衰减系数 $a = \frac{A_1}{\alpha} = 8.4$；渗透计信号和韦尔苏瓦含水层出口信号之间的衰减系数 $a_1 = \frac{A_2}{\alpha} = 6.3$。

将这些数值代入式(12-11),可求出地下水在含水层中的滞留时间。

当 $a=8.4$ 时,$T=1.17$a,即 1 年又 2 个月;当 $a_1=6.3$ 时,$T=0.84$a,约 10 个月。这就是说,大气降水渗入地下后通过 1m 土层厚的渗透计时所需时间是 10 个月,而大气降水渗入并补给含水层后,在地下的滞留时间是 1 年又 2 个月。

第五节　成岩成矿过程中水的来源研究

目前,地球科学的许多领域内公认,在各种地质作用过程中均有水溶液参加。因为 H_2O 是水溶液的主要组成部分,所以弄清其来源就成为任何成岩成矿理论的基础。应用稳定同位素方法查明水中氢氧同位素组成,可为解决成岩成矿中水的来源问题提供可靠的证据。

通过直接测定岩石和矿物中液态包裹体水的同位素组成可以知道成岩成矿溶液的氢氧同位素组成。但由于液态包裹体易与矿物或岩石发生氧同位素交换而改变其原始同位素组成,因此液态包裹体的氢同位素组成比氧同位素组成更能说明原始溶液的性质。

另一种方法是根据岩石和矿物的氢氧同位素组成计算溶液的氢氧同位素组成。这需要知道水与岩石、矿物平衡时的温度。平衡温度可用液态包裹体测温及其他矿物学方法求得,也可以由同位素地质测温求得。知道了某种矿物的氢氧同位素组成及平衡温度,就可以根据同位素分馏系数与温度的关系曲线或分馏方程求出水的氢氧同位素组成:

$$1000\ln\left(\frac{\delta^{18}O_M+1000}{\delta^{18}O_W+1000}\right)=AT^{-2}+B \tag{12-12}$$

$$1000\ln\left(\frac{\delta D_M+1000}{\delta D_W+1000}\right)=AT^{-2}+B \tag{12-13}$$

式中:脚注 M 和 W 分别表示矿物和水,A 和 B 随矿物而不同,可由表 12-3 查出。求出原始水溶液氢氧同位素组成后,根据不同水的同位素组成,便可判断出它的来源及某些变化过程。

表 12-3　实验测定的某些矿物-水之间氢氧同位素分馏系数与温度的关系

矿物-水	分馏方程	温度范围(℃)	资料来源
白云母-水	$1000\ln a=-22.1\times10^6T^{-2}+19.1$		铃木和爱泼斯坦(1977)
黑云母-水	$1000\ln a=-21.3\times10^6T^{-2}-2.8$		
角闪石-水	$1000\ln a=-22.1\times10^6T^{-2}+7.9$		
石英-水	$1000\ln a=3.88\times10^6T^{-2}-3.4$	200~500	克莱顿等(1972)
石英-水	$1000\ln a=2.51\times10^6T^{-2}-1.95$	500~750	克莱顿等(1972)
白云母-水	$1000\ln a=2.38\times10^6T^{-2}-3.89$		奥尼尔等(1969)
碱性长石-水	$1000\ln a=2.91\times10^6T^{-2}-3.41$		奥尼尔等(1969)
钙长石-水	$1000\ln a=2.15\times10^6T^{-2}-3.82$		奥尼尔等(1969)
方解石-水	$1000\ln a=2.78\times10^6T^{-2}-3.39$		奥尼尔等(1969)
白云石-水	$1000\ln a=3.2\times10^{-6}T^{-2}-2.0$		诺斯罗普等(1966)
重晶石-水	$1000\ln a=3.01\times10^6T^{-2}-7.3$	110~350	日下部等(1977)

续表 12-3

矿物-水	分馏方程	温度范围(℃)	资料来源
磁铁矿-水	$1000\ln a=-1.6\times10^6T^{-2}-3.61$	700～800	伯顿(1972)
赤铁矿-水	$1000\ln a=0.75\times10^6T^{-2}-8.0$	<400	奥尼尔(1966)
燧石-水	$1000\ln a=3.09\times10^6T^{-2}-3.29$		奥斯克瓦里克佩里(1976)
金红石-水	$1000\ln a=-4.1\times10^6T^{-2}+0.96$	575～775	安迪等(1974)

地下热水与岩石广泛发生同位素交换反应，结果可使岩石贫^{18}O，而使水富^{18}O，于是根据矿物-水之间同位素交换平衡理论，可计算出大气降水-热液对流系统的含水总量。根据质量平衡原理：

$$W\delta_{w_0}+R\delta_{r_0}=W\delta_w+R\delta_r \tag{12-14}$$

式中：W 为整个系统的水量（或整个系统中大气降水所含氧的原子百分比，即$^{18}O_w/(^{18}O_w+^{18}O_r)$，也可用质量百分比）；$R$ 为整个系统可交换的岩石量（或整个系统中可交换岩石所含氧的原子百分比，即$^{18}O_r/(^{18}O_w+^{18}O_r)$，也可用质量百分比）；$\delta_{w_0}$ 为大气降水原始的 $\delta^{18}O$ 值，由于矿物-水之间同位素交换反应对 D 的影响很小，所以可由蚀变矿物（如绿泥石、白云母等）或液态包裹体测出降水的 δD 值，由此再按 Craig 降水方程计算出δ_{w_0}；δ_{r_0} 为岩石的原始 $\delta^{18}O$ 值，可取正常岩石值，或由蚀变区外同类岩石实测得出；δ_w、δ_r 为同位素交换终了水与岩石平衡时水和岩石的 $\delta^{18}O$ 值。

由于水与岩石同位素交换反应达到平衡时：

$$\varepsilon_{r-w}=\delta_r-\delta_w \tag{12-15}$$

将式(12-15)代入式(12-14)，消去δ_w 得，

$$\frac{W}{R}=\frac{\delta_r-\delta_{r_0}}{\delta_{w_0}-(\delta_r-\varepsilon_{r-w})} \tag{12-16}$$

式中：ε_{r-w}取决于岩石与水的平衡温度，可由计算得出，如果采用近似值，δ_r 等于岩石的 $\delta^{18}O$ 值，则可利用岩石-H_2O 地温计计算任何温度下的 ε_{r-w}值（$\varepsilon_{r-w}=2.68\times10^6T^{-2}-3.53$；O'Neil et al.，1967）。

第六节　研究包气带水的运动

了解包气带中土壤水分的运移规律是进行包气带地下水水均衡计算的基础。20 世纪 60 年代，国外开始利用同位素研究土壤水分的运移规律。研究方法是：首先通过注射的人工^3H 同位素来标记某一水平面上的土壤水分，并假定土壤水不会从任何方向绕过标记层，在入渗雨水的作用下，示踪剂标记层向下做活塞运动；然后在不同时刻对不同深度的土壤水进行采样，并测定其中的^3H 放射性浓度；最后根据测定结果分析^3H 放射性浓度与深度的关系，研究观测期内标记层以上土壤水分的变化规律，并建立降水量与蒸发量之间的均衡关系。还有学者通过野外实验进一步研究了示踪剂随土壤水迁移的形式以及由分子扩散引起的侧向混合对标记层示踪剂峰值弥散速度的影响，并发现毛细管作用力对包气带水流的影响极为显著。

20 世纪 70 年代末,开始使用一维多箱模型(multibox model)模拟土壤水分的运移过程,并通过相应的数值模型对示踪剂的迁移与弥散进行模拟计算。该一维多箱模型,即等高度理论板(height equivalent theoretical plate,HETP)模型将包气带看作一系列土壤层,并假定每层内的土壤水已充分混合,用层的厚度来控制示踪剂运移过程中的纵向弥散。稳定和放射性同位素在包气带土壤水分运移研究方面也得到了应用。如 Baker 等(2015)用人工^{3}H 水进行水分在非饱和砂砾石层内的运移与分布的喷洒实验研究时,发现非饱和带内的水分运移与分布受诸多因素的影响。

一、应用实例 1

根据 Smith 等(1970)的资料,英国伦敦盆地白垩系包气带地层孔隙度很大,可达 40%。为了测定氚浓度,在地面至 27m 的包气带内取了白垩系样品,每克白垩系样品含水(0.210±0.003)g,相当于样品体积的 38%。氚的测定结果表明,在剖面上出现两个峰值(图 12-3),4m 处的第一个峰值是 1963—1964 年间降水入渗形成的;7~9m 的第二个峰值是 1958—1959 年间降水入渗形成的。根据实际资料和模型试验得出结论:①入渗水主要以活塞式水流(无扩散水流)向下运动;②渗透速度是 0.88m/a,这等于每年降水的平均补给量是 334mm,该值与伦敦某地实测的渗透率 280mL/a 较为接近。

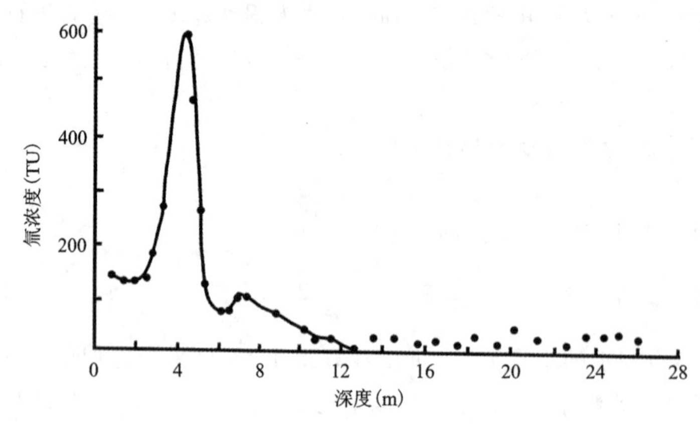

图 12-3 英国伦敦盆地白垩系包气带内水的天然氚剖面(据 Smith et al.,1970)

二、应用实例 2

Andersen 和 Serd(1972)在丹麦 Gronhoy 地区对冰水沉积物包气带水进行了连续 6 年的观测,4 次氚剖面测定。包气带厚 22m,由粉细砂组成,平均含水量为 10%,每次取样打一个干钻孔,间隔 20cm 取原状土 5~6kg,可提 500~600mL 水作氚测定,经研究发现,每年雨季入渗水先与表层 1m 土壤层水分均匀混合后形成重力水层,然后下渗。笔者将历年降水氚浓度校正成 1968 年的数值,绘制成氚剖面,可以得到:①实测土壤水氚浓度有 3 个峰值,出现深度分别为 4m、7.5m、13m;又以降水氚值为输入函数用活塞流模型和弥散模型计算得出氚浓度;最后,得到 3 个峰值分别为 1965 年、1964 年、1963 年夏季降水输入的氚信号;②据 1963 年降水入渗深度为 13m 得出,水质点的平均运移速度为 4.5m/a;③重力水层形成后经 7~8 个月传递到地下水面引起水位上升,水动力波传递速度平均为 33m/a,比水质点运移速度快 7 倍多。

第七节　研究地下热水的成因

羊八井地热田位于西藏拉萨市西北约 90km 处，念青唐古拉山山前断陷盆地的西南端，海拔高度在 4290～4500m，地势上具有西北高、东南低的特征。地热田内构造活动强烈，发育着北东向、北西向和近南北向 3 组断裂。以中尼公路为界，热田可分为南、北两区：南区是第四系孔隙型热储；北区由第四系孔隙型和喜马拉雅期花岗岩裂隙型两类热储组成。热田内出露的主要地层是中更新统和上更新统的冰碛层，北区局部出现英安质火山熔岩；下伏燕山晚期花岗岩（南区）或喜马拉雅期花岗岩、花岗闪长岩（北区）。

地下热水赋存在第四纪冰水沉积物之中，厚度在南部不足 100m、在北部山麓部分约 200m。热水化学成分以 Cl-Na 型为主，Cl 离子含量最高达 600mg/L，总矿化度为 1.5～1.9g/L。气体成分以 CO_2 为主，其次有 H_2S、N_2、O_2 及少量硼酸气（B_2H_6）等。

根据同位素测定结果（表 12-4），地表水水样的 $\delta^{18}O$ 值为－19.28‰～－3.38‰；δD 值为－174.5‰～－135.5‰。地下热水的 $\delta^{18}O$ 值为－15.66‰～－0.66‰；而 δD 值为－154.8‰～－143.2‰。地下热水的同位素组成与由大气降水补给的地表水同位素组成很近似，所以认为，羊八井地下热水是由大气降水入渗形成的。但是羊八井地下热水与世界一些著名的地热田比较是贫 D 和 ^{18}O 的，根据中国科学院于津生等（1987）的研究，这是由西藏高原大气降水 δD 与 $\delta^{18}O$ 值具有明显的高度效应造成的。在海拔为 4000m 以上的大气降水中，$\delta^{18}O$ 的平均值为－18.15‰。根据该值推算，由大气降水补给的地表水的高度在 5000m 以上。

表 12-4　羊八井地热田附近地表水的同位素组成（据卫克勤等，1983）

样号	采样地点	δD	$\delta^{18}O$	备注
IS-1	盆地西北冰川作用区冰川冰	－174.5	－23.38	
W-78	海龙沟溪水	－135.5	－19.28	样品由于津生（1987）提供
W-24	盆地上游嘎日桥藏布曲河水	－141.0	－19.98	

表 12-5　羊八井钻孔地热水的同位素组成及氚和氯离子含量（据卫克勤，1983）

钻孔号	实测数据（1980 年 9 月采样）					根据 Na/K 计算的热储温度 t（℃）	水气分离校正后数据			分类
	δD	$\delta^{18}O$	氚含量（TU）	Cl^-（$\times10^{-6}$）	深部温度 t（℃）		δD	$\delta^{18}O$	Cl^-（$\times10^{-6}$）	
YW9	－143.2	－15.66	＜1	687	161	222	－150.1	－17.07	518	A
YW1	－146.0	－16.11	＜1	590	130	159	－149.8	－16.87	512	
YW4	－147.3	－17.74	3.3	588	152	208	－153.5	－19.00	458	
YW36	－147.3	－17.82	7.5	589	138	215	－153.9	－19.15	452	
YW35	－147.8	－17.80	8.4	599	124	204	－153.9	－19.02	471	B_1
YW6	－148.0	－17.95	＜1	574	162	207	－154.1	－19.20	449	

续表 12-5

钻孔号	实测数据(1980 年 9 月采样)					根据 Na/K 计算的热储温度 t(℃)	水气分离校正后数据			分类
	δD	$\delta^{18}O$	氚含量(TU)	Cl^- ($\times10^{-6}$)	深部温度 t(℃)		δD	$\delta^{18}O$	Cl^- ($\times10^{-6}$)	
YW8	−148.6	−18.46	<1	592	—	173	−153.0	−19.35	499	
YW2	−150.7	−18.21	7.0	579	160	169	−155.0	−19.06	492	
YW23	−149.3	−18.76	7.0	595	131	219	−156.1	−20.13	452	
YW14	−150.0	−18.23	8.2	591	131	224	−157.1	−19.65	444	
YW22	−150.3	−18.70	18.9	530	95	222	−157.2	−20.10	400	
YW10	−151.0	−18.68	8.9	578	147	222	−157.9	−20.08	436	B_2
YW20	−151.8	−18.38	2.5	539	—	224	−158.8	−19.80	405	
YW18	−153.2	−18.44	<1	545	133	226	−160.3	−19.88	407	
YW7	−153.6	−19.20	2.9	265	—	190	−158.9	−20.27	215	C
YW5	−154.8	−19.35	3.2	400	—	184	−159.8	−20.36	329	

热水的 $\delta^{18}O$ 值略高是由于在高温条件下，含 ^{18}O 低的大气成因水，在岩层内循环过程中与含氧围岩发生氧同位素交换的结果(表 12-5)。根据地下热水 δD 值与 $\delta^{18}O$ 值的分布特征和氚含量的分析，可认为热水是沿着花岗岩基底的北西向隐伏断裂上升进入到第四纪砂卵石层中形成热水储层。羊八井钻孔热水可分为 3 组：A 组分布在硅化带的轴线上，它们是沿隐伏断裂带上升的地热流体，进入第四系后失去蒸汽的热水，其 $\delta^{18}O$ 值比当地大气降水值高是氧同位素交换的结果；B 组分布在硅化砂砾岩区，可划分为 B_1 组和 B_2 组。B_1 组与 A 组热水构成直线的斜率大概为 3(图 12-4)，说明是同一大气降水经浅层蒸发造成的。B_2 组热水混入了少量来自侧向的冷地下水，其 $\delta^{18}O$ 值偏离降水线 2‰，可能是受冷地下水混合作用的结果；C 组分布在硅化砂砾区以外，根据对氯离子含量及氚含量的分析，同样是混入了一定量的侧向冷地下水的结果。

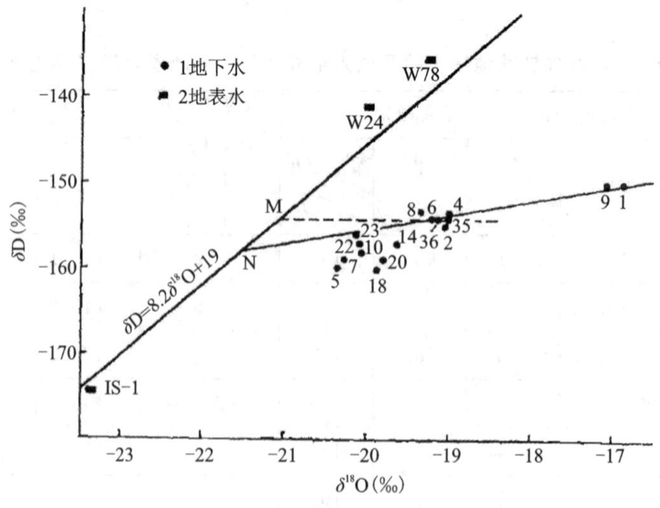

图 12-4 羊八井地热水的 δD-$\delta^{18}O$ 图

W. M. N. IS 为水样编号

与此同时，孔口采集的水样和深部地热水的 δD 值相差 4‰～7‰，$\delta^{18}O$ 值相差 0.8‰～1.4‰，说明水气分离过程对钻孔地热水的同位素组成的影响是不容忽视的。

第八节　研究水库、大坝渗漏和隧道涌水来源

利用环境同位素分析方法研究大坝渗漏是近年发展起来的同位素水文学中一个重要的研究内容，根据不同水体环境同位素之间存在的差异，并利用大气降水中稀有同位素的高程效应、纬度效应等，通过比较库水、当地降水、地下水与渗漏水之间的同位素特征，可以准确区分出地下水的补给来源，分析堤坝渗漏。

一、应用实例 1

新安江大坝坝址位于紫金滩倒转背斜的反常翼上，坝址右岸及部分坝基出露上泥盆统西湖组，厚度达到 240m。岩性为石英砂岩、含砾石英砂岩及石英砂岩夹页岩。页岩的矿物成分为石英、白云母、水白云母，其次为高岭石、叶蜡石及蒙脱石。这种矿物特征决定了页岩夹层遇水尤其是浸水后，易软化及泥化，从而改变岩体的水文地质及工程地质特征。大坝施工过程中，分别在两岸高程 142m 和 175m 处开挖了缆机平台，改变了坝址两岸的自然边坡地形。据调查，右岸 142m 平台，曾挖深 30 余米，并形成了面积约 $2\times10^4 m^2$ 的地表汇流。平台低洼处芦苇丛生，局部常积水，平台的形成对大气降水的入渗补给非常有利。

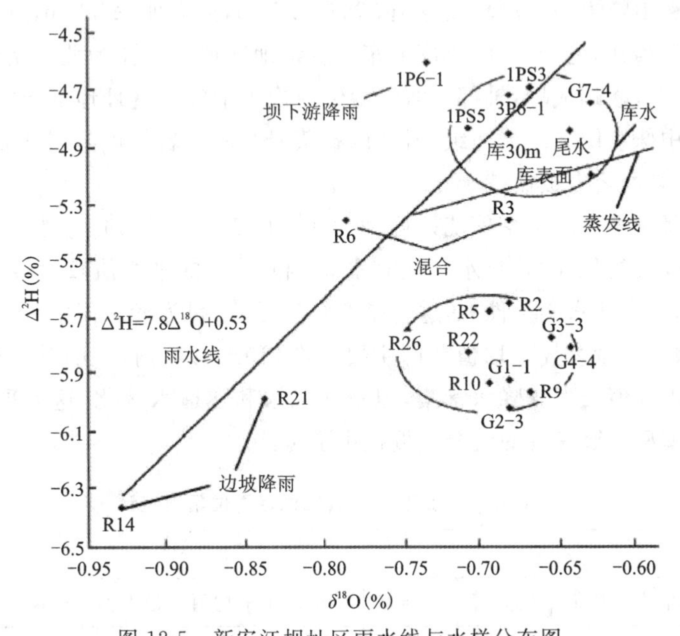

图 12-5　新安江坝址区雨水线与水样分布图

1PS3 和 1PS5 表示排水廊道扇形孔；GH，G2-3，G3-3，G4-4 表示灌浆廊道孔；

R_2、R_5、R_{10}、R_{22}、R_{26}表示右坝肩的观测孔；R_9、R_{10}表示右坝肩后区观测孔；G7-4 表示排水孔

陈建生等(2004)利用环境同位素示踪方法研究新安江右坝肩绕坝渗流的过程中，通过利用降水线确定大气降水补给水源，根据这条雨水线方程，可以分析判断新安江右坝肩不同渗

漏水的补给源。与此同时，蒸发和水岩、水汽相互作用对环境水同位素含量也会产生影响。偏离的程度可以用氘盈余（$d=\Delta^2H-7.83\Delta^{18}O$）来表示，当恰好落在雨水线上时，$d=0.783\%$，而落在雨水线右下方，表明 $d>0.783\%$，落在雨水线左上方，表明 $d<0.783\%$，d 值的大小等于 Δ^2H-$\Delta^{18}O$ 的关系图上降水线在 Δ^2H 轴上的截距，反映地区的蒸发程度。岩石与地下水间发生^{18}O 同位素交换，使地下水中^{18}O 含量增加，这称为^{18}O 漂移。右坝肩钻孔内的地下水都发生了不同程度的^{18}O 漂移。地下水也可与水中的 CO_2 发生同位素交换，使地下水的同位素成分偏离雨水线方程。结果表明，新安江右坝肩存在明显的绕坝渗漏，渗漏深度在帷幕延伸段 60m 高程以下。排水廊道中的排水既有边坡降雨又有来自库水的绕坝肩补给，排水廊道扇形孔中的渗水完全来自绕坝肩的库水渗漏。

隧道涌水是隧道建设过程中的常见病害，对其进行有效防治是确保隧道施工人员及施工机具安全的重要前提。准确识别隧道涌水来源对于合理制订隧道涌水防治方案和保护隧道地区生态环境具有举足轻重的作用。然而，目前有关涌突水来源识别方面的研究多是以矿井工程为例进行的，针对隧道工程开展的并不多见。氢氧稳定同位素在常温下几乎不受水岩相互作用的影响，是良好的天然示踪剂，在水的起源和组成研究方面已得到广泛应用。鉴于氢氧稳定同位素具有几乎不受水岩相互作用影响的特点和在研究地下水起源及组成方面的成功应用，可将其用于隧道涌水来源识别。

二、应用实例 2

垫邻高速铜锣山隧道为双洞单线隧道，全长 5.2km，最大埋深 280m，进、出口里程分别为 K32＋232 和 K37＋440，已于 2008 年底通车。隧址地区地形总体为北高南低，隧道穿越的铜锣山背斜翼部陡、窄，峻峭成岭，轴部可溶岩溶蚀后成为槽谷。隧址地区出露地层主要为下三叠统嘉陵江组至中侏罗统下沙溪庙组，岩性以石灰岩及白云岩等可溶岩和砂岩、粉砂岩、泥岩等非可溶岩为主，且可溶岩被挟持于非可溶岩中。

各类型水中氢氧稳定同位素值统计见表 12-6。由表 12-6 可知：①地表水相对富集，大气降水中 δD 和 $\delta^{18}O$ 较贫化；②井泉水与地表水 δD 和 $\delta^{18}O$ 的平均值较为接近，揭示出二者之间存在紧密联系，从当地水文条件看，这也是符合实际的，因为清水溪沿程均有一些岩溶大泉汇入；③各类型水氘过量参数 d 取值范围主要落在(10±3)‰内，表明其起源均为大气降水；④隧道水 δD 和 $\delta^{18}O$ 值较大气降水富集，但较井泉水和隧道水贫化，这为采用三元线性稳定同位素质量平衡模型计算三者的混合比例提供了可能。

表 12-6 各类型水中氢氧稳定同位素值统计

水样类型	$\delta^{18}O$				δD				$d=\delta D-8\delta^{18}O$
	最小值	平均值	最大值	标准差	最小值	平均值	最大值	标准差	
井泉水	−8.28	−7.24	−5.86	−0.43	−64.00	−44.91	−37.50	4.56	13.01
隧道水	−9.12	−8.03	−6.99	−0.58	−62.20	−52.95	−44.50	4.59	11.32
地表水	−7.00	−6.20	−5.67	−0.48	−46.00	−40.21	−34.90	3.31	9.42
大气降水	−12.16	−9.62	−7.16	−2.05	−85.50	−70.68	−51.70	14.01	6.31

假设隧道涌水 T 由大气降水 P、地表水 S 和含水层中的地下水 G 构成，3 种水源在进入隧道的过程中只发生简单混合作用，以各水源和隧道涌水中 δD 和 $\delta^{18}O$ 作为质量平衡因子，建立三元线性稳定同位素质量平衡模型为：

$$\delta^{18}O_T = f_P\delta^{18}O_P + f_S\delta^{18}O_S + f_G\delta^{18}O_G \tag{12-17}$$

$$\delta D_T = f_P\delta D_P + f_S\delta D_S + f_G\delta D_G \tag{12-18}$$

$$f_P + f_S + f_G = 1 \tag{12-19}$$

式中：$\delta^{18}O_T$、$\delta^{18}O_P$、$\delta^{18}O_S$和 $\delta^{18}O_G$分别为隧道涌水、大气降水、地表水和含水层地下水中的 $\delta^{18}O$ 值；δD_T、δD_P、δD_S和 δD_G分别为隧道涌水、大气降水、地表水和含水层地下水中的 δD 值；f_P、f_S和f_G分别为大气降水、地表水和地下水对隧道涌水的贡献率。

通过三元线性稳定同位素质量平衡模型计算，最后得出结论：含水层中的地下水是垫邻高速铜锣山隧道涌水的主要来源，平均贡献率达到了 50%，大气降水居中，平均贡献率为 33%，地表水的贡献最小，平均贡献率为 17%。

第十三章　水热系统同位素测温法

第一节　测定矿物形成和水热系统的温度

在化学反应和物理作用过程中发生同位素分馏时，作用达到平衡时的分馏系数 α 和介质温度 T 之间呈函数关系。尤里(Urey,1947)提出，可以通过测定海水中碳酸钙沉积矿物的氧同位素组成来测定古海洋水的温度。

目前，广泛应用

$$10^3 \ln\alpha = A + B \times 10^6 T^{-2} \tag{13-1}$$

和形式上更复杂的

$$10^3 \ln\alpha = A + B \times 10^3 T^{-1} + C \times 10^6 T^{-2} \tag{13-2}$$

式中：A、B、C 为常数，与矿物种类有关。

测定现代和古代的矿物形成的温度和水热系统的基准温度。

例如，克莱顿(Clayton,1961)以实验方法测定了高温条件下方解石-水系统的氧的分馏系数($\alpha^{18}O$)。克莱顿采用爱泼斯坦的古温标值，绘制了反映在方解石-水系统中，温度在 1000℃以内的氧同位素平衡的综合曲线。在温度域 0～750℃时，该曲线的方程为：

$$10^3 \ln\alpha^{18}O = 2.73 \times 10^5 T^{-2} - 2.56 \tag{13-3}$$

后来，克莱顿等(1972)又以实验方法确定了高温的石英-水系统中氧同位素分馏系数与温度的关系。但是，他们认为应用这个关系式时，考虑到实际地质环境的温度较低，所以必须校正。

在低温条件下，设 0℃时 $\alpha = 1.039$，在石英-水系统中从 0～100℃温度域内，爱泼斯坦等(1953)曾提出以下关系式：

$$10^3 \ln\alpha^{18}O = 3.09 \times 10^5 T^{-2} - 3.29 \tag{13-4}$$

卡瓦博(Kawabe,1978)通过热动力计算得到低于 100t 时，石英-水系统中的 $\alpha^{18}O$ 与温度的相关关系式[对应于式(13-1)和式(13-2)]：

$$10^3 \ln\alpha^{18}O = -5.533 + 3.2763 \times 10^6 T^{-2} \tag{13-5}$$

$$10^3 \ln\alpha^{18}O = -18.977 + 8.582 \times 10^3 T^{-1} + 1.9189(10^6/T^2) \tag{13-6}$$

石英-水系统中氧同位素交换式(13-3)、式(13-4)的常数和系数曾由许多研究者计算出。其中温度域限于 0～100℃的部分计算结果列入图 13-1 中。

尤里等(1951)和爱泼斯坦等(1953)以实验方法确定了温度依附于海水中碳酸盐氧的同位素组成的关系式为：

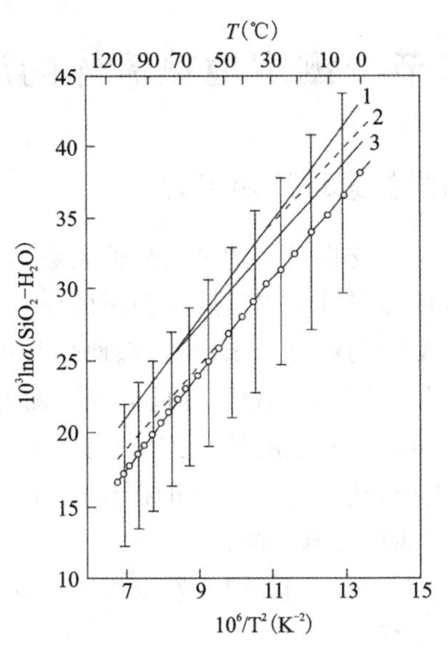

图 13-1　石英-水系统中氧同位素分馏系数与温度的关系

1. 据 Shiro 和 Sakai(1972)；2. 据 Labeyric(1974)；[水化生物蛋白石-水系统]；3. 据 Backer 和 Clayton(1976)；4. 据 Knauth 和 Epstein(1976)；5. 据 Kawabe(1978)

$$t=16.5-4.3\delta^{18}O+0.14(\delta^{18}O)^2 \tag{13-7}$$

式中：$\delta^{18}O$ 采用 PDB 标准。

在这之后，爱泼斯坦和马耶塔(Mayeda，1953)提出一个通用的古海水温度公式：

$$t=16.5-4.3(\delta-A)+0.14(\delta-A)^2 \tag{13-8}$$

式中：A 表征生长贝壳的水的同位素组成的参数。

在研究水热系统基准温度时，经常采用硫酸盐-水系统中氧同位素分馏方程进行计算。根据劳逸得(Lioyd，1967)的资料，该方程为：

$$10^3\ln\alpha^{18}O=3.25\times10^6T^{-2}-5.6 \tag{13-9}$$

米祖塔尼和赖福特(Mizutani and Rafter，1969)导出了类似关系式，但初始条件稍有差别。

$$10^3\ln\alpha^{18}O=2.88\times10^6T^{-2}-4.1 \tag{13-10}$$

马肯基和特鲁斯戴尔(Mckenzie and Truesdell，1977)利用式(13-9)、式(13-10)，计算了温度区间为100～450℃的水热系统的基准温度。但是，他们都指出，在应用这两个公式时，应做校正。因为，实验方法测定 $\delta^{18}O$ 时，水的同位素分析是在水与 CO_2 平衡条件下进行的，采用了 CO_2-H_2O 系统中 $\alpha_{25℃}=1.0407$。但是目前公认奥尼尔的最新实验资料 $\alpha_{25℃}=1.0412$。若采纳后者引入计算，则在相应条件下，式(13-9)与式(13-10)的形式改写为：

$$10^3\ln\alpha=3.251\times10^6T^{-2}-5.1 \tag{13-11}$$

$$10^3\ln\alpha=2.88\times10^6T^{-2}-3.6 \tag{13-12}$$

第二节 测定地热流体的温度

一、地热研究中常用的同位素地质温度计

如果某化合物对之间的同位素交换反应的平衡分馏系数随温度的变化已知，则可根据这两种化合物之间的同位素组成的差异计算出反应平衡时的温度。基于这一理论，同位素地质温度计测定的是同位素交换平衡时的温度。来自温泉、地热井和喷气孔的地热流体通常可保持深部地热储温度条件下的化学或同位素信息，因此同位素测温法可测得勘探钻孔达不到的深部温度。但作为地热田的同位素地质温度计，还需满足如下一些条件。

(1)在需要确定的温度范围内，化合物或组分的同位素分馏系数必须随温度呈规律性的梯度变化，且分馏系数足够大才能保证测温的精度。

(2)要能排除化学成分相同而来源不同、同位素组成不同的组分的混合。如不能排除，则必须能对测定的影响做出定量计算。

(3)采样处地热流体的同位素组成应与深部地热储中相同，样品的同位素组成不应受采样技术的影响，采样后也不受其他因素干扰。

(4)化合物对之间达到同位素平衡的速度适中，其"半平衡期"(即建立新平衡一半所需的时间)应小于地热流体在热储中的平均滞留时间(使交换反应达到平衡)，大于地热流体上涌至地表所需要的时间(避免出现明显的再平衡)。地热流体在热储中的滞留时间与热储大小和水交替速度有关。据测氚资料得出结论，一般中等地热田平均滞留时间在50a以上。关于热水循环上升时间，推测为几天至几个月。因此，半平衡期为1～10a的同位素地质温度计实用价值较大。地热田常见同位素地质温度计的化合物对中仅SO_4^{2-}-H_2O较符合这一条件，所以应用最为普遍。常见的同位素地质温度计有氧、氢、碳、硫4类(表13-1)。

表13-1 地热田测温中常用的同位素温度计(据Truesdell，1976)

同位素温度计	物相	测定温度域(℃)	估计的半平衡期 $T_{1/2}$(a)(250℃时)
氧温度计($\Delta^{18}O$)①	水-水蒸气	100	10^{-5}
	CO_2-H_2O	100～370	10^{-5}
	SO_4^{2-}-H_2O	100～370	1
氢温度计(ΔD)	水-水蒸气	80～350	10^{-5}
	H_2-H_2O	100～370	10^{-3}
	H_2-CH_4	50～300	10^{-3}
碳温度计($\Delta^{13}C$)	CO_2-CH_4	250～450	$>10^3$
	CO_2-HCO_3	50～250	$<10^{-2}$
硫温度计($\Delta^{34}S$)	H_2S-SO_4^{2-}	>300	$>10^3$

注：① $\Delta=1000\ln\alpha$。

二、氧同位素地质温度计

氧同位素地质温度计主要有3种类型：SO_4^{2-}-H_2O、CO_2-H_2O和水-水蒸气。

1. SO_4^{2-}-H_2O 地质温度计

SO_4^{2-}-H_2O 地质温度计对于水占优势的地热田可能是最有用的。热水中，水与其中溶解的 SO_4^{2-} 有如下同位素交换反应：

$$1/4S^{16}O_4^{2-}+H_2{}^{18}O \rightleftharpoons 1/4S^{18}O_4^{2-}+H_2{}^{16}O$$

据 Lioyd(1968)，这一反应的交换速度除是温度的函数外，还与水的 pH 值有关，即

$$\lg T_{1/2}=2500\times T^{-1}+b \quad (13\text{-}13)$$

式中：$T_{1/2}$ 为半平衡期，即新平衡建立一半所需的时间；T 为绝对温度(K)；b 为常数，随 pH 值变化(表 13-2)。

表 13-2　pH 值变化时，常数 b 的对应值(据 Lioyd，1968)

pH	9	7	3.8
b	0.28	−1.17	−2.07

大多数地热田热水的 pH 值接近 7，对于这种情况，在水温为 250℃时，达到 90%交换度(平衡度)约需 1a；达到 99.9%交换度所需时间：100℃时为 500a，200℃时为 18a，300℃时为 2a。因此，SO_4^{2-}-H_2O 的同位素交换适中。对于大多数有经济价值的地热田来说，它介于水在热储平均滞留时间(大于 50a)和热水上涌时间(几天至几个月)之间。

Lioyd(1968)、Mizutani 和 Rafter(1969)分别用实验测定了 SO_4^{2-}-H_2O 之间的分馏系数，并分别给出了下列同位素分馏系数与温度关系的分馏方程：

$$1000\ln\alpha=3.25\times10^6T^{-2}-5.6 \quad (13\text{-}14)$$

$$1000\ln\alpha=2.88\times10^6T^{-2}-4.1 \quad (13\text{-}15)$$

式(13-14)和式(13-15)在 200℃时得到的结果相同，在 0～300℃范围内，相差亦只有 ±10℃。目前获得的同位素测温与实际测温的结果见表 13-3。

表 13-3　SO_4^{2-}-H_2O 系统同位素温度和实测温度对比

地区	最大的实测温度(℃)(深度：m)	同位素温度(℃)	资料来源
日本恪滨港	220	260～290	Sakai(1977)
日本东京港	234	180～280	Sakai(1977)
意大利拉德瑞罗	310(1500)	152～329	Cortecci(1974)
意大利坎皮佛莱格瑞	300(800)	215	Cortecci et al. (1978)
新西兰怀拉基	248	305	Kusakabe(1974)
中国台湾省土城河	173(240)	187	Truesdell(1976)
美国内华达科罗拉多温泉	188(220)	220	Truesdell(1977)
美国怀俄明黄石公园	95	360②	Mckenzie and Truesdell(1977)
美国加州长谷	177	240②	Mckenzie and Truesdll(1977)

续表 13-3

地区	最大的实测温度（℃）（深度：m）	同位素温度（℃）	资料来源
英国爱达荷筏河	130	142①	Mckenzie and Truesdell(1977)
波兰扎科帕内	41(1020)	37～47	Cortect and Dowgiallo(1975)

注：①用 Mizutani 和 Rafter(1969)的 SO_4^{2-}-H_2O 标度计算；②由于沸腾和稀释影响了热泉水，经校正^{18}O 含量后的计算。

应用 SO_4^{2-}-H_2O 温度计测温时应注意以下问题。

(1)水的 pH 值对测温结果影响较大，因为 pH 值主要影响硫酸根离子的存在形式。当 pH 值接近 7 时，水中硫酸根离子主要以 HSO_4^- 形式存在($SO_4^{2-}+H^+ \rightleftharpoons HSO_4^-$)；当 pH>7 时，则多以 SO_4^{2-} 形式存在。上面列出的两个分馏方程式是对以 HSO_4^- 形式为主的中性水得出的。

(2)与 SO_4^{2-} 平衡的阳离子对测温结果有很大影响。据实验资料，不同硫酸盐和水的分馏方程相差很大。

a. 对于 $CaSO_4$：

$$1000\ln\alpha = 3.88\times10^6 T^{-2} - 3.4 \tag{13-16}$$

b. 对于 $BaSO_4$：

$$1000\ln\alpha = 3.01\times10^6 T^{-2} - 6.99 \tag{13-17}$$

(3)热水上涌过程中可能发生蒸发或混入冷水的情况，遇到这些情况均应进行校正。

实例：漳州地热田

漳州地热田位于第四纪断陷盆地，基底为中生代花岗岩，其深循环地下热水在井口的温度为 114℃，在 90m 深处为 122℃。该水高度盐化：矿化度为 12g/L，Cl^- 的浓度为 6g/L。SO_4^{2-} 主要为海相起源。基于漳州地热田的地下热水样品，根据 SO_4^{2-}-H_2O 的 $\delta^{18}O$ 值得到的地质温度计估算的水体温度在 140～150℃之间(Mizutani and Rafter, 1969)，与用地球化学模拟得到的温度相当一致(Pang and Reed, 1998)。

2. CO_2-H_2O 地质温度计

Panichi(1977, 1979)以 CO_2-H_2O 之间的氧同位素交换作为地质温度计相当成功地查明了意大利拉德瑞罗(Larderello)地热田的温度。根据理论计算，测温范围在 100～300℃之间，CO_2-H_2O 氧同位素分馏方程(Panichi et al., 1979)有：

CO_2-$H_2O_{(L)}$ 的分馏方程为：

$$1000\ln\alpha = 2.708\times10^6 T^{-2} + 4.573\times10^3 T^{-1} - 3.37 \tag{13-18}$$

CO_2-H_2O 的分馏方程为：

$$1000\ln\alpha = 2.659\times10^6 T^{-2} + 9.289\times10^3 T^{-1} - 10.55 \tag{13-19}$$

实例：拉德瑞罗地热田

对于以蒸汽为主的拉德瑞罗地热田，由 CO_2-H_2O 地质温度计(Richet et al., 1997)给出的温度与井口实测到的温度相近，这是由同位素交换反应的速率很高所致。

3. 水-蒸汽地质温度计

在美国犹他州的罗斯福(Roosevelt)热泉和加州的间歇泉(Geyser)中收集了蒸汽和水，其 ΔD 对 $\Delta^{18}O$ 的比值($\Delta D / \Delta^{18}O$)表明，在罗斯福热泉中温度处于 226℃分离的蒸汽和水之间的 $\delta^{18}O$ 值有一定差异，其同位素温度为 255℃。但是 ΔD 和 $\Delta D/\Delta^{18}O$ 所指示的温度分别为 220℃和 224℃。在间歇泉中 ΔD 和 $\Delta^{18}O$ 单独指示的温度分别为 240℃和 260℃，但 $\Delta D/\Delta^{18}O$ 指示的温度为 247℃，与实测井底温度相当一致(Truesdell et al.，1977)。不过间歇泉是一种极端情况，因为热储中的水是不流动的，而是由于进口地段压力降低而被完全蒸发(蒸汽仅在此情况下产生)。

实例：菲律宾帕力品罗地热田

菲律宾帕力品罗(Palinpinon)地热田，由 H_2O-H_2 和 CO_2-CH_4 算得的温度之间具有良好的相关关系，尽管由 CO_2-CH_4 算得的温度可高出 70℃，但与二氧化硅含量和 H_2O-H_2 算得的温度则相一致。

三、氢同位素地质温度计

用于地热研究的氢同位素地质温度计主要有两种类型：CH_4-H_2 和 H_2D-H_2。Bottinga (1969)和 Richet 等(1977)做了大量计算，对于 CH_4-H_2 系统，目前的实验资料与 Richet 等计算的较为一致。

在温度高于 200℃时，CH_4-H_2 的同位素平衡分馏方程为：

$$1000\ln\alpha = -90.9 + 181.27\times10^{6}T^{-2} - 8.95\times10^{12}T^{-4} \tag{13-20}$$

温度在 100～400℃范围内，方程为：

$$1000\ln\alpha = 238.3 + 289.0\times10^{3}T^{-1} + 31.86\times10^{6}T^{-2} \tag{13-21}$$

温度在 100～400℃范围内，蒸汽(H_2O)和 H_2 的同位素平衡分馏方程为：

$$1000\ln\alpha = -217.3 + 396.8\times10^{3}T^{-1} + 11.76\times10^{6}T^{-2} \tag{13-22}$$

计算结果与地热区实测温度对比情况见表 13-4。

表 13-4　实测温度与氢同位素温度对比[①]

地区	系统类型	水相	实测温度(℃)	CH_4-H_2 同位素温度(℃)	H_2O-H_2 温度(℃)	资料来源
意大利 Larderello	蒸汽占优势	蒸汽	216±25	314±30	254±25	Panichi et al. (1979)
冰岛 Krisuvik	水占优势	井水	223		223	Amason (1977)
冰岛 Krisuvik	水占优势	温泉水	223		198～201	Amason (1977)
冰岛 Nesjavellir	水占优势	井水	220		217	Amason (1977)

续表 13-4

地区	系统类型	水相	实测温度(℃)	CH_4-H_2同位素温度(℃)	H_2O-H_2温度(℃)	资料来源
冰岛 Namask ard	水占优势	井水	240		244	Amason (1977)
冰岛 Namask ard	水占优势	井水	268		283	Amason (1977)
冰岛 Reyhianes	水占优势	井水	292(深 1800m)		362～380	Amason (1977)
新西兰 Broalands	水占优势	井水	245	265	265	Lyon (1974)
美国加州 Linperial 盆地	水占优势	卤水	211(表面)	255	229	Craig (1975)
美国怀俄明 Yollowstone	蒸汽占优势	蒸汽	82	105		Gunter 和 Masgrave(1971)

注:① 所有方程中的 T 均为绝对温度。

四、碳同位素地质温度计

碳同位素地质温度计远不如氧同位素地质温度计的应用广泛,但对一些含碳化合物对或组分对来说,具有重要用途。Bottinga(1969)详细计算了 $CaCO_3$、CO_2、C 和 CH_4 等各组分之间碳同位素平衡分馏系数如表 13-5 所示。

表 13-5 碳同位素交换平衡的 1000lnα 计算值

温度(℃)	1000lnα					
	$CaCO_3$-CH_4	CO_2-CH_4	C-CH_4	$CaCO_3$-C	CO_2-C	CO_2-$CaCO_3$
50	68.4	60.7	45.8	22.6	14.9	−7.7
100	52.9	48.9	33.8	19.1	15.1	−4.0
160	40.0	38.9	24.1	15.9	14.8	−1.1
200	33.6	33.9	19.5	14.2	14.4	0.2
260	26.4	28.0	14.3	12.1	13.7	1.5
300	22.8	24.8	11.8	11.0	13.1	2.1
360	18.5	21.0	8.9	9.6	12.2	2.6
400	16.3	19.0	7.4	8.8	11.5	2.7
450	14.0	16.8	6.0	8.0	10.8	2.8
500	12.2	14.9	4.9	7.3	10.1	2.8
550	10.7	13.4	4.0	6.7	9.4	2.7
600	9.5	12.1	3.3	6.2	8.8	2.6
650	8.5	10.9	2.7	5.8	8.2	2.4
700	7.7	10.0	2.3	5.4	7.7	2.3

在地热研究中应用的碳同位素地质温度计主要有 CO_2-CH_4 和 CO_2-HCO_3^- 两种。

1. CO_2-CH_4 地质温度计

据 Bottinga(1969)的计算，即使温度大于 600℃时，CO_2-CH_4 之间的碳同位素分馏也很明显，因此根据地热流体中共生的 CO_2 和 CH_4 的 $\delta^{18}C$ 值可确定 100～400℃范围内的温度，其同位素分馏方程为：

$$1000\ln\alpha = 15.301\times10^{3}T^{-1} + 2.36\times10^{6}T^{-2} - 9.01 \qquad (13\text{-}23)$$

Panichi 等(1977)研究拉德瑞罗地热田的测温资料认为，不同热水井之间的物理测温和同位素测温的相对温度差是相同的，因此同位素测温结果是可信的。Hulston(1977)研究新西兰的怀拉开和布罗德兰兹地热田，Celati(1976)研究拉德瑞罗、布罗德兰兹和麦克唐纳等地热田也得到了同样的结论。

在地热气体研究中，对共生 CO_2 和 CH_4 的 ^{13}C 所做的测定表明，高温气体同低温气体一样，其所指示的温度与实测温度是一致的(如新西兰的北岛)。在高温条件下 $CO_2 + 4H_2 \rightleftharpoons CH_4 + 2H_2O$ 反应很快，在有细菌活动且温度很低处也是如此，以致地表和源区的温度接近相同，对于这一点在实际应用中应注意。

2. CO_2-HCO_3^- 地质温度计

自然界中水溶 CO_2 与 HCO_3^-、CO_3^{2-} 常处于平衡状态，其平衡与温度和 pH 值有关。对于低温条件下水溶 CO_2 和 HCO_3^- 之间的碳同位素分馏，人们已做过大量研究。

Mook 等(1974)和 Melinin 等(1967)曾分别对两个高温(125℃和 286℃)状态下的碳同位素分馏进行实验后发现两者的情况是有差异的。不过 Hulston(1978)认为通过处理是可以使两者接近一致的。在混合良好的地热系统中已经证明，水溶 CO_2 和水之间的氧同位素交换很快，据此推断在相同条件下水溶 CO_2 与 HCO_3^- 之间的碳同位素交换也可能很快。但在水溶 CO_2 与气体 CO_2 之间的碳同位素交换平衡中，其交换速率依赖于水汽界面的有效接触面积，所以当地热流体处于与气体 CO_2 相分离的条件，气体 CO_2 与 HCO_3^- 之间的碳同位素交换要缓慢得多。但在美国内华达州的汽艇泉(Steamboat)和怀俄明州的黄石公园(Yellowstone)两地热田的分馏资料表明，温度与近地表热储的硅含量指示的温度相当吻合，这是因为在近地表的热储中的 CO_2 与岩石矿物反应生成的 HCO_3^-；通过进一步交换后，CO_2 和 HCO_3^- 之间的碳同位素交换达到了平衡，所以在流体上升到地表阶段时，就不存在进一步的同位素交换了。

五、硫同位素地质温度计

同位素交换达到平衡时，地下热水系统内的硫酸盐和 H_2S 之间的硫同位素分馏与温度有关。基于这一理论，Robinson(1973)通过实验测定的硫酸盐-H_2S 系统的硫同位素分馏方程为

$$1000\ln\alpha = 5.1\times10^{6}T^{-2} + 6.3 \qquad (13\text{-}24)$$

表 13-6 是新西兰怀拉开(Wairokai)地热田的同位素分析的平均值(Kusakabe,1974)，表中低、中、高井热函分别代表失掉蒸汽、深成氯化物水和获得蒸汽 3 种环境。经计算氧同位素温度(误差±20℃)接近于井下实测温度(260℃)，但硫同位素温度较高，说明或是未达到平

衡，或是处于更深更热的环境。

又如 Ngawha 热泉的硫同位素平衡，孔 1 的硫同位素温度与 590m 深处的实测温度 240℃相近(表 13-7)。

表 13-6 新西兰怀拉开地热田的同位素分析平均值(据鲁宾逊，1973)

井热函	H_2S	硫酸盐			深部水	温度(℃)	
	$\delta^{34}S$	$\delta^{34}S$	mg/kg	$\delta^{18}O$	$\delta^{18}O$	硫	氧
低	+4.6	+23.3	~30	−1.3	−5.7	340	310
中	+5.2	+22.1	~30	−1.5	−5.7	380	320
高	+4.8	+14.8	~10	−0.8	−5.7	500	290

表 13-7 Ngawha 热泉的同位素分析平均值

类型	H_2S	硫酸盐			水	硫
	$\delta^{34}S$	$\delta^{34}S$	mg/kg	$\delta^{18}O$	$\delta^{18}O$	T(℃)
热池	+2.4	+3.1	~300	+1.8	−1.5	—
热井	+2.2	+4.0	100	+2.6	+2.2	—
孔 1	−1.0	+20.0	30	—	—	300

深部热水中的硫酸盐和硫化氢的同位素组成极易因受到浅部和地表条件的干扰而改变，所以在应用同位素测温时必须十分注意。另外，硫同位素交换达到平衡的时间也太慢。据 Robinson 计算，当水的 pH 值为 6、温度为 300℃、水中全硫(ΣS)为 10^{-4} mol/kg 时，达到 97% 的平衡需要 5a 时间；若温度降低到 200℃时，则需要 5×10^5 a，交换速率相当缓慢。因此，硫同位素测温在实用上受到很大限制。但利用硫同位素交换缓慢的特点有可能根据硫同位素交换速度与 pH 值和温度的关系，评价地下热水在含水层中滞留的时间和判断热水中硫的来源。

第十四章　人工放射性同位素示踪技术及应用实例

第一节　概　述

水文地质学范畴内的人工放射性同位素示踪技术是传统的地下水示踪技术与水文物探方法的延伸。在放射性同位素可以根据社会的需要在核反应装置中人为地制造和相应的放射性检测仪器研制成功的条件下，这一技术才得以广泛应用。

放射性同位素示踪剂与传统的示踪剂如荧光素、氯化物盐类相比，其优点在于：化学性能稳定，不易生成沉淀，大多数不易被岩土吸附，最主要的是其检测灵敏度高，以极少的剂量即可达到满意的示踪效果。此外，还可根据不同的目的选择不同半衰期和不同放射性强度的同位素或同时使用几种同位素进行示踪，有较大的选择余地。水文地质示踪方法中常用的放射性同位素及各自的特性如表 14-1 所示。

表 14-1　水文地质示踪试验中常用的放射性同位素及有关数据（据 Drost，1974）

放射性核素	用途	常用化合物	半衰期	辐射能量（兆电子伏）	
				最大 β 能量	γ 能量
^{8}H	U，T	$H^{3}HO$	12.3a	0.018	—
^{14}C	U	$H^{14}CO_3^-$	5730a	0.156	—
^{32}Si↓	U	$^{14}CO_2$	约 500a	0.21	—
^{32}P	T	$Na_2H^{32}PO_4$	14.3d	1.71	—
^{35}S	T	$Na_2{}^{35}SO_4$	88d	0.167	—
^{51}Cr	T	^{51}Cr 络合物	27.8d		0.32(9%)
^{58}Co	G，T	$K_3{}^{58}Co(CN)_6$	71.3d	0.47(β^+)	0.81(99%)
					0.51(30%)
^{60}Co	G，T	$K_3{}^{60}Co(CN)_6$	5.23d	0.31	1.17(100%)
					1.33(100%)
^{82}Br	T	$NH_4{}^{82}Br$	35.6h	0.44	1.48(17%)

续表 14-1

放射性核素	用途	常用化合物	半衰期	辐射能量(兆电子伏)	
				最大β能量	γ能量
					0.78(83%)
					0.62(41%)
					0.55(66%)
					…
^{99}Mo			66.5h		
^{99m}Te↓	T	由^{99}Mo分离	6h	0.12	0.14(90%)
^{131}I	T	Na^{131}I	8.07d	0.81	0.72(2%)
					0.36(82%)
^{137}Cs↓					…
+^{137m}Ba	G	铯玻璃粉末	30a	1.18	
			(2.6min)		0.66(86%)
^{198}Au	T	^{198}AuCl$_3$	2.7d	0.96	0.68(1%)
		盐酸溶液			0.41(95%)

说明:第1列中箭头表示放射性母元素及子元素;第2列中T代表人工示踪剂,U代表天然示踪剂,G表示γ射线源;第5列中β^+为正电子辐射;第6列中括弧中数字为辐射概率。

水文地质放射性同位素示踪技术(以下均称示踪技术)主要应用于小范围的微观追踪与检测,具体研究以下几方面问题:测定地下水的流向、流速、含水层渗透系数、孔隙度等水文地质参数;研究地下水运动机理,进行弥散试验;确定含水层之间及含水层与其他水体之间的水力联系,查明岩溶地下水系统、矿坑涌水通道;检测水库、水坝渗漏途径;研究非饱和带水分运移规律,查明降雨入渗与土壤水的蒸发过程以及污染物质的运移过程等。

示踪技术应用于水文地质,国外开始于20世纪50年代,之后相继推出各种测试仪器并投入广泛应用。我国的发展稍晚些,目前各种测试仪器也陆续问世,并在应用中不断完善,示踪技术也已从实验室走向生产实践,尤其在水坝侧渗中取得了良好的效果,成为水文地质研究中颇有潜力的方法之一。尽管目前应用领域还较局限,许多问题仍在探索之中,但该方法就其特有的直观性、确定性以及野外操作较简单等优点而言,却是其他方法难以比拟的。

第二节 单井法

单井法是指把放射性示踪剂投入到一个钻孔或一口水井,再用探测器测定该点地下水流向与流速的一种方法。目前使用的示踪剂大多是以NaI为载体的^{131}I放射性同位素,该同位素半衰期适中(8.07d),释放γ与β射线,易于检测。

一、测定地下水流向

测定方法：首先选定一个渗透性能良好的井孔，把放射性示踪剂注入待测深度，随地下水的天然流动，示踪剂浓度在水流的上下游产生差异，反映在水井不同方向放射性强度发生变化，用定向探头测得各方向放射性的强度，其强度最大方向与最小方向的连线就是地下水流动的方向，最大强度方向为下游（图 14-1）。

测量装备：主要有两种定向探测器，具体如下。

一种为硬杆定向探头（图 14-2），由刚性测杆连接，在地面人为或机械定向，把探头放到示踪剂所在的深度，探头内有小型计数管，管外为带有一个瞄准窗的偏心定向铅室，转动测杆，测定不同方向的放射性强度，将所得数据作图即成。这种装置一般适用于浅井。

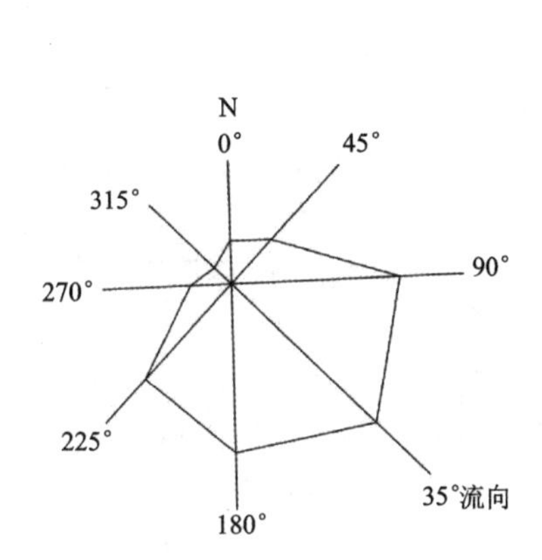

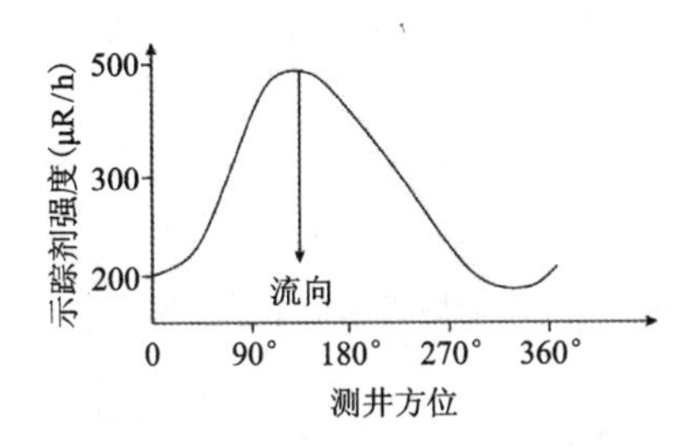

图 14-1　单井测流向的图示方法

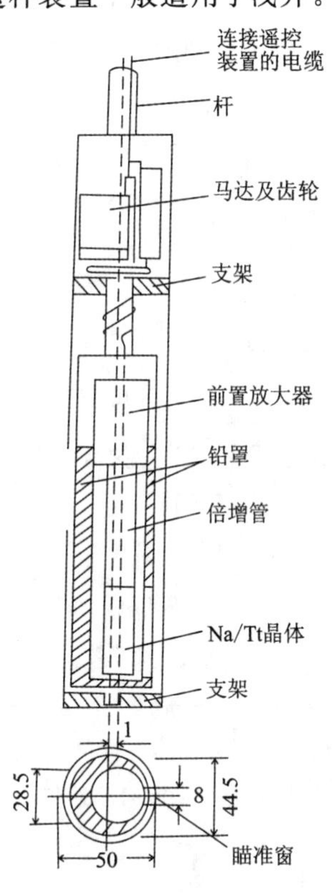

图 14-2　带有定向装置的地下水流向探头

另一种定向探测器是利用磁针辐射定向，如江苏省农业科学研究院原子能研究所的“核荧地下水流向流速仪”即由注射、检测、定向 3 部分组成（图 14-3）。第一部分是将放射性示踪剂储存在一定容积的洗耳球内，装置沉放到指定位置后，把重锤沿细钢丝绳滑压在洗耳球上，示踪剂溶液即被挤压出来注射在周围井水中。第二部分是检测示踪剂的放射性强度，采用热释光管或直读电离管作为检测管、把 6～8 支检测管均匀地呈环形安置在铅柱内，间隔 45°～60°，同样由于上下游示踪剂浓度差造成不同方向接受到的强度不同，强度最大方向应为地下水流的下游方向。第三部分为荧光照相定位器，这是一个悬有磁针的暗盒，在指北针上涂有荧光材料，相纸放在磁针上方，荧光对相纸长期辐射产生潜像即可定向。这种定向设备可检测深层地下水流向，操作也很简便。

二、稀释法测定地下水渗透流速

1. 滤水管附近地下水的运动

假定地下水流场中平面上的流线为平行直线时，流场中一个圆形滤水管使原来为直线的流线发生畸变，从滤水管中流出的地下水流有两条边界线（或称分流线），若滤水管半径为 r，则这两条线的间距在离滤水管足够远处为定值：$2\alpha r$（图 14-4）。参数 α 值的大小与下列因素有关：滤水管的半径与渗透性；含水层的渗透性以及填料层的厚度与渗透性，故称 α 为井壁过滤结构因子，为一无量纲数。

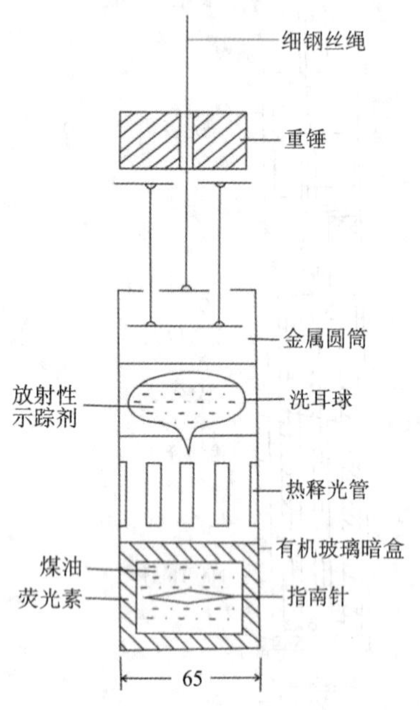

图 14-3　核荧地下水流向流速仪

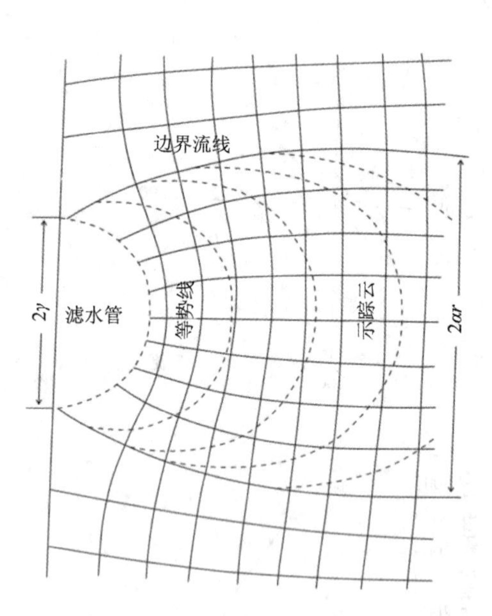

图 14-4　滤水管附近的地下水流网

2. 稀释定律

滤水管中某一段水柱被少量放射性示踪剂标记并均匀混合后，示踪溶液的浓度被流过井管的地下水所稀释，稀释速度与地下水的流量成下列关系：

$$dc/dt=-Q/V\cdot c \tag{14-1}$$

经积分

$$c=c_0e^{-Qt/V} \tag{14-2}$$

式中：c、c_0 分别为 t、t_0 时刻示踪溶液的浓度；Q 为通过滤水管试验段的流量；V 为被标记水柱的体积。

负号表示浓度随流量增大而减小。式(14-2)即称为稀释定律，还可以用以下形式表示：

$$Q=V/t\cdot\ln(c_0/c) \tag{14-3}$$

或

$$t=V/Q\cdot\ln(c_0/c) \tag{14-4}$$

由式(14-3)可看出，当 V/t 一定时，通过滤水管的流量越大，稀释作用就进行得越快，此时示踪溶液浓度越小。式(14-4)反映了：在一个试验井中，即 Q/V 为常量，则 t 与 $\ln(c_0/c)$ 呈线性关系，这一关系已被大量的实践所证实。

由于流量 Q 与渗透流速 V 的关系为：

$$Q=V\omega \tag{14-5}$$

式中：ω 为过水断面积，故经过试验段单位厚度的体积 V 和流线平行后单位厚度过水断面积 ω 分别为：

$$V=\pi r^2 h(h=1) \tag{14-6}$$

$$\omega=2\alpha rh(h=1) \tag{14-7}$$

把式(14-5)、式(14-6)、式(14-7)代入式(14-4)，即可得出渗透流速与浓度变化的关系式：

$$V=\pi r/2\alpha t\cdot\ln(c_0/c)(h=1) \tag{14-8}$$

式(14-8)就是用稀释法求渗透流速的基本公式。在野外试验过程中，连续记录过滤器中示踪溶液的浓度(放射性强度)，通过绘制 t-$\ln(c_0/c)$ 关系图，就可求出此直线的斜率 M：

$$M=\pi r/2\alpha V \tag{14-9}$$

若 α 已知，则可求得渗透流速，而若测得工作区的水力梯度，则该测点的渗透系数就可求得。

3. 关于 α 系数

单孔稀释法的原理已如上述，实际应用中的一个关键问题是对 α 系数的定量评价。对于仅有滤水管而无填料层的试验井，其值为(Ogilvi，1959)：

$$\alpha=4/\{1+(r_1/r_2)^2+K_3/K_1[1-(r_1/r_2)^2]\} \tag{14-10}$$

式中：K_1 为滤水管渗透系数；K_3 为含水层渗透系数；r_1 为滤水管内半径；r_2 为滤水管外半径。

如果滤水管外部有填料(图 14-5)，则方程扩展如下式(Klotz，1971)：

$$\begin{aligned}\alpha=8/\{&(1+K_3/K_2)\{1+(r_1/r_2)^2+K_2/K_1[1-(r_1/r_2)^2]\}+\\&(1-K_1/K_2)\{(r_1/r_3)^2+(r_2/r_3)^2+K_2/K_1[(r_1/r_3)^2-(r_2/r_1)^2]\}\end{aligned} \tag{14-11}$$

式中：K_2 为填料渗透系数；r_3 为钻孔半径。

按照上述公式求 α 系数，在实际应用上显然是很困难的，像 K_2 值的选取需要填料的颗粒级配资料，K_1 值的选取则需要滤水管骨架的穿孔型式、排列方式、孔隙率以及包网的目数和层数等。为此 Drost 和 Klotz 等于 1965—1966 年对此做了各方面的研究，图 14-6 即为根据带填料($r_2/r_3=0.3$)的 4″PVC 滤水管($r_1/r_2=0.9$)计算的渗透系数和半径对 α 的影响。发现 $K_2/K_1\leqslant1.0$ 时，K_3/K_2 为常数，α 偏离不大于 10%，若 $r_2/r_3\leqslant0.3$ 且 $K_1\geqslant K_2\geqslant10K_3$，就能以相当高的精度确定 α 值。为了便于确定，他们对不同 r 和 K 值进行了多种组合，将多种商业滤水管和砂砾填料算得的 α 值列成表格，表 14-2 即为其中之一。

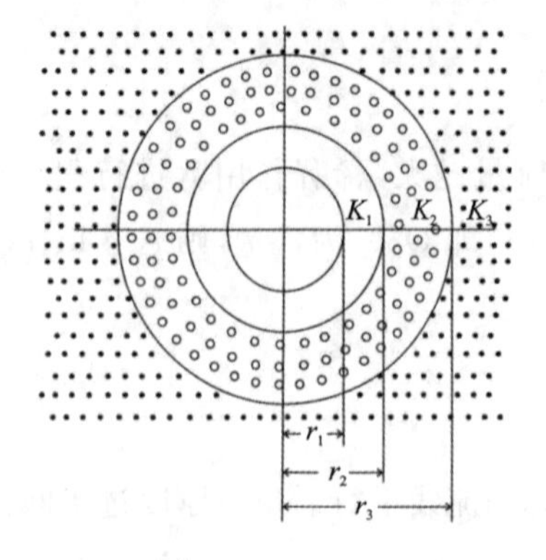

图 14-5 带填料的钻孔截面图

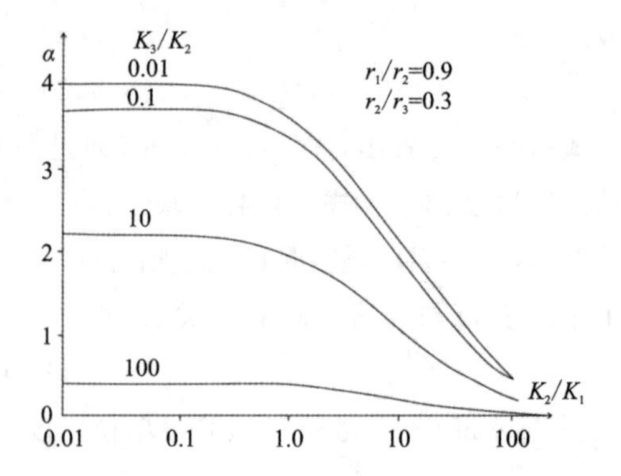

图 14-6 α 与参数 $K_2/K_1(K_3/K_2)$ 的关系

(据 Drost,1974)

表 14-2 直径 50.8mm 滤水管的 α 值(套管直径＝267)

滤水管类型	滤水缝宽(mm)	开孔率(%)	K_1(cm/s)	砂砾填料 α 值					
				粒径(mm)	K_2(cm/s)	$K_3=10^{-3}$(cm/s)	$K_3=10^{-2}$(cm/s)	$K_3=10^{-1}$(cm/s)	$K_3=1$(cm/s)
焊接的连续缝滤水管	0.2	6	3.3	0.4～0.7	0.15	4.87	4.61	2.97	0.65
	0.5	11	7.0	0.7～1.2	0.50	4.70	4.61	3.98	1.67
	1.0	17	14.6	1～2	1.00	4.69	4.65	4.30	2.46
	2.0	24	27.9	2～3	3.00	4.65	4.64	4.51	3.57
	3.0	28	37.1	3～7	10.00	4.65	4.65	4.61	4.24
垂直缝的塑料滤水管壁(光滑的)	0.3	2	0.07	0.4～0.7	0.15	3.30	3.13	2.03	0.45
	0.5	5	0.16	0.7～1.2	0.50	2.97	2.92	2.49	1.01
	1.0	9	0.40	1～2	1.00	3.19	3.17	2.91	1.62
	2.0	14	0.92	2～3	3.00	2.93	2.92	2.84	2.21
	2.0	14	0.92	3～7	10.00	1.60	1.60	1.60	1.45
垂直缝的塑料滤水管壁(粗糙的)	0.3	3	0.25	0.4～0.7	0.15	4.10	3.88	2.55	0.57
	0.5	6	0.56	0.7～1.2	0.50	3.92	3.86	3.31	1.37
	1.0	12	1.34	1～2	1.00	4.02	3.99	3.68	2.09
	2.0	12	1.61	2～3	3.00	3.39	3.38	3.79	2.57
	2.0	12	1.61	3～7	10.00	0.10	2.09	2.08	1.91
带水平孔的塑料滤水管壁(光滑的)	0.3	3	0.18	0.4～0.7	0.15	3.90	3.70	2.43	0.54
	0.5	5	0.30	0.7～1.2	0.50	3.57	3.51	3.01	1.24
	1.0	11	0.58	1～2	1.00	3.55	3.52	3.25	1.83
	2.0	17	1.14	2～3	3.00	3.24	3.23	3.14	1.46
	2.0	17	1.14	3～7	10.00	2.04	2.03	2.02	1.85
带水平孔的塑料滤水管壁(粗糙的)	0.3	5	0.59	0.4～0.7	0.15	4.31	4.09	2.71	0.62
	0.5	6	0.81	0.7～1.2	0.50	4.07	4.01	3.45	1.46
	1.0	10	2.00	1～2	1.00	4.16	4.12	3.81	2.18
	2.0	13	2.84	2～3	3.00	3.81	3.80	3.70	2.91
	2.0	13	2.84	3～7	10.00	2.80	2.80	2.78	2.55

4. 对比单井稀释法与抽水试验测定的渗透系数

稀释法求得的渗透系数，除了 α 系数在实际应用中不易取得外，还涉及稀释过程中受浓度差、温度差、分子扩散以及人工搅拌等造成的稀释作用的影响。为了评价这一方法的实用性，早在 20 世纪 60 年代 Drost(1974)就对打在孔隙含水层(K 值范围为 0.000 2～0.02m/s)中的钻孔分别进行稀释法和抽水试验以做对比，结果发现稀释法测得的渗透系数 K_D 与抽水试验测得的渗透系数 K_P 呈良好的线性相关(图 14-7)。$K_D > K_P$，这一结果是可以理解的，因为单井稀释法所测得的是空间某点以水平方向为主的渗透系数，而抽水试验反映的则是其影响范围内含水层的平均渗透系数，既有地下水的水平流动又有垂向流动，而层状含水层水平方向的渗透性远大于垂直方向，故出现 $K_D > K_P$ 的现象。当然，并非所有的 K_D 与 K_P 均有如此良好的相关性，例如，Bedmar 曾对巴西两处性质相似的岩溶含水层中的 23 个水井进行了对比试验，结果相关程度甚差。

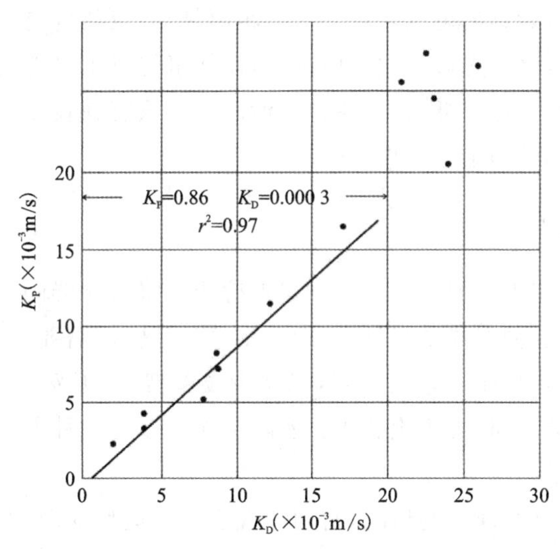

图 14-7　K_D 与 K_P 的相关图(据 Drost，1974)

第三节　多孔法

传统的示踪技术均为多孔示踪，即一孔(或数孔)投(示踪)源，其他孔进行抽水并连续取样。而放射性同位素示踪则无须抽水，仅在检测孔用探测器加以检测，更为便捷，且极大地提高了灵敏度。多孔示踪实质上均以单孔检测为基础，在时间与空间上综合起来解决问题，在具体应用时必须充分了解工作区的地质、水文地质和工程地质背景，讲究运用技巧，进行合理的分析和预测，否则也会使实验归于失败。总的来说，应注意以下几个方面。

一、试验孔的布置

投源孔必须布置在地下水流的上游，选择透水性能良好的井孔，必要时先用单井法测定地下水流向流速。检测孔则布置在投源孔的下游,孔的数量与位置视现场条件和试验目的而定,同一检测孔可以确定不同深度的多个检测点。检测点应考虑空间上的合理性,若为多层含水层,投源点与检测点的层次相差过大,同样收不到预期的效果。检测孔与投源孔尽可能靠近,以减少示踪剂的投放量和观测时间,并尽可能利用一切已有的观测孔或其他水点,以求经济合理。

二、示踪剂的投放

多孔试验示踪剂投放量较大,投放量的多少与许多因素有关。如:①半衰期,半衰期长的同位素投放量可相对减少;②探测器的灵敏度,灵敏度高的,投放量减少,同一剂量的示踪剂,用闪烁计数管在100～200m外可检测到,而用盖革计数管仅在50～60m才能检测出来;③渗透介质的吸附性,若介质对示踪原子吸附力强,投放量就大,为了减少这种吸附的影响,通常在试验之前投放过量的非放射性的同类物质;④含水层的渗透流速,流速慢,检测时间长,投放量也应适当增加;⑤试验场的范围,范围越大,距离越远,投放量越大。

为了保证安全投放,最好先做一次空白试验,以便事先查出可能的故障,如投放孔是否畅通、探测器能否顺利到达预定深度、投放器会否泄漏等。只有在投放设备可靠、操作熟练后才能正式投放。源室打开后,即记下投放时间。

三、示踪剂的检测

通常有跑点检测与定点检测两种方式。定点检测即将探测器固定在某检测孔内,连续记录,等待示踪剂的到来,这种方式省工省力,记录快、精度高,但需要多个探头。跑点检测是利用一个或少量探测器在各检测孔来回检测,以减少设备费用,但费力,操作也不方便,如测点相距较远,有足够的跑动时间,可用跑点法。实际工作中多是两种方法互相配合,视具体情况灵活应用,以求最佳效果。

检测过程中应根据试验现场的情况,密切注视示踪剂运移动向,及时调整探头位置,以免失误。

四、应用实例

1. 概况

新疆乌鲁木齐河上的乌拉泊水库于1961年建成,设计库容为$4\times10^7m^3$的中型水库,坝高24m,大坝全长900m,坝址0+100处有一宽40余米的古河槽(图14-8),由17～30m厚的砂卵石层组成,施工时仅以水中倒土方式进行防渗铺盖,故首次蓄水即发现下游有严重沙沸,上游主坝东岸山坡水面上有旋涡,水位下落后土面上有漏斗状陷坑,后来曾在陷坑处做灌浆处理,因漏浆严重而停止。1977年11月曾做过一次投盐试验,测得从上游3号孔到下游7号测点地下水的平均流速为114m/d,但未查清漏水通道。由于水库存在严重的渗漏问题,原大坝的设计标准也较低,加之地处地震带,且水库位于乌鲁木齐市上游,故被列为全国重点险库。为除险加固,确保大坝安全,南京水利科学院采用放射性同位素技术检测主要渗漏通道,于

1981年8—11月先用单孔稀释法测定2—10号检测孔不同深度各点的渗透流速，后用多孔法测定坝下渗漏情况，取得良好的效果。

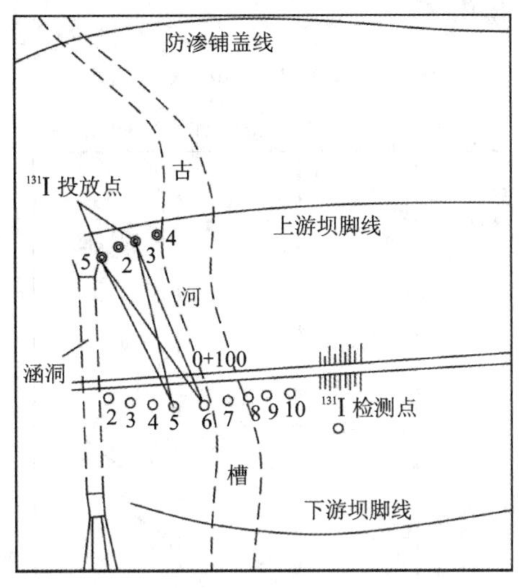

图 14-8 乌拉泊水库大坝东段平面图(据郭吉堂,1987)

2. 测点布置

投源孔选在坝上游铺盖有明显漏水的3号与5号孔，检测孔2—10号在坝下游，距坝轴线约10m的坝坡上，基本与坝平行。检测孔深度均通过砂卵石层进入基岩，每孔分别布有深度不同的观测点4～12个。

3. 检测与结果

1981年8月26日—9月3日对9个检测孔用单孔法测流速，结果如图14-9所示，可见砂卵石层中地下水的流速大于基岩，最大流速出现在10号孔，高程为1 058.40m处，流速287.9m/d。多孔示踪分两次进行，第一次(11月2日)对3号孔投源，^{131}I示踪剂一次投放量为598mci，检测3天后又对5号孔做第二次投源，^{131}I一次投放量为461mci，下游检测孔采用定点法，每一孔安置一个探头，开始均位于紧靠潜水面处，每隔1h对各测点巡检一次，结果如图14-10和表14-3所示。第一次投源的^{131}I仅在5号、6号测孔的基岩部位出现，且由于试验前判断失误，开始时把巡检重点布在砂卵石层中，造成5号测孔第一个放射性峰的到达点漏检。第二次投放的^{131}I也只在5号、6号测孔中出现，但垂直方向上分布较广，6号测孔的砂卵石层中也有发现。

4. 结果分析

若仅以单孔流速测量结果推断，则渗漏应以砂卵石层为通道的可能性最大，但多孔法却发现示踪剂首先在流速甚小的基岩中出现，根据大坝结构(图14-11)可以排除斜墙断裂或截水槽漏水的可能，因为这两种情况必然导致首先在砂卵石层中出现示踪剂，故唯一可能的渗漏途径是：示踪水穿过上游坝体内的铺盖裂隙(或击穿的通道)，进到铺盖下面的砂卵石层中，但因受到截水槽的阻挡，示踪水只能流入破碎的基岩风化层，绕过截水槽向下游渗去，在6号测孔附近逐渐渗出在砂卵石层中。

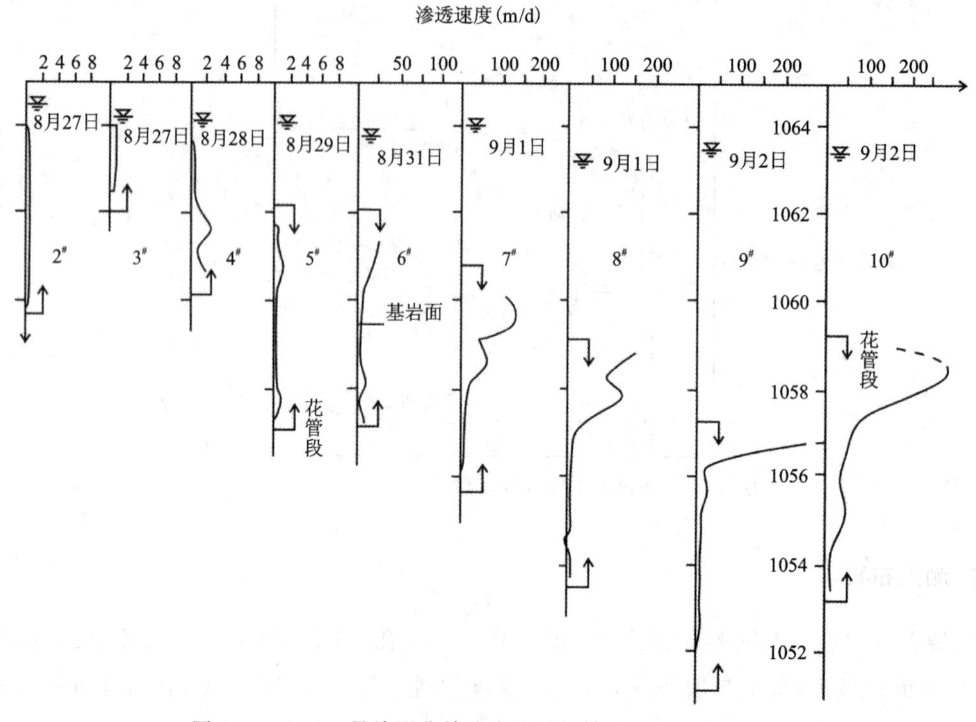

图14-9　2—10号检测孔单孔流速测量结果(据郭吉堂，1987)

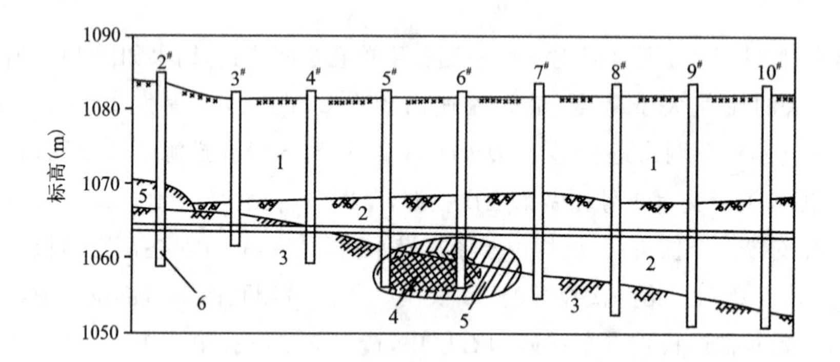

图14-10　乌拉泊水库多孔示踪法测孔剖面与测点布置图(据郭吉堂，1987)

1.坝壳填料；2.河床覆盖砂卵石层；3.基岩；4.出现示踪剂区域；5.黏土；6.检测点

表 14-3　放射性同位素示踪法测试结果[①]（据郭吉堂，1987）

投放点	检测点	渗径(m)	测点高层(m)	地质情况	水力坡度 I	示踪剂最大孔隙流速(m/d)		示踪剂平均孔隙流速(m/d)		渗透系数 K(m/d)	
						渗透历时 t(h)	u	渗透历时 t(h)	u	$K_{最大}$	$K_{平均}$
3[#]漏水点	5[#]测孔	75.79	1059	基岩	0.092 0	(20)	(90.0)	40	45.5		
			1058			(22)	(82.7)	44	41.3		
			1057			(20)	(90.9)	40	45.5		
	6[#]测孔	78.36	1059	基岩	0.091 2	66	28.5	70	26.9		
			1058			66	28.5	70	26.9		
			1057			66	28.5	70	26.9		
5[#]漏水点	6[#]测孔	80.37	1063	河床砂砾石层	0.088 9	25	77.2	39	49.5	330	221
			1062			8	241.1	30	64.3	1031	275
			1061			18	107.2	34	56.7	458	242
			1060			19	101.5	34	56.7	434	242
			1059	基岩		29	66.5	39	49.5		
			1058			25	77.2	41	47.1		
			1057			27	71.4	44	43.8		

注：[①]计算砂卵石层渗透系数时，n=0.38，水力坡度是根据投放点和检测点水位计算的平均坡降。

5. 效果验证

根据示踪试验结果，1982 年初对 0＋000～0＋140 坝段的坝基与坝体进行了不同程度的灌浆，取得了明显的防渗效果，2—10 号测孔的水位明显下降，在相同库水位条件下，测孔水位大都下降 5～6m，证明了试验分析结果的正确性，也证明了利用放射性同位素示踪方法探测坝下渗漏是一种简便易行、灵敏度高的方法，为工程加固处理提供了可靠的依据。

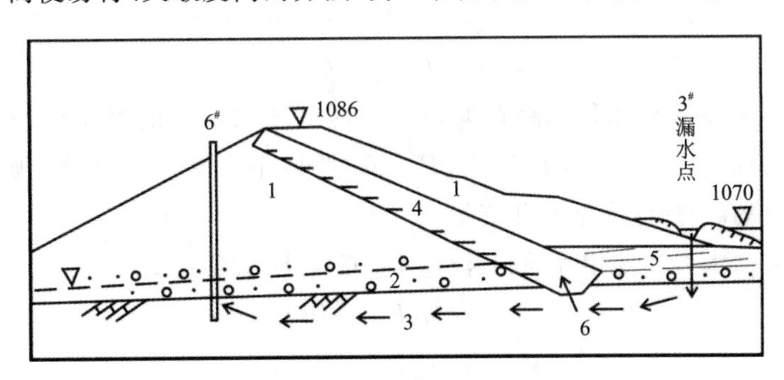

图 14-11　乌拉泊水库大坝 0＋100 断面图（据郭吉堂，1987）

1. 坝壳；2. 砂卵石层；3. 基岩；4. 黏土斜墙；5. 黏土铺盖；

6. 截水槽；箭头为坝下渗漏通道

五、双孔法测定含水层的有效孔隙度和导水系数

早在1962年，Halevy等就用双孔法测定含水层的有效孔隙度。双孔法由投源孔与抽水孔组成，在下降漏斗范围内布置投源孔，把示踪剂瞬时注入，并记录抽水孔中出现示踪剂的时间，连续观测直至出现最大值。假定抽水孔的水位下降与含水层厚度相比甚小，则可从下式求得有效孔隙度P：

$$P=Qt/\pi r^2 h \tag{14-12}$$

式中：r为投源孔至抽水孔的距离；h为含水层厚度；Q为抽水流量；t为自示踪剂投放至抽水孔出现示踪剂最大值的时间。

Halevy等还利用示踪技术测得不同含水层的导水系数。在抽水井下降漏斗范围内，对不同的两个含水层布置两个投源孔(图14-12)，抽水过程中连续注入示踪剂，分别抽出V_1和V_2体积的水后，抽水孔出现两个示踪剂峰值。则：

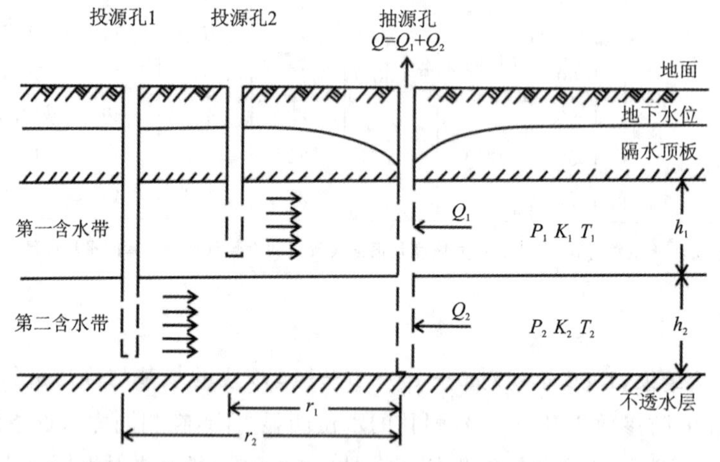

图14-12 水位相同含水带的含水层中投源孔与抽水孔布置图(据Mercado and Halevy，1966)

$$V_1=\pi r_1^2 h_1 P_{n1}\cdot Q/Q_1 \tag{14-13}$$

$$V_2=\pi r_2^2 h_2 P_{n2}\cdot Q/Q_2 \tag{14-14}$$

式中：V_1、V_2为注入示踪剂到测得示踪剂峰值这一时间段内抽出的水体积；r_1、r_2为投源孔与抽水孔的间距；h_1、h_2为两个含水层的厚度；P_{n1}、P_{n2}为两个含水层的有效孔隙度；Q_1、Q_2分别为来自两个含水层的流量；Q为抽水井流量。

若两个含水层的水力梯度相等，则其流量Q_1、Q_2与导水系数T_1、T_2成正比，即

$$V_1=\pi r_1^2 h_1 P_{n1}\cdot T/T_1 \tag{14-15}$$

$$V_2=\pi r_2^2 h_2 P_{n2}\cdot T/T_2 \tag{14-16}$$

含水组的导水系数T为两个含水层导水系数之和：$T=T_1+T_2$，据此，即可求出T_1和T_2。

第四节 包气带水分运移的研究

了解包气带水分运移规律对研究降水入渗与土壤水蒸发机理以及各含水带之间的水均衡问题十分重要，许多学者应用示踪技术对此做了各种尝试，下面仅举两个实例作一介绍。

Muennich将浓度为500μci/L的氚水注入到相距20cm的3个试验点上，经过1d、7d、28d和1a以后，测得土壤中示踪剂氚的浓度分布如图14-13所示。他认为野外试验证明了示踪剂的活塞式流动，在很多情况下示踪剂峰值的弥散并不比单纯的分子扩散大很多，由于水的垂向运动相当慢，足以使各种流速的土壤水之间进行非常充分的侧向混合，在小于1mm的侧向距离上，分子扩散造成了移动水与静止水的快速交换，从而使注入点以下线状入渗的示踪剂峰值逐渐加宽成手指状直到最后峰形消失。

Baker等(1985)在研究非饱和砂砾石层中水分运移时，也曾用氚水作示踪剂，示踪剂喷洒范围为1m^2，喷洒量分别为200mm/d、50mm/d和26mm/d，地下水流速为45m/d，流向已知。喷洒量较小时(26mm/d)，各观测井均未检测到示踪剂。而在其他两次试验中，最接近喷洒点的9号井未检测到示踪剂，3号、4号井出现示踪剂的时间比2号井早，推测示踪剂运移情况如图14-14所示，认为出现这种横向迁移的原因不在于毛细带厚度的变化，非饱和带内渗透系数不同的介质层对这种侧向流动有很大的影响。通过条件类似的一系列模型试验，他们发现：当上层介质的渗透系数比下层大60倍时，横向流动非常明显，若只大6倍，仅能观测到微弱的横向流动。

上述例子说明：包气带水分运移受多种因素控制，远比饱水带水流运动复杂，示踪技术也只有与其他方法相配合才能作出更为合理的解释。

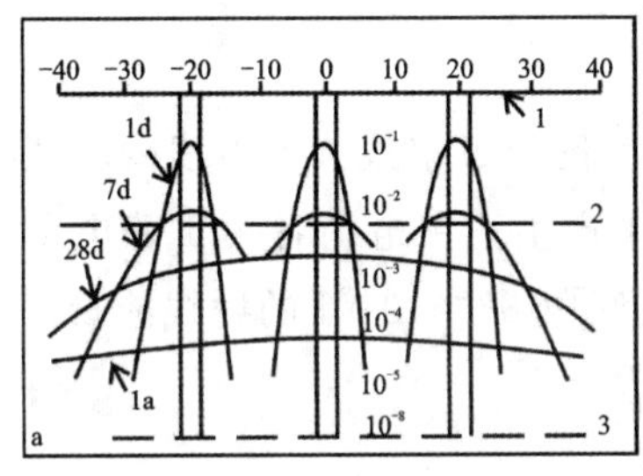

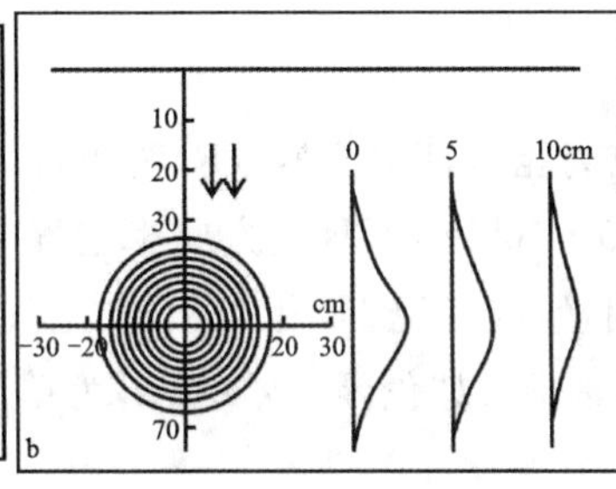

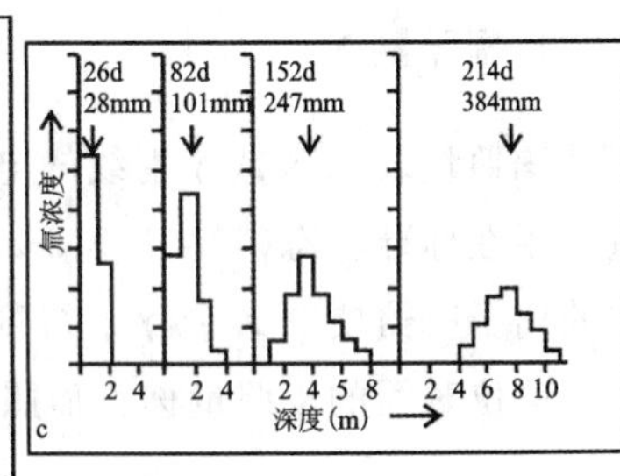

图14-13 土壤中示踪剂氚的分布(据Muennich,1983)

a.氚示踪剂注入后不同时间的浓度(用对数坐标表示)；1.示踪剂溶液浓度500μci/L；2.饮用水容许极限；3.环境氚浓度。b.氚示踪剂注入28d后，50cm深处平面与剖面上浓度分布；左边为等浓度线；右边为垂向剖面。c.氚示踪剂自表层向下运移过程图，以mm表示的为该段时间内的总降水量

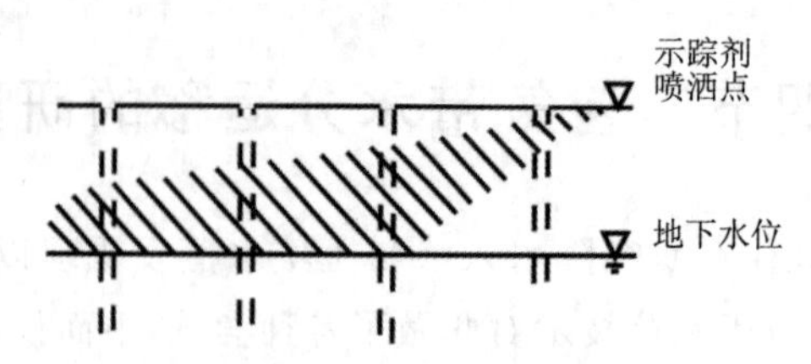

图 14-14 Dornach 试验场水井与喷洒点布置图(据 Baker et al.,1985)

(阴影部分为推测的包气带中示踪剂分布、迁移场)

第五节 核辐射防护基本知识

正确地对待核辐射和采用有效的防护,是能否应用核技术来为生产、科研和国防服务的重要问题。各类核辐射均具有生物效应,均能破坏人的机体组织,但是核辐射是可以用适当方法加以防护的。因此忽视核辐射对人体的伤害是极为错误的,而盲目恐惧,以致不敢接触、使用核射线也是错误的。事实上,人们一直生活在宇宙射线和某些天然放射性核素的射线作用之下,但人们都能适应,毫不影响健康。这是由于人体对辐射有一定的抵抗力和恢复能力,但是人体受到的照射量如超过了允许限度,就会受到伤害。所以从事放射性工作的人员,必须具有必要的防护知识,并严格遵守防护规定和操作规程。

一、常用的辐射剂量单位

"剂量"是从医学中借用过来的术语,用以度量射线对物质的作用程度,不同的剂量产生不同的生物效应,既可致病又可治病。

1. 辐照量 X

辐照量表示 X 或 γ 射线的电离能力,以"伦琴"(R)为单位,1 伦琴 X 射线或 γ 射线的辐照量等于在标准状态(0℃,$1.013\ 25\times10^5$Pa)下每立方厘米空气中产生正负电荷各为 1 静电单位的离子所需要的 X 或 γ 射线剂量,或者说 1R 相当于 1g 空气吸收 88×10^{-7}J 的射线能量。

单位时间的辐照量称为辐照率 P,以"伦琴/秒"(R/s)为单位。

2. 吸收剂量 D

单位质量机体组织吸收的辐射能量称为吸收剂量,以"拉德"(rad)为单位,这里所指的射线包括所有类型的射线,也包括内照射(指对机体内部器官的照射)和外照射。$1\text{rad}=10^{-5}\text{J/g}$。

单位时间的吸收剂量称"吸收剂量率",以拉德/秒(rad/s)为单位。

3. 剂量当量 H

一般地说,不同类型的射线,不同的照射条件,同一吸收剂量所产生的生物效应不同,如中子辐射对生物组织的危害程度分别比 X 和 γ 射线大 10 倍和 3.5 倍,这种比值称为相对生物效应 Q。为了统一表示各种射线的危害程度,采用剂量当量这一术语,定义为:在组织内被研究某点上，其剂量当量 $H=DQK$，式中：D 为吸收剂量(rad)；Q 为相对生物效应(γ 射线 $Q=1$，热中子 $Q=3$，快中子 $Q=10$)；K 为修正系数(外照射 $K=1$)。如 γ 射线外照射则 $H=D$。剂量当量的单位为“雷姆”(rem)。

4. 辐照率常数 K_r

相当于 1μci 的 γ 源在距离为 1cm 处产生的辐照率，又称为放射性同位素的 γ 常数，不同的同位素有不同的 K_r 值。K_r 值的单位为：伦琴・厘米^2/(时・毫居里)[$R \cdot cm^2/(h \cdot \mu ci)$]。常见的放射性同位素 K_r 值见表 14-4。

表 14-4　常见放射性核素的 K_r 值[$R \cdot cm^2/(h \cdot \mu ci)$]

^{24}Na	^{51}Cr	^{60}Co	^{131}I	^{198}Au	^{226}Ra	^{210}Po
19.06	0.16	13.2	2.3	2.47	9.834	4.6×10^{-5}

5. γ 源的辐照率与强度的关系

换算公式为：

$$P=K_r \cdot A/R^2 \tag{14-17}$$

式中：A 为 γ 射线源放射性强度(mci)；R 为被照射部位与 γ 射线源的距离(cm)；P 为 γ 射线源辐照率(R/h)；K_r 为辐照率常数[$R \cdot cm^2/(h \cdot \mu ci)$]。

由式(14-17)可见，辐照率与距离的平方成反比，即距放射源越远，所受到的辐射量就大为减少。

二、最大允许剂量和最大允许浓度

由于辐射对人体有伤害，故人们根据目前所掌握的资料和对生物进行试验的结果，制定了一系列辐射防护标准，60 多年来国际上辐射防护标准在不断修正过程中。

1. 最大允许剂量

最大允许剂量为在人的一生中不会引起人体显著损伤所能接受的最大剂量。1974 年我国颁布了《放射防护规定》(GBJ 8-74)，规定如表 14-5 所示。

表 14-5　最大允许剂量当量和限制剂量当量　　单位：rem

受照射部位		职业放射性工作人员的年最大允许剂量当量	放射性工作场所相邻及附近地区工作人员和居民的年限制剂量当量	广大居民的年限制剂量当量
器官分类	名称			
第一类	全身、性腺、红骨髓、眼晶体	5	0.5	0.05
第二类	皮肤、骨、甲状腺	30	3.0	1.00
第三类	手、前臂、足双踝	75	7.5	2.50
第四类	其他器官	15	1.5	0.50

2. 最大允许浓度

最大允许浓度是指单位体积水或空气中所含的放射性强度，常以 ci/L 作单位。最大允许浓度值表示在该浓度下这一放射性核素进入机体的量积聚在器官中或于整个机体中所产生的剂量均在允许剂量的范围内，所以最大允许浓度是随最大允许剂量标准而改变的，根据我国的《放射防护规定》(GBJ 8-74)规定，标准见表 14-6。

表 14-6　放射性物质的最大允许浓度和限制浓度　　单位：ci/L

放射性物质	露天水源中的限制浓度	工作场所空气中最大允许浓度
^{3}H 氚	3×10^{-7}	5×10^{-9}
^{24}Na 钠	8×10^{-8}	1×10^{-10}
^{51}Cr 铬	5×10^{-7}	2×10^{-9}
^{80}Co 钴	1×10^{-8}	9×10^{-12}
^{82}Br 溴	1×10^{-8}	2×10^{-10}
^{131}I 碘	6×10^{-10}	9×10^{-12}
^{198}Au 金	1×10^{-8}	2×10^{-10}

三、放射性废水及废物排放标准

(1)放射性浓度大于露天水源限制浓度的 100 倍(半衰期小于 60d 的放射性核素)或 10 倍(半衰期大于 60d)的废水，按放射性废水处理。

(2)放射性比度大于 1×10^{7} ci/kg 的废物按放射性废物处理。

四、辐射防护基本原则

(1)时间防护：人体接受外照射的累积剂量与受照射时间成正比，因此在不影响工作的情况下应尽可能减少在辐射源旁边停留的时间，操作辐射源时要求技术熟练、动作迅速，必要时事先做空白试剂，也可数人轮流操作，以免超过最大允许剂量当量。

(2)距离防护：辐射源所产生的辐射强度与距离的平方成反比，所以操作辐射源时尽量使用长柄器械，增加工作人员与辐射源之间的距离，以降低人体所受的辐射剂量。

(3)屏蔽防护：在实际工作中单靠时间和距离防护往往还达不到安全防护的要求，因此，根据射线通过任何物质都会减弱其强度的原理，在辐射源与工作人员之间应有所屏蔽，以减少或消除射线的照射。一般像铅、铁、水泥、砖石、玻璃、铅玻璃等都是作屏蔽物的良好材料。

第十五章　同位素测试技术及取样方法

第一节　质谱分析法基本原理

质谱仪是测定化合物同位素组成的主要仪器，它是利用电磁学原理使离子在磁场的作用下按照离子流质量不同进行分离并测定，从而确定物质的同位素组成的方法。质谱分析法具有较高的灵敏度和测量精度，改变质谱仪的电磁参数可以在短时间内测定多种组分，并可以连续进样、连续分析，实现同位素测试生产流程的自动监测。质谱仪类型较多，但它们基本上是由进样系统、离子源、质量分析器和离子检测器 4 部分组成(图 15-1)。

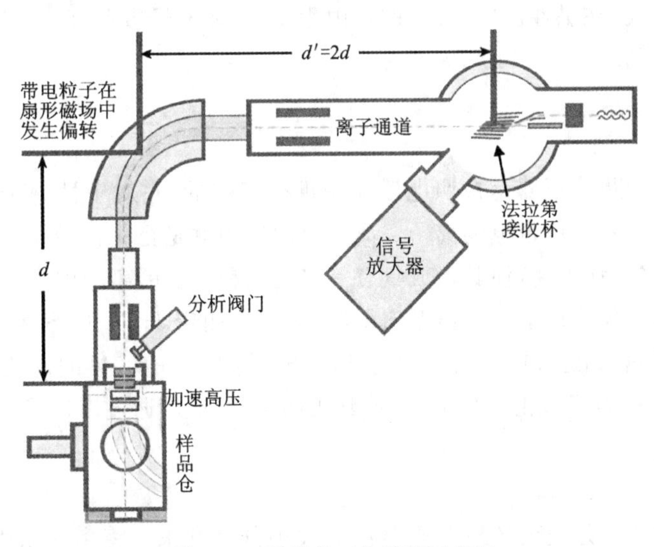

图 15-1　质谱仪工作原理示意图

1. 进样系统

目前用于测定气体同位素比值的质谱仪都采用双进样系统，即一部分是供引进标准用的，另一部分是供引进待测样品用的(图 15-2)。它的优点是便于比较样品和标准，从而提高测定精度。

在同位素测定中，为了防止同位素动力效应引起的质量歧视，通常采用黏性流而不用分子流。在进样气流中分子的平均自由程长于气体流经的管道，称为分子流。在分子流中气体分子彼此不影响，因此轻组分的流动速度比重组分的大，从而使重同位素在气体容器中富集，

图 15-2　气体稳定同位素质谱仪(MAT253)

引起质量歧视。相反,在黏性流中,分子的自由程小,气体分子彼此互相影响使质量歧视减到很小,此时正常气压在 13.33×10^3 Pa 左右。

2. 离子源

由于质谱仪的质量分析器是按照电磁原理进行工作的,它对中性原子和分子不起作用,因此必须将原子和分子变成带电的离子。离子源的作用就是把中性原子或分子电离成离子,然后把离子引出,聚焦和加速,使其形成具有一定能量和形状的离子束进入质量分析器。

测定气体的质谱仪采用电子轰击型离子源,适用于测定 H、O、C、S 等同位素。气体样品进入离子源,通过加热到近 2000℃的灯丝发射出电子,在 8～100V 的加速电压下,用获得一定能量(8～100eV)的电子轰击气体分子,使其正离子化,最后通过出口缝进入质量分析器。

3. 质量分析器

质量分析器的功能是使离子按照质荷比的大小分离开来。将离子束引到垂直于离子速度方向的均匀磁场中,离子流受到磁场作用后做圆周运动,而离子运动的轨道曲率半径与同位素的质量成正比,即重离子比轻离子偏转小,从而按质量大小将同位素分离开来。

4. 离子检测器

离子检测器是接收和检测从质量分析器中经过分离的离子流的装置。它是由带有狭缝的屏蔽板和离子接收器组成,调整离子流的加速电压和磁场,使分离出来的离子流相继通过屏蔽板狭缝聚焦在离子接收器上,用电子或照相方法记录不同质量离子流的强度,从而得出质谱线。比较各质谱线峰的高度,即可计算出某元素各同位素的相对丰度。使用双接收器同时收集两种待测同位素的离子流,可直接测定同位素比值,提高测量精度。

用于测量D、^{18}O、^{13}C、^{15}N、^{34}S等使用的是气体稳定同位素质谱仪(如MAT253)。用于测量$^{87}Sr/^{86}Sr$等可以使用多接收热电离质谱仪(如MAT261)。用于测量He、Ne、Ar、Kr、Xe等惰性气体同位素组成可以使用惰性气体同位素质谱仪(如MM5400)。近年蓬勃发展起来的加速器质谱仪(AMS)可以测试^{36}Cl、^{14}C等诸多同位素组成,正成为同位素测试的高精度工具。同时,基于激光光谱测量的技术(LGR)正逐步应用于D、^{18}O、^{13}C、^{15}N等样品的快速测量。

第二节　液体闪烁计数法基本原理

液体闪烁计数法是用于测量氚和^{14}C等衰变能量很低(弱β^-射线)的放射性同位素活度的一种计数设备,它具有灵敏度高、测量迅速、操作方便等优点。目前多采用气体正比计数法和液体闪烁计数法进行测定,尤其后者应用更为广泛。液体闪烁计数仪结构如图15-3所示。

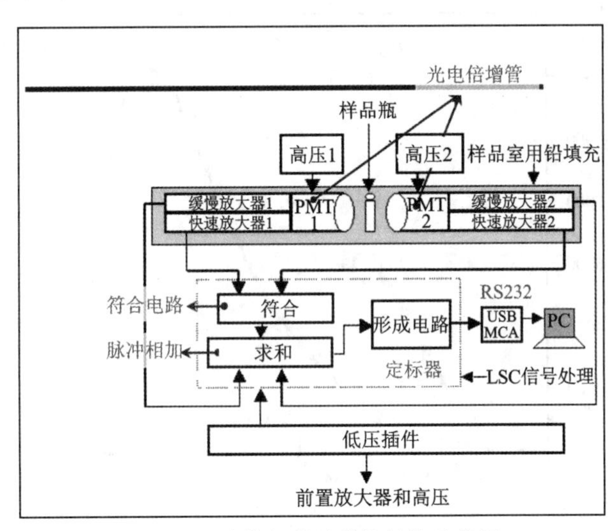

图15-3　液体闪烁计数仪结构示意图

液体闪烁计数仪基本原理如下。

(1)辐射能转换为光能:辐射粒子(β^-)的能量首先为闪烁液(闪烁体)中溶剂的分子所吸收转变为激发能,然后溶剂分子再把这种激发能转移给有机闪烁溶质的分子使之激发,被激发的溶质分子退激时释放出光子,即转换成一定波长的光子(图15-4)。闪烁体是由一种有机闪烁物质溶于有机溶剂制成的,以上这一过程是在装有闪烁液的计数瓶中完成的。

(2)光能转换为电能:闪烁液发出的光子被光电倍增管接收,由光阴极将光子转换为光电子,并进行电子倍增形成电脉冲信号。

(3)信号放大、成型和记录:通过两个光电倍增管和复合电路将不能同时到达的随机脉冲信号排除掉,从而可大大降低本底。经电子系统使有效脉冲信号叠加放大,再经电子选择器使高度在一定范围的脉冲信号通过,将其他脉冲信号滤掉。最后通过逻辑门使信号以最小畸变准确地被定标器记录给出计数结果(图15-5)。

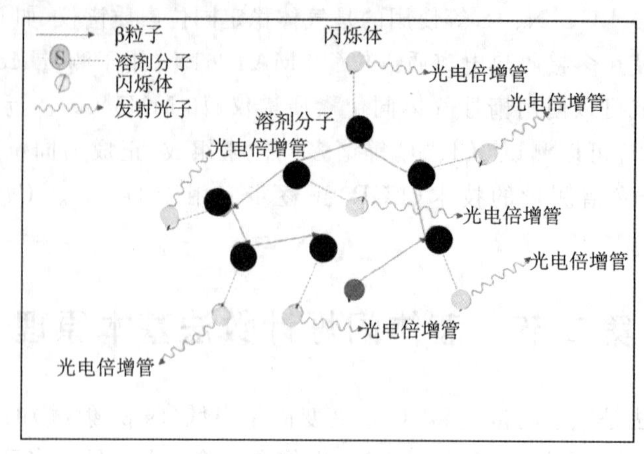

图 15-4　闪烁发光示意图

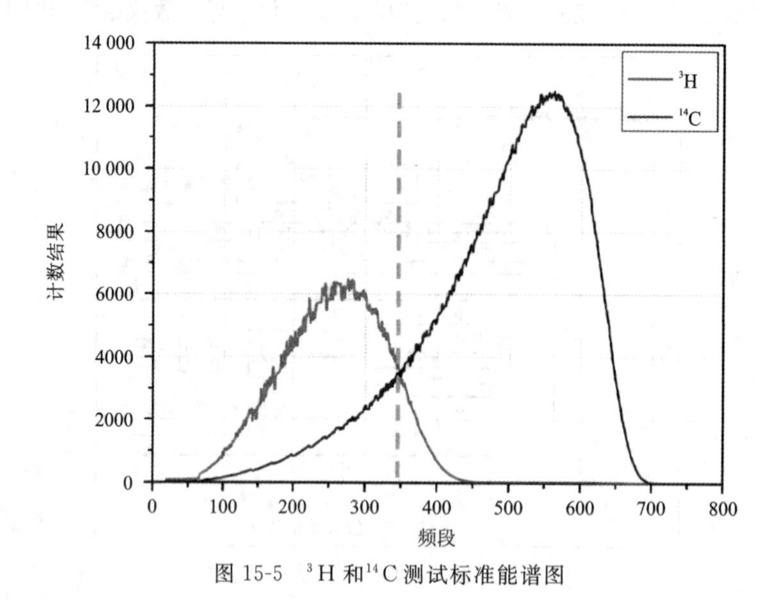

图 15-5　^{3}H 和 ^{14}C 测试标准能谱图

第三节　同位素取样方法

目前在地下水研究中常用的环境同位素有稳定同位素 ^{2}H(D,氘)、^{18}O、^{13}C、^{34}S,放射性同位素 ^{3}H(T,氚)、^{14}C 等。它们的制样和测试方法不同,因此取样方法各异。

一、测氚水样

天然水中氚一般用液体闪烁计数法测定。当水样中氚浓度大于 5TU 时,可采用直接测定法,当水样中氚浓度小于 5TU 时,一般需先采用电解浓缩法制样,然后再测定。具体取样要求如下。

(1)取水样量为 1L(包括重复测定用)。

(2)地下水样可直接在泉口、水泵口取;根据工作要求,也可用定深取样器取含水层不同深度的水;不同含水层要分开取样。为防止空气大量混入,严禁用压风机抽水取样。

(3)取大气降水样最好使用雨量计并同时记录降水量,严禁接取房檐上或其他物体上流下来的水。

(4)取样瓶(玻璃瓶或塑料瓶)要预先洗干净,取样前再用拟取样的水冲洗 3 次。取样时要使水缓慢流入取样瓶中以防止空气大量混入。取样瓶中不留空隙并密封,贴好水样标签送实验室。水样标签上应写明:水样编号、取样日期、取样地点、水样类型(大气降水、河水、湖水、地下水等)、取样方式、取样深度、水温及气温等。

二、测^{14}C水样

地下水中^{14}C一般用气体正比计数法和液体闪烁计数法测定。但地下水样不能直接用于测定,须先通过制样将水中溶解无机碳制成苯(C_6H_6)后再测定。测定所需苯为 1～5g,取水样体积取决于地下水中 HCO_3^- 的含量。为确定取水样量,可事先对地下水做简单分析,然后根据图 15-6 查出取样数量。例如,当水中 HCO_3^- 含量为 330mg/L 时取 60L 水样;当 HCO_3^- 含量为 200mg/L 时取 100L 水样。作^{14}C测定的水样通常是在现场用共沉淀法进行处理,其步骤如下。

(1)将所取水样缓慢注入容器中(图 15-7,或用大塑料桶),防止空气大量混入。

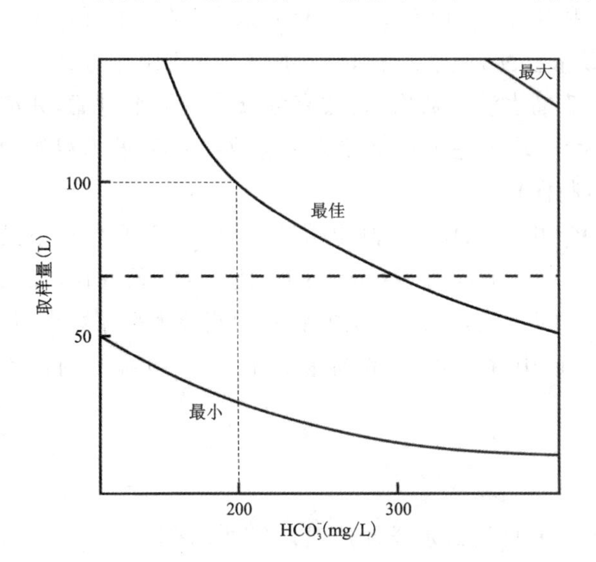

图 15-6　地下水中 HCO_3^- 含量与取样量关系图

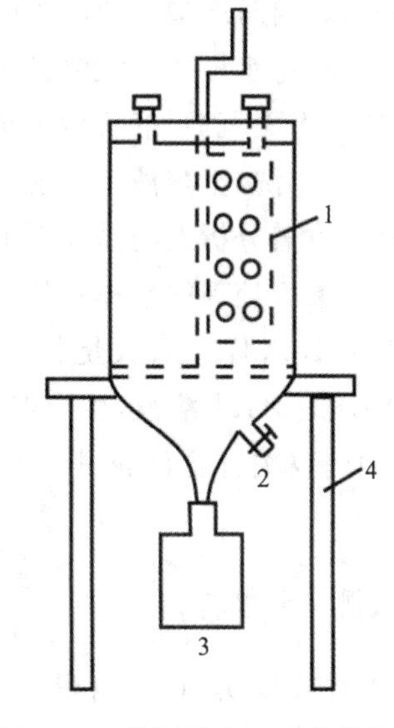

图 15-7　共沉淀法处理水样装置

1. 搅拌器;2. 放水阀;3. 接收瓶;4. 支架

(2)向容器中加入 5g 硫酸亚铁($FeSO_4 \cdot 7H_2O$)并搅拌均匀;再加入 50mL 浓度为 20mol/L 的 NaOH 溶液,使水的 pH≈10。从此时起要盖好容器的盖子,使之与大气隔绝,以防止空气中 CO_2 混入(只在加试剂时打开盖子)。

(3)加入 500mL 饱和氯化钡溶液($BaCl_2 \cdot 2H_2O$),盖上盖子搅拌约 5min,此时产生白色碳酸钡($BaCO_3$)沉淀。这一步骤也可如下操作:称 200g 氯化钡溶于 800mL 水样中,留下 30mL 作检查沉淀用,其余全部倒入容器中。

(4)为了加快沉淀速度，向容器中加入 40mL 聚丙烯酰胺溶液(将 5g 聚丙烯酰胺溶于 1000mL 煮沸的蒸馏水中配制成)，此时沉淀物呈絮团状迅速下沉。停一定时间后，再向容器中加入少量饱和氯化钡溶液，检查其沉淀是否完全，如沉淀完全则静放至全部沉淀完毕。

(5)打开容器下部的放水阀，将清水放掉，取下接收瓶(容积 1L)，瓶中不留空隙盖好密封送实验室。

应指出，实验室测定出的^{14}C年龄并不是地下水的真实年龄，需做必要的校正。为此，做^{14}C测定的同时往往还要做如下工作：①做水化学简易分析或全分析；②用所获得的碳酸钡沉淀做^{13}C测定；③取包气带和含水层的碳酸盐样品做^{14}C和^{13}C测定；④测定水样的氚浓度，以便判定是否做^{14}C测定或年轻水混入情况。

三、测^{18}O和 D 水样

(1)取 30～50mL 水样装入玻璃瓶中，不留空隙，盖好密封送实验室。

(2)取测定地下水^{18}O和 D 的水样时，应同时取可能与地下水有成因联系的地表水和大气降水的水样。

四、测SO_4^{2-}中^{18}O水样

(1)用玻璃瓶或塑料瓶取水样 1～2L(视SO_4^{2-}含量而定)，密封后送实验室，也可在现场作如下处理：将水样放入大烧杯中，加 1mL 浓盐酸，使水的 pH=1；加入 10mL10%的$BaCl_2$，使之生成$BaSO_4$沉淀，静置后倒掉清液，用蒸馏水洗涤数次；在放有滤纸的漏斗上过滤，并继续用蒸馏水冲洗，至溶液中不含Cl^-离子为止；取下滤纸和沉淀物一起放在 80℃的恒温箱内烘干备用(质谱分析大约需要 50mg $BaSO_4$制样)。

(2)如果所处理的水样不仅需测定SO_4^{2-}中的^{18}O，还需测定碳酸盐中的^{13}C，则作如下处理：取 1～2L 水样放入大烧杯中，加入 1mL 1mol/L 的 NaOH 溶液，使水的 pH=10；加入 10mL 10%的$BaCl_2$溶液，生成$BaSO_4$ + $BaCO_3$沉淀，静止后倒掉清液，用蒸馏水洗涤数次；过滤后再冲洗数次直至滤液中不含Cl^-并接近中性为止；将沉淀物放在 80℃恒温箱内烘干备用。

五、测^{34}S水样

取水样数量视SO_4^{2-}含量而定，一般 1～2L 即可。水样预处理有 3 种情况。

(1)SO_4^{2-}中^{34}S测定处理方法同“四中的(1)”。

(2)硫酸盐和碳酸盐沉淀中^{34}S测定处理方法同“四中的(2)”，并做如下补充处理：将沉淀物放在烧杯中，加入少量的 HCl 使$BaCO_3$转化为$BaCl_2$，这时沉淀物为$BaSO_4$ + $BaCl_2$，经过滤、洗涤、烘干备用。

(3)S^{2-}中^{34}S测定：取 2L 水样放在容器内，加入 4mL 2mol/L 的 NaOH 溶液，使水的 pH=10，再加入 4mL 1mol/L 的醋酸锌溶液(或醋酸镉)使 pH=7，生成 ZnS 沉淀，烘干备用。

若需用质谱仪测定^{34}S，则上述沉淀物还要经过制样系统制成SO_2气体。

主要参考文献

毕永红，2001. 放射性核技术在水产上的应用[J]. 中国水产，(7)：78.

晁念英，王佩仪，刘存富，等，2004. 河北平原地下水氚过量参数特征[J]. 中国岩溶，(4)：79-82.

陈法锦，李学辉，贾国东，2007. 氮氧同位素在河流硝酸盐研究中的应用[J]. 地球科学进展，(12)：1251-1257.

陈文，万渝生，李华芹，等，2011. 同位素地质年龄测定技术及应用[J]. 地质学报，85(11)：1917-1947.

程微微，马桂兰，朱沁龙，1998. 柱后切换及程序升温气相色谱法测定六氟化硫气体中痕量一氧十氟化二硫[J]. 分析化学，(12)：1468-1470.

褚圣麟，1979. 原子物理学[M]. 北京：高等教育出版社.

代杰瑞，鲁峰，庞绪贵，等，2012. 青岛市地表伽马辐射特征及环境影响评价[J]. 世界地质，31(4)：831-840.

邓声保，2016. 同位素地球化学中 H、O 同位素应用的探讨[J]. 西部探矿工程，28(10)：3.

丁贵明，朱根庆，刘宜莉，2013. 氡录井的 HSE 和油气地质意义[J]. 录井工程，(1)：5.

丁悌平，1980. 氢氧同位素地球化学[M]. 北京：地质出版社.

董红敏，李玉娥，1996. 六氟化硫(SF_6)示踪法测定反刍动物甲烷排放的技术[J]. 中国农业气象，17(4)：3.

董维红，苏小四，谢渊，等，2010. 鄂尔多斯白垩系盆地地下水水-岩反应的锶同位素证据[J]. 吉林大学学报(地球科学版)，40(2)：7.

董悦安，何明，蒋崧生，等，2000. ^{36}Cl 同位素测年方法对河北平原第四系深层地下水年龄的研究[C]. 第十一届全国核物理大会论文集.

董悦安，何明，蒋菘生，等，1999. 河北保定及沧州地区地下水^{36}Cl 同位素年龄的初步研究[J]. 质谱学报，(Z1)：125-126.

方方，2001. 野外地面伽马射线全谱测量研究[D]. 成都：成都理工学院，2001.

方方，候新生，马英杰，等，2002. γ 射线低能谱测量在地质调查中的初步应用[J]. 物探与化探，26(4)：279-286.

冯晓，2021. 放射性废水衰变池优化设计[J]. 能源与环保，43(7)：4.

福尔，1983. 同位素地质学原理[M]. 北京：科学出版社.

傅良魁，1991. 应用地球物理教程，电法 放射性 地热[M]. 北京：地质出版社.

高玉娟，卢放，2010. α 卡法和高密度电法在采空区探测中的应用[J]. 地球科学与环境学报,32(3):3.

顾慰祖,2011.同位素水文学[M].北京:科学出版社.

郭吉堂,1987.利用放射性同位素探测乌拉泊水库坝基渗漏[J].勘察科学技术,(5):34-38.

何元庆,庞洪喜,卢爱刚,等,2006.中国西部不同类型冰川区积雪及其融水径流中稳定同位素比率的时空变化及其气候效应[J].冰川冻土,28(1):22-28.

胡作玄,1996.从放射性到原子核[J].科学中国人,(8):31-33.

黄孟,朱剑钰,伍钧,2018.中子辐照法在炸药来源认证中的应用[J].原子能科学技术,52(3):547-552.

黄麒,PHILLIPS F M,1989.柴达木盆地盐湖中石盐的^{36}Cl断代法的初步研究[J].科学通报,(10):765-767.

贾文懿,1989.放射性勘探的科技进展[J].物探与化探,(5):381-385.

江藤秀雄,1986.辐射防护[M].北京:中国原子能出版社.

赖晓洁,彭崇,陈晶,2009.氡及氡子体的危害与防治措施、对策[J].企业科技与发展,(22):27-28.

赖正,苏妮,吴舟扬,等,2020.流域风化过程稳定锶同位素的分馏与示踪[J].地球科学进展,35(7):691-703.

乐仁昌,贾文懿,方方,等,2001.雨水中短寿命放射性核素研究及应用[J].核技术,(6):503-508.

李富山,韩贵琳,2011.非传统稳定同位素锶($\delta^{88/86}$Sr)的地球化学研究进展[J].地球与环境,39(4):585-591.

李广,章新平,许有鹏,等,2016.滇南蒙自地区降水稳定同位素特征及其水汽来源[J].环境科学,37(4):1313-1320.

李冕丰,1993.原子核衰变的集团模型和统一模型[J].核物理动态,(4):16-20.

李生莲,2003.核能的原理和利用[J].运城学院学报,(5):17-18.

李维杰,王建力,王家录,2018.西南地区不同地形降水稳定同位素特征及其水汽来源[J].长江流域资源与环境,27(5):1132-1142.

李延河,李金城,宋鹤彬,等,1997.大别山—苏鲁地区榴辉岩的He同位素特征及其地质意义[J].地球学报,18(增刊):77-80.

刘冲,李建松,黄健良,2009.放射性的地质应用分析[J].科技信息,(16):65.

刘丛强,2007.生物地球化学过程与地表物质循环:西南喀斯特流域侵蚀与生源要素循环[M].北京:科学出版社.

刘存富,1984.地下水^{14}C年龄测定方法[J].水文地质工程地质,(2):55-58.

刘存富,1990.地下水^{14}C年龄校正方法:以河北平原为例[J].水文地质工程地质,(5):4-8.

刘存富,1991.加速器质谱计测定地下水^{36}Cl年龄方法[J].水文地质工程地质,(3):3-6.

刘存富,王佩仪,周炼,1997.河北平原地下水氢、氧、碳、氯同位素组成的环境意义[J].地学前缘,(Z1):271-278.

刘存富，王佩仪，周炼，等，1993. 河北平原第四系地下水^{36}Cl年龄研究[J]. 水文地质工程地质，(6)：35-38.

刘洁遥，张福平，冯起，等，2019. 陕甘宁地区降水稳定同位素特征及水汽来源[J]. 应用生态学报，30(7)：2191-2200.

楼凤升，1987. 铀矿物放射性平衡及其应用研究[J]. 矿物学报，(4)：381-384.

卢爱刚，康世昌，庞德谦，等，2008. 中国降水量高度效应及全球升温对它的影响[J]. 生态环境，17(5)：1875-1878.

马传明，2010. 同位素水文学新技术新方法[M]. 武汉：中国地质大学出版社.

马妮娜，郑绵平，2017. 铀系法年代学研究进展及在高原盐湖中的应用[J]. 科技导报，35(6)：77-82.

马志邦，马妮娜，张雪飞，等，2010. 西藏扎布耶湖晚更新世沉积物$^{230}Th/^{238}U$年代学研究[J]. 地质学报，84(11)：1641-1651.

马志邦，赵希涛，朱大岗，等，2002. 西藏纳木错湖相沉积的铀系年代学研究[J]. 地球学报，(4)：311-316.

宁平治，曾月新，1996. 放射性100年[J]. 现代物理知识，(1)：2-6.

裴世鑫，崔芬萍，孙婷婷，2013. 光电子技术原理与应用[M]. 北京：国防工业出版社.

任天山，程建平，朱立，等，2007. 环境与辐射[M]. 北京：中国原子能出版社.

邵益生，1992. 应用氮同位素方法研究污灌对地下水氮污染的影响[J]. 工程勘察，(4)：37-41.

沈振枢，童国榜，张俊牌，等，1990. 青海柴达木盆地西部上新世以来的地质环境与成盐期[J]. 海洋地质与第四纪地质，10(4)：89-99.

孙小军，余呈刚，2010. 核裂变现象及其研究现状[J]. 广西物理，(2)：14-19.

汤倩，邸文，2006. 同位素地球化学及其在地学研究中的应用[J]. 中山大学研究生学刊：自然科学与医学版，27(3)：96-108.

万军伟，刘存富，晁念英，等，2003. 同位素水文学理论与实践[M]. 武汉：中国地质大学出版社.

王兵，李心清，周会，2009. 河流锶元素及其同位素地球化学研究现状与问题[J]. 地球与环境，(2)：170-177.

王恒纯，1991. 同位素水文地质概论[M]. 北京：地质出版社.

王宏，2013. 三种射线在电场和磁场中偏转的特点[J]. 科教导刊，(22)：191-192.

王佳佳，庞洪喜，侯书贵，等，2019. 过量氘新的定义及其在极地地区的应用综述[J]. 极地研究，31(2)：209-219.

王克迪，1987. 天然放射性和放射性衰变律的发现[J]. 自然辩证法通讯，(4)：36-46.

王锐，刘文兆，宋献方，2008. 长武塬区大气降水中氢氧同位素特征分析[J]. 水土保持学报，22(3)：56-59.

王驷壮，刘卫国，2019. 中国不同纬度现代表层土壤水氢同位素分布特征及其影响因素[J]. 地球环境学报，10(5)：479-486.

王涛，张洁茹，刘笑，等，2013. 南京大气降水氧同位素变化及水汽来源分析[J]. 水文，33

(4):25-31.

王婷,高德强,徐庆,等,2020.三峡库区秭归段大气降水δD和$\delta^{18}O$特征及水汽来源[J].林业科学研究,33(6):88-95.

王兴,李王成,董亚萍,等,2020.西安地区降水稳定同位素变化特征及影响因素[J].人民黄河,42(1):77-81.

王莹,崔步礼,李东昇,等,2022.胶莱平原大气降水氢氧稳定同位素特征研究[J].地球环境学报,13(2):176-184.

魏菊英,王关玉,1988.同位素地球化学[M].北京:地质出版社.

邬宁芬,周祖翼,2001.(U-Th)/He年代学及其地质应用[J].中国矿物岩石地球化学学会,20(4):454-457.

吴华武,章新平,关华德,等,2012.不同水汽来源对湖南长沙地区降水中δD,$\delta^{18}O$的影响[J].自然资源学报,27(8):1404-1404.

吴晓芙,2012.环境分析与实验方法[M].北京:中国林业出版社.

肖化云,刘丛强,2004.氮同位素示踪贵州红枫湖河流季节性氮污染[J].地球与环境,32(1):71-75.

谢先军,2019.环境同位素原理与应用[M].北京:科学出版社.

熊健根,1998.浅论原子核的α衰变[J].南昌教育学院学报,(3):27-30.

许荣华,张宗清,宋鹤彬,1985.稀土地球化学和同位素地质新方法[M].北京:地质出版社.

阳俊,2002.放射性核素衰变规律的几个概念及其应用[J].重庆教育学院学报,(6):26-28.

杨福家,王炎森,陆福全,2002.原子核物理[M].2版.上海:复旦大学出版社.

杨艳,李剀,2021.南宁市主要地表水系放射性水平及不同水期放射性水平研究[J].河南科技,40(14):146-148.

杨兆华,1999.原子核α衰变机制的量子理论解释[J].泰安师专学报,(3):33-35.

叶伯丹,1981.在同位素地质年龄计算中^{40}K、^{87}Rb、^{238}U、^{235}U和^{232}Th的衰变常数应用简史[J].地质地球化学,(5):42-45.

叶敏生,2012.浅析侏罗系地层中放射性核素对煤田开发环境的影响[J].科技资讯,(18):100.

殷建平,2011.核裂变链式反应的动态演示仪[J].科技风,(19):57.

尹观,1988.同位素水文地球化学[M].成都:成都科技大学出版社.

尹观,倪师军,2009.同位素地球化学[M].北京:地质出版社.

尹观,倪师军,高志友,等,2008.四川盆地卤水同位素组成及氘过量参数演化规律[J].矿物岩石,(2):56-62.

于津生,虞福基,刘德平,1987.中国东部大气降水氢氧同位素组成[J].地球化学,(1):22-26.

余婷婷,甘义群,周爱国,等,2010.拉萨河流域地表径流氢氧同位素空间分布特征[J].地球科学(中国地质大学学报),35(5):873-878.

玉生志郎，赵云龙，1984. 裂变径迹年龄测定法：原理和实验方法[J]. 国外铀矿地质，(4)：83-88.

曾兵，葛良全，刘合凡，等，2010. 成都经济区天然放射性环境评价[J]. 物探与化探，34(1)：79-84.

曾康康，杨余辉，胡义成，等，2021. 喀什河流域降水同位素特征及水汽来源分析[J]. 干旱区研究，38(5)：1263-1273.

曾铁，赵谊伶，2011. 建议使用完整、科学的中子链式反应示意图[J]. 物理教师，32(6)：40.

翟远征，王金生，左锐，等，2011. 北京平原区第四系含水层中水-岩作用的锶同位素示踪[J]. 科技导报，29(6)：4.

张翠云，张胜，李政红，等，2004. 利用氮同位素技术识别石家庄市地下水硝酸盐污染源[J]. 地球科学进展，(2)：183-191.

张浩宇，张新军，丁江燕，2020. 山西省某地区放射性辐射水平评价[J]. 核电子学与探测技术，40(6)：881-886.

张彭熹，张保珍，洛温斯坦 T K，等，1993. 古代异常钾盐蒸发岩的成因：以柴达木盆地察尔汗盐湖钾盐的形成为例[M]. 北京：科学出版社.

张人权，1983. 同位素方法在水文地质中的应用[M]. 北京：地质出版社.

张瑞斌，刘建明，叶杰，等，2008. 河北寿王坟铜矿黄铜矿铷锶同位素年龄测定及其成矿意义[J]. 岩石学报，24(6)：1353-1358.

张伟建，2010. 核物理技术在我国医学上的应用[J]. 海峡科技与产业，(3)：42-45.

张向阳，刘福亮，张琳，等，2012. 地下水中氪-85 年龄研究[C]//2012 年全国同位素地质新技术新方法与应用学术讨论会论文集，83-83.

张学祺，1978. 采用不同衰变常数时共生(同源)矿物的年代学对比[J]. 国外前寒武纪地质，(1)：56-62.

章新平，姚檀栋，1994. 全球降水中氧同位素比率的分布特点[J]. 冰川冻土，(3)：202-210.

郑绵平，袁鹤然，刘俊英，等，2007. 西藏高原扎布耶盐湖 128ka 以来沉积特征与古环境记录[J]. 地质学报，(12)：1608-1617.

郑淑惠，1986. 稳定同位素地球化学分析[M]. 北京：北京大学出版社.

郑永飞，陈江峰，2000. 稳定同位素地球化学[M]. 北京：科学出版社.

中国人民解放军总参谋部兵种部防化编研室，2000. 核化生防护大辞典[M]. 上海：上海辞书出版社.

周雪飞，陈家斌，周世兵，等，2011. 污水处理系统中三氯生固相萃取(SPE 气)-相色谱(GC)-电子俘获检测器(ECD)测定方法的建立和优化[J]. 环境化学，30(2)：506-510.

左洪福，魏任之，1990. β射线衰减式悬浮体颗粒大小测定仪的初步研制[J]. 矿冶工程，(2)：36-39.

左洪福，魏任之，1991. β射线衰减式流体浓度计的研制与应用[J]. 焦作矿业学院学报，(2)：64-76.

ALYEA F N, CUNNOLD D M, PRINN R G, 1978. Meteorological constraints on tropospheric halocarbon and nitrous oxide destructions by siliceous land surfaces [J]. Atmospheric Environment, 12(5): 1009-1011.

ANDREE M, BEER J, OESCHGER H, et al., 1984. Target preparation for milligram sized ^{14}C samples and data evaluation for AMS measurements[J]. Nuclear Instruments and Methods in Physics Research Section B Beam Interactions with Materials and Atoms, 5(2): 274-279.

ANDREWS J N, 1985. A radiochemical, hydrochemical and dissolved gas study of groundwaters in the Molasse Basin of Upper Austria[J]. Earth & Planetary Science Letters, 73(2-4): 1-332.

ANDREWS J N, LEE D J, 1979. Inert gases in groundwater from the Bunter Sandstone of England as indicators of age and palaeoclimatic trends[J]. Journal of Hydrology, 41(3-4): 233-252.

ANDREWS J N, FLORKOWSKI T, LEHMANN B E, et al., 1991. Underground production of radionuclides in the Milk River aquifer, Alberta, Canada [J]. Applied Geochemistry, 6(4): 425-434.

ANDREWS J N, 1985. The isotopic composition of radiogenic helium and its use to study groundwater movement in confined aquifers[J]. Chemical Geology, 49(1-3): 339-351.

ARAGUÁS L A, FROEHLICH K, ROZANSKI K, 1998. Stable isotope composition of precipitation over southeast Asia [J]. Journal of Geophysical Research: Atmospheres, 103 (D22).

ARNOLD M, BARD E, MAURICE P, et al., 1987. ^{14}C dating with the Gif-sur-Yvette Tandetron accelerator: Status report [J]. Nuclear Instruments and Methods in Physics Research Section B: Beam Interactions with Materials and Atoms, 29(1-2): 120-123.

AESCHBACH-HERTIG W, KIPFER R, HOFER M, et al., 1996. Density-driven exchange between the basins of Lake Lucerne (Switzerland) traced with the ^3H-^3He method Limnol[J]. Oceanogr, 41(4): 707-721.

BAILEY K, CHEN C Y, DUA X, et al., 2000. ATTA - A new method of ultrasensitive isotope trace analysis[J]. Nuclear Instruments & Methods in Physics Research, 172(1): 224-227.

BARCELONA M J, HELFRICH J A, 1986. Well construction and purging effects on ground-water samples[J]. Environmental Science & Technology, 20(11): 1179-1184.

BENSON B B, KRAUSE D, 1980. Isotopic fractionation of helium during solution: A probe for the liquid state[J]. Journal of Solution Chemistry, 9(12): 895-909.

CLARKE W B, JENKINS W J, TOP Z, 1976. Determination of tritium by mass spectrometric measurement of ^3He [J]. International Journal of Applied Radiation and Isotopes, 27(9): 515-522.

CLAYTON R N, O'NEIL J R, MAYEDA T K, 1972. Oxygen isotope exchange between quartz and water[J]. Journal of Geophysical Research,77(17):3057-3067.

CRAIG H, 1961. Isotopic variations in meteoric waters [J]. Science, 133 (3465): 1702-1703.

DANSGAARD W,1964. Stable isotopes in precipitation[J]. TELLUS,16(4):436-468.

DONAHUE D J, JULL A, TOOLIN L J, 1990. Radiocarbon measurements at the University of Arizona AMS facility [J]. Nuclear Instruments and Methods in Physics Research Section B:Beam Interactions with Materials and Atoms,52(3-4):224-228.

DÜTSCH M, PFAHL S, SODEMANN H, 2017. The impact of nonequilibrium and equilibrium fractionation on two different deuterium excess definitions [J]. Journal of Geophysical Research:Atmospheres,122(23):12 732-12 746.

EASTWOOD T A, BROWN F, CROCKER I H, 1964. A krypton-81 half-life determination using a mass separator[J]. Nuclear Physics,58,328-336.

EBERHARDT P, 1970. Trapped solar wind noble gases, ^{81}Kr/Kr exposure ages and K/Ar ages in Apollo 11 lunar material[J]. Science,167(3918):558-560.

FABRYKA-MARTIN J,WHITTEMORE D O,DAVIS S N,et al. ,1991. Geochemistry of halogens in the Milk River aquifer, Alberta, Canada [J]. Applied Geochemistry, 6 (4): 447-464.

FERBER G J, TELEGADAS K, HEFFTER J L, et al. , 1967. Air concentrations of krypton-85 in the midwest United States during January-May 1974 [J]. Atmospheric Environment,11(4):379-385.

FIETZKE J, EISENHAUER A, 2006. Determination of temperature-dependent stable strontium isotope ^{88}Sr/^{86}Sr fractionation via bracketing standard MC-ICP-MS [J]. Geochemistry,Geophysics,Geosystems,7(8).

GOLDSTEIN S J,JACOBSEN S B,1987. The Nd and Sr isotopic systematics of river-water dissolved material:Implications for the sources of Nd and Sr in seawater[J]. Chemical Geology Isotope Geoscience,66(3-4):245-272.

HALICZ L, SEGAL I, FRUCHTER N, et al. , 2008. Strontium stable isotopes fractionate in the soil environments[J]? Earth and Planetary Science Letters, 272 (1-2): 406-411.

HITCHON B, KROUSE H R, 1972. Hydrogeochemistry of the surface waters of the Mackenzie River drainage basin, Canada—III. Stable isotopes of oxygen, carbon and sulphur [J]. Geochimica et Cosmochimica Acta,36(12):1337-1357.

HOEFS J, 1987. Isotopic properties of selected elements stable isotope geochemistry [J]. Springer:26-65.

HOHMANN R,1998. Distribution of helium and tritium in Lake Baikal[J]. Journal of Geophysical Research:Oceans,103(C6):12 823-12 838.

HURST G S, PAYNE M G, PHILLIPS R C, et al. , 1984. Development of an atom buncher[J]. Journal of Applied Physics,55(5):1278-1284.

JOHNSON K R, INGRAM B L, 2004. Spatial and temporal variability in the stable isotope systematics of modern precipitation in China: implications for paleoclimate reconstructions[J]. Earth and Planetary Science Letters, 220(3-4): 365-377.

JONES G A, MCNICHOL A P, VON REDEN K F, et al., 1990. The national ocean sciences AMS facility at Woods Hole Oceanographic Institution[J]. Nuclear Instruments and Methods in Physics Research Section B: Beam Interactions with Materials and Atoms, 52(3-4): 278-284.

KAMENSKIY I L, 1971. Helium isotopes in nature[J]. Geochemistry International, 8 (7): 1177-1181.

SHICHANG K, KREUTZ K J, MAYEWSKI P A, et al., 2002. Stable-isotopic composition of precipitation over the northern slope of the central himalaya[J]. Journal of Glaciology, 48(163): 519-526.

KENDALL B E, HARRIS H, WIJESINGHE G, et al., 2014. The Heart of the Good Institution: Virtue Ethics as a Framework for Responsible Management[J]. Dordrecht, The Netherlands: Springer, 12: 155-161.

KIRSHENBAUM I, SMITH J S, CROWELL T, et al., 1947. Separation of the nitrogen isotopes by the exchange reaction between ammonia and solutions of ammonium nitrate[J]. The Journal of Chemical Physics, 15(7): 440-446.

KOBAYASHI K, YOSHIDA K, IMAMURA M, et al., 1987. ^{14}C dating of archaeological samples by AMS of Tokyo University[J]. Nuclear Instruments and Methods in Physics Research Section B: Beam Interactions with Materials and Atoms, 29(1-2): 173-178.

KREITLER C W, 1974. Determining the source of nitrate in groundwater by nitrogen isotope studies[R]. Texas Austin Texas Bur. Econ. Geol. Rep. Invest., 83.

LETOLLE R, 1980. Nitrogen-15 in the natural environment[J]. Elsevier: 407-433.

LEVSKY L K, KOMAROV A N, 1975. He, Ne and Ar isotopes in inclusions of some iron meteorites[J]. Geochimica et Cosmochimica Acta, 39(3): 275-284.

LIU C, WANG P, 1997. The environment significance of H, O, C and Cl isotopic composition in groundwater of hebei plain[J]. Earth Science Frontiers, 4(1-2): 267-274.

LONSDALE J T, 1935. Geology and ground-water resources of Atascosa and Frio Counties, Texas[J]. Water Supply: 676.

MARIOTTI A, LANCELOT C, BILLEN G, 1984. Natural isotopic composition of nitrogen as a tracer of origin for suspended organic matter in the scheldt estuary[J]. Geochimica et Cosmochimica Acta, 48(3): 549-555.

MARIOTTI A, LANDREAU A, SIMON B, 1988. ^{15}N isotope biogeochemistry and natural denitrification process in groundwater: application to the chalk aquifer of northern France[J]. Geochimica et Cosmochimica Acta, 52(7): 1869-1878.

MARKLE B R, 2017. Climate dynamics revealed in ice cores: advances in techniques, theory, and interpretation[M]. Seattle: University of Washington.

MIZUTANI Y, RAFTER T A, 1969. Oxygen isotopic composition of sulphates. Part 3. Oxygen isotopic fractionation in the bisulphate ion-water system[J]. AGU Fall Meeting Abstracts, NSA-23-038069.

OHNO T, HIRATA T, 2007. Simultaneous determination of mass-dependent isotopic fractionation and radiogenic isotope variation of strontium in geochemical samples by multiple collector-ICP-mass spectrometry[J]. Analytical Sciences, 23(11): 1275-1280.

PALMER M R, EDMOND J M, 1992. Controls over the strontium isotope composition of river water[J]. Geochimica et Cosmochimica Acta, 56(5): 2099-2111.

PANG Z, KONG Y, LI J, et al., 2017. An isotopic geoindicator in the hydrological cycle [J]. Procedia. Earth Planet Sci., 17: 534-537.

RICHET P, BOTTINGA Y, JAVOY M, 1977. A review of hydrogen, carbon, nitrogen, oxygen, sulphur, and chlorine stable isotope fractionation among gaseous molecules[J]. Ann. Rev. Earth Planet Sci., 5: 65-110.

ROTH E, POTY B, 1989. Nuclear methods of dating[M]. Holland: Kluwer Academic Publishers.

RUBINSON M, CLAYTON R N, 1969. Carbon-13 fractionation between aragonite and calcite[J]. Geochim. Cosmochim. Acta, 33(8): 997-1002.

RÜGGEBERG A, FIETZKE J, LIEBETRAU V, et al., 2008. Stable strontium isotopes ($\delta^{88/86}$Sr) in cold-water corals-A new proxy for reconstruction of intermediate ocean water temperatures[J]. Earth Planet Sci. Lett., 269(3-4): 570-575.

SAMER M, BERG W, FIEDLER M, et al., 2011. Implementation of radioactive ^{85}Kr for ventilation rate measurements in dairy barns[J]. An ASABE Meeting Presentation, 1110679.

EPSTEIN S, YAPP C J, 1976. The determination of the D/H ratio of non-exchangeable hydrogen in cellulose extracted from aquatic and land plants[J]. Earth Planet Sci. Lett., 30 (2): 241-251.

SCHLOSSER P, STUTE M, DÖRR H, et al., 1988. Tritium/^{3}He dating of shallow groundwater[J]. Earth Planet Sci., 89(3-4): 353-362.

SOUZA G F D, REYNOLDS B C, KICZKA M, et al., 2010. Evidence for mass-dependent isotopic fractionation of strontium in a glaciated granitic watershed[J]. Geochim. Cosmochim. Acta, 74(9): 2596-2614.

NITZSCHE H M, STIEHL G, 1985. Untersuchungen zur isotopenfraktionierung des stickstoffs in den systemen Ammonium/Ammoniak und Nitrid/Stickstoff unter geologischen Aspekten[J]. Isotopenpraxis Isotopes in Environmental and Health Studies, 21 (12): 439-441.

STUTE M, SCHLOSSER P, 1993. Principles and applications of the noble gas paleothermometer[J]. Climate Change in Continental Isotopic Records, 78, 9780875900377.

STUTE M, SCHLOSSER P, CLARK J F, et al., 1992. Paleotemperatures in the southwestern United States derived from noble gases in ground water[J]. Science, 256: 1000-1003.

SZABO Z, RICE D E, PLUMMER L N, et al., 1996. Age dating of shallow groundwater with chlorofluorocarbons, Tritium/^{3}Helium and flow path analysis, southern New Jersey Coastal Plain[J]. Water Resour. Res., 32(4): 1023-1038.

TAMERS M A, 1967. Radiocarbon ages of groundwater in an arid zone unconfined aquifer[J]. American Geophysical Union, 11: 143-152.

TANG Y, PANG H, ZHANG W, et al., 2015. Effects of changes in moisture source and the upstream rainout on stable isotopes in precipitation—a case study in Nanjing, eastern China[J]. Hydrol. Earth Syst. Sci., 12: 3919-3944.

TOLSTIKHIN I, LEHMANN B E, LOOSLI H H, et al., 1996. Helium and argon isotopes in rocks, minerals, and related ground waters: A case study in northern Switzerland [J]. Geochim. Cosmochim. Acta, 60(9): 1497-1514.

TOLSTIKHIN I, KAMENSKII I, 1969. Determination of groundwater age by the T-^{3}He method[J]. Geochem. Int., 6(2): 237-245.

TORGERSEN T, IVEY G N, 1985. Helium accumulation in groundwater. II: A model for the accumulation of the crustal ^{4}He degassing flux. Geochim. Cosmochim[J]. Acta, 49 (11): 2445-2452.

TORGERSEN T, 1980. Controls on pore-fluid concentration of ^{4}He and ^{222}Rn and the calculation of ^{4}He/^{222}Rn ages[J]. J. Geochem. Explor., 13(1): 57-75.

UEMURA R, MASSON-DELMOTTE V, JOUZEL J, et al., 2012. Ranges of moisture-source temperature estimated from Antarctic ice cores stable isotope records over glacial-interglacial cycles[J]. Clim. Past., 8(3): 1109-1125.

UREY H C, 1947. The thermodynamic properties of isotopic substances[J]. J. Chem. Soc., 562-581.

VERKOUTEREN R M, KLOUDA G A, CURRIE L A, et al., 1987. Preparation of microgram samples on iron wool for radiocarbon analysis via accelerator mass spectrometry: A closed-system approach[J]. Nucl. Instrum. Methods Phys. Res. B., 29(1-2): 41-44.

VOGEL J S, SOUTHON J R, NELSON D E, et al., 1984. Performance of catalytically condensed carbon for use in accelerator mass spectrometry[J]. Nucl. Instrum. Methods Phys. Res. B., 5(2): 289-293.

WADLEIGH M A, VEIZER J, BROOKS C, 1985. Strontium and its isotopes in Canadian rivers: Fluxes and global implications[J]. Geochim. Cosmochim. Acta, 49(8): 1727-1736.

WANG T, ZHANG J R, LIU X, et al., 2013. Variations of stable isotopes in precipitation and water vapor sources in Nanjing area[J]. Journal of China hydrology, 33(4): 25-31.

ZHANG L, CHEN Z, NIE Z, et al., 2008. Correlation between $\delta^{18}O$ in precipitation and surface air temperature on different time-scale in China[J]. Nucl. Tech. ,31(9):715-720.

ZHAO L, XIAO H, ZHOU M, et al. , 2011. Factors controlling spatial and seasonal distributions of precipitation $\delta^{18}O$ in China[J]. Hydrol. Process,26:143-152.

ZHAO L, YIN L, XIAO H, et al. , 2011. Isotopic evidence for the moisture origin and composition of surface runoff in the headwaters of the Heihe River basin[J]. Sci. Bull. ,56(4-5):406-416.